高等职业教育园林类专业系列教材

园林植物栽培与养护 第5版

YUANLIN ZHIWU ZAIPEI YU YANGHU

主　编　张君艳　黄红艳
副主编　秦　琴　王　强　马金贵
主　审　李名扬

U0281890

重庆大学出版社

内容简介

本书是高等职业教育园林类专业系列教材之一,全书系统地介绍了园林植物生长发育的基本规律、环境因子对园林植物生长发育的影响、园林植物苗木培育技术、园林植物栽植技术、园林植物的养护管理、古树名木的养护管理、各类园林植物的栽培与养护等技术。同时,本书单列了绿化工程技术员考级的相关知识和选取了国家考证题库的大量试题(试题答案和电子教案可扫封底二维码查看,并在电脑上进入重庆大学出版社官网下载),有助于学生了解考级的知识点和技能点。书中含有 49 个微课视频和仿真视频,可扫书中二维码学习。

本书注重实用,图文并茂,简明易懂。适用于大、中专院校园林专业和相近专业的教学及园林绿化工程技术人员学习参考,也可作为绿化工程技术员、育苗工程技术员的考级用书和农村实用技术培训用书。

图书在版编目(CIP)数据

园林植物栽培与养护/张君艳,黄红艳主编. --5
版. --重庆:重庆大学出版社,2022.8(2023.1 重印)
高等职业教育园林类专业系列教材
ISBN 978-7-5689-3245-5

Ⅰ.①园… Ⅱ.①张… ②黄… Ⅲ.①园林植物—观
赏园艺—高等职业教育—教材 Ⅳ.①S688

中国版本图书馆 CIP 数据核字(2022)第 066879 号

高等职业教育园林类专业系列教材
园林植物栽培与养护
(第5版)

主 编 张君艳 黄红艳
副主编 秦 琴 王 强 马金贵
主 审 李名扬
责任编辑:何 明 版式设计:莫 西 何 明
责任校对:王 倩 责任印制:赵 晟

*

重庆大学出版社出版发行
出版人:饶帮华
社址:重庆市沙坪坝区大学城西路 21 号
邮编:401331
电话:(023)88617190 88617185(中小学)
传真:(023)88617186 88617166
网址:http://www.cqup.com.cn
邮箱:fxk@ cqup.com.cn(营销中心)
全国新华书店经销
重庆升光电力印务有限公司印刷

*

开本:787mm×1092mm 1/16 印张:13 字数:326 千
2006 年 2 月第 1 版 2022 年 8 月第 5 版 2023 年 1 月第 17 次印刷
印数:38 033—43 032
ISBN 978-7-5689-3245-5 定价:39.00 元

编委会名单

主　任　江世宏

副主任　刘福智

编　委（按姓氏笔画为序）

编写人员名单

主　编　张君艳　甘肃林业职业技术学院

　　　　黄红艳　重庆艺术工程职业学院

副主编　秦　琴　重庆建筑科技职业学院

　　　　王　强　重庆三峡职业学院

　　　　马金贵　唐山职业技术学院

参　编　吕晓琴　甘肃林业职业技术学院

　　　　苏小惠　甘肃林业职业技术学院

主　审　李名扬　西南大学

前　言

"园林植物栽培与养护"是高等职业院校园林类专业的主要专业课程之一,本书是根据高等职业院校园林技术专业《国家教学标准》的要求而编写的。本书自2006年出版以来,在全国各高等职业院校园林类专业广泛使用,受到广大师生的好评。在编写过程中,根据高职园林类专业培养目标的要求,将侧重点放在园林植物的栽培技术与养护管理措施上,以培养学生的职业能力为主线,对接职业资格标准相,始终坚持3个特点:

第一,注重高职学生的学习特点,强调实用性;

第二,注重实训操作,强调职业性;

第三,注重吸收新知识、新成果,强调时代性,使学生毕业后能尽快适应工作岗位。

本书在编写内容上,围绕培养目标,紧密结合园林专业绿化工程技术人员职业技术岗位标准所需的知识要求和技能要求,注重与绿化工程技术人员考级标准相结合。各章后的复习思考题,参考了国家建设部职业技能岗位鉴定试题库,其题型和题量基本覆盖了绿化工程技术员(园林植物栽培与养护部分)职业岗位鉴定试题库的全部内容。扫封底二维码可查看试题答案和教学课件,并在电脑上进入重庆大学出版社官网下载。

本书第5版在第4版基础上对全书进行了修订和校正,增加了49个视频(含微课视频和仿真视频),并做成二维码放在教材相应章节中,便于学生扫码观看视频,方便教师教学,提升学生学习效果。

本书由张君艳、黄红艳担任主编,负责全书的统稿工作。秦琴、王强、马金贵担任副主编,吕晓琴、苏小惠参编。

本书各章节编写具体分工如下：

前言、绪论、第 7 章、各章后思考与练习题、1—7 章单元实训、附录 1—5 由张君艳编写；第 1 章由马金贵、秦琴编写；第 2 章由黄红艳、秦琴、吕晓琴编写；第 3 章由黄红艳、秦琴、苏小惠编写；第 4 章由王强编写；第 5 章由黄红艳、秦琴编写；第 6 章由王强、秦琴、吕晓琴编写。本书的微课视频由张君艳制作，仿真视频由杭州阵列科技有限公司吕永洪提供。

罗锺教授作为本书前四版的主编，为本书的定型和出版做出了巨大贡献，在此表示深深的怀念和敬意！

本书已通过本系列教材编写委员会专家的审定。本书在编写过程中得到了重庆大学出版社的热情帮助与大力支持。编写中我们参考了国内外有关著作、论文，在此谨向以上有关作者、专家、学者表示衷心的感谢。

由于编者水平所限，书中缺点、错误在所难免，恳请读者批评指正。

编　者

2022 年 5 月

目 录

绪　论

园林植物的
概念及分类1

0.1　园林植物的概念

园林植物是指在园林绿化中栽植应用的植物,包括各种乔木、灌木、藤本、地被、竹类、草本花卉及草坪植物等。园林植物栽培与养护是指对园林植物种植、养护与管理,包括园林植物的栽植、灌溉、排涝、修剪、防治病虫、防寒、支撑、除草、中耕、施肥等技术措施。

由于草本花卉与草坪的内容在专门的课程中讲授,所以本课程研究的对象主要是指园林木本植物。

0.2　园林植物的分类

由于我国园林植物资源非常丰富,各自在园林绿化中起的作用又不尽相同,为了便于研究和应用,除按系统分类方法外,还可将园林植物按以下分类方法进行归类。

1)按生物特性分类

（1）木本植物

①乔木类:树体高大(通常6 m以上),具有明显的高大主干,分枝点高,如雪松、云杉、樟子松、悬铃木、广玉兰、银杏、白皮松等。

②灌木类:树体矮小(通常6 m以下),主干低矮或者茎干自地面呈多数生出而无明显主干,如月季、牡丹、玫瑰、腊梅、珍珠梅、大叶黄杨和紫丁香等。

③藤本类:以特殊的器官,如以吸盘、吸附根、卷须或缠绕或攀附其他物体而向上生长的木本植物,如爬山虎可借助吸盘;凌霄可借助于吸附根而向上攀登;蔓性蔷薇每年可发生多数长枝,枝上并有钩刺故得上升;卷须类如葡萄等。

④丛木类:树体矮小而干茎自地面呈多数生出而无明显的主干。

⑤匍匐植物类:植株的干和枝不能直立,均匍地生长,与地面接触部分可生出不定根而扩大占地范围,如铺地柏。

（2）草本植物

①花卉类：可分为一二年生花卉、球根花卉、水生花卉和蕨类，详见花卉学。

②草坪植物类：是由人工栽培的矮性禾本科或莎草科多年生草本植物组成，并加以养护管理，形成致密似毡的植物群体。

2）按植物观赏部位分类

①观花类：包括木本观花植物与草本观花植物。观花植物以花朵为主要的观赏部位，形状各式各样、色彩千变万化。单朵的花又常排聚成大小不同、式样各异的花序或以花香取胜。

木本观花植物：月季、杜鹃、榆叶梅、连翘、桃、玫瑰、合欢、绣线菊、碧桃、紫丁香等。

草本观花植物：菊花、兰花、大丽花、唐菖蒲、一串红等。

②观叶类：园林植物的叶具有极其丰富多彩的形貌。对于观叶类植物或叶的大小、形态引人注目；或叶的质地不同，产生不同的质感；或叶的色彩变化丰富。有些树木的叶会挥发出香气和音响的效果。观叶植物观赏期长，观赏价值较高。如油松、雪松、五角枫、合欢、小檗、黄栌、苏铁、银杏、白蜡、栎树、山麻秆等。

③观茎类：茎干因树皮色泽或形状异于其他植物，可供观赏。常见供观赏红色枝条的有红瑞木、野蔷薇、杏等；古色枝条的有桃、桦木等；可于冬季观赏的有青翠碧绿色彩的棣棠；还有可观赏形和色的白皮松、竹类、悬铃木、梧桐等。

④观芽类：植物的芽特别肥大美丽，如银柳、结香。

⑤观果类：果实色泽美丽，经久不落，或果形以奇、巨、丰发挥较高的观赏效果，如佛手、红豆树、柚、石榴、山楂、葡萄等。

⑥观根类：树木裸露的根部也有一定的观赏价值，但是并非所有树木均有显著的露根美。一般言之，树木达老年期以后，均会或多或少地表现出露根美。在这方面效果突出的树种有：松、榆、梅、楸、榕、腊梅、山茶、银杏、广玉兰、落叶松等。

⑦观姿态类：树势挺拔或枝条扭曲、盘绕，似游龙，如伞盖。如雪松、银杏、杨树、龙柏、龙爪槐、龙爪榆等。

3）按在园林绿化中的用途分类

①行道树：为了美化、遮阴和防护等目的，在道路两旁栽植的树木。如悬铃木、樟树、杨树、垂柳、银杏、广玉兰等。

②庭荫树：又称绿荫树，主要以能形成绿荫供游人纳凉避免日光暴晒和装饰用。多孤植或丛植在庭院、广场或草坪内，供游人在树下休息之用。如樟树、油松、白皮松、合欢、梧桐、杨类、柳类等。

园林植物的分类2

③花灌木：凡具有美丽的花朵或花序，其花形、花色或芳香有观赏价值的乔木、灌木、丛木及藤本植物。如牡丹、月季、紫荆、迎春花、大叶黄杨、玉兰、山茶等。

④绿篱植物：在园林中主要起分隔空间、范围、场地、遮蔽视线，衬托景物，美化环境以及防护作用等。如黄杨、女贞、水蜡、榆、三角花和地肤等。

⑤地被植物及草坪：用低矮的木本或草本植物种植在林下或裸地上，以覆盖地面，起防尘降温及美化作用。常用的植物有：酢浆草、枸杞、野牛草、结缕草、匍地柏等。

⑥垂直绿化植物：通常做法是栽植攀缘植物，绿化墙面和藤架。如常春藤、木香、爬山虎等。

⑦花坛植物：采用观叶、观花的草本花卉及低矮灌木，栽植在花坛内组成各种花纹和图案。

如石楠、月季、金盏菊、五色苋等。

⑧室内装饰植物：将植物种植在室内墙壁和柱上专门设立的栽植槽内。如蕨类、常春藤等。

⑨片林：用乔木类带状栽植作为公园外围的隔离带。环抱的林带可组成一封闭空间，稀疏的片林可供游人休息和游玩。如各种松、柏、杨树林等。

0.3 园林植物栽培养护的作用、任务

园林植物栽培养护是指为达到一定目的，在掌握植物生物学规律的基础上，对其生命过程有意识地施加人工技术措施，进行及时调节和干预，能动地控制其生长发育，以获得优质的某种产品或高效的功能作用的过程。

绿化美化建设是城市建设的重要组成部分，也是城市文明建设和现代化城市的重要标志之一。园林绿化作为城市建设的一个不可分割的重要组成部分被越来越多的人所认同。环境是人类生存的条件，城市必须与自然并存，建设一个良好的城市环境，不仅关系到城市经济的发展和城市居民的身心健康，也是衡量人们生活水准的尺度。它能发挥巨大的社会效益，也能创造出极大的经济效益。

一个城市的环境质量和生态效应，在很大程度上不但取决于绿化种植面积比重、种植设计艺术水平的高低，而且和养护管理水平有着密切的关系。如果只栽不管或管理不善，植物就不能很好地生长，达不到应有的绿化、美化的功效。俗话说"三分栽植，七分养护"，就充分说明了养护管理工作的重要性。

0.4 园林植物栽培养护的简史、发展现状与前景

1）我国园林植物资源

我国国土辽阔，地跨寒、温、热三带，山岭逶迤、江川纵横，奇花异草繁多，园林植物资源极为丰富，各国园林界、植物学界对中国的园林资源评价极高，中国园林被视为世界园林植物重要的发祥地之一，历来被西方誉为"世界园林之母"。原产我国的乔灌木种有8 000多种，在世界园林树木中占有很大比例。许多著名的观赏植物及其品种，都是由我国勤劳、智慧的劳动人民培育出来的，并很早就传至世界许多国家或地区。例如，桃花的栽培历史达3 000年以上，培育出上百个品种，在公元300年时传至伊朗，以后又辗转传至德国、西班牙、葡萄牙等国，至15世纪又传入英国；梅花在中国的栽培历史也达3 000余年，培育出300多个品种，在15世纪时先后传入朝鲜、日本，至19世纪时传入欧洲；号称"花王"的牡丹，其栽培历史达1 400余年，远在宋代时品种就高达600种之多，连同月季在18世纪时先后传至英国。英国伦敦丘园1930年统计该园引自全球的4 113种园林树木中，有1 377种是由我国的华东、西南及日本引种的，占到了33.5%。

我国还存有一些极为珍贵的植物种，有许多植物是仅产于中国的特产科、属、种，例如，素有活化石之称的银杏、水杉及金钱松、珙桐、喜树等。此外，我国尚有在长期栽培中培育出独具特色的品种及类型，如黄香梅、龙游梅、红花继木、红花含笑、重瓣杏花等。这些都是非常珍贵的种质资源。

2）我国园林植物栽培养护简史

我国不仅园林植物的种质资源十分丰富，而且在长期引种栽培、选种繁育园林植物方面，积累了丰富的实践经验和科学理论。无数考古事实说明，中华先民在远古时代就有当时居于世界前列的作物栽培技术和高超的审美能力。

早在春秋战国时代，已有关于野生树木形态、生态与应用的记述。秦王嬴政在京都长安、骊山一带修建上林苑、阿房宫，大兴土木，广种各种花、果、树木，开始园艺栽培。

汉代以后，随着生产力的发展，园林植物的栽培由以经济、实用为主，逐渐转向观赏、美化为主。引种规模渐大，并将花木、果树用于城市绿化。南北朝时的《齐民要术》已有梨树及砧穗关系以及阔叶树的育种等记载，反映了当时世界上前所未有的栽培技艺。

隋、唐、宋时代，我国园林植物栽培技术已相当发达，在当时世界上居于领先地位。唐朝是中国封建社会中期的全盛时期，观赏园艺日益兴盛，花木种类不断增多，寺庙园林及对公众开放的游览地、风景区都栽培有不少名木。宋代大兴造园、植树栽花之风，同时，撰写花木专谱之风盛行。

明、清两代在北京、承德、沈阳等地建立了一批皇家园林，在北京、苏州、无锡等城市出现了一批私家园林。前者要求庄严、肃穆，多种植松、柏、槐、栾，缀以玉兰、海棠；后者则注意四季特色与诗情画意，如春有垂柳、玉兰、梅花，夏有月季、紫薇，秋有桂花与红叶树种，冬有腊梅、竹类等植物。自明代以后，园艺商品化生产渐趋兴旺。河南鄢陵当时就以"花都"著称，当地花农在长期的栽培过程中积累和总结了许多经验，在人工捏、拿等树冠整形技术上有独到之处，如用桧柏捏、扎而成的狮、象等动物技术流传至今仍受到群众的喜爱。

我国历代园林植物栽培方面的专著也不少，如晋代戴凯之的《竹谱》是世界上最早的观赏植物的专著；宋代范成大的《梅谱》、王观的《扬州芍药谱》、陈思的《海棠谱》、欧阳修的《洛阳牡丹记》、刘蒙的《菊谱》；明代张应文的《菊谱》《兰谱》；清代陈淏子的《花镜》等，都详细地记载了多种植物的栽培和养护方面的技术。

3）我国园林植物栽培现状与展望

我国历来非常重视园林绿地的保护和建设，曾提出过"中国城乡都要园林化"的目标，并为此做了很大的努力。它不仅表现在发展城市公园、建设风景区、休养区、疗养区等方面，同时还表现在对居民小区、工业区、公共建筑和街道、公路、铁路等的绿化上。20世纪90年代，我国开始推行国家园林城市建设活动，在园林绿化的规划和建设上，充分体现以人为本的理念，苏州、大连等20多个城市相继进入国家园林城市行列。同时越来越多的单位也被命名为园林式单位。

随着科技的发展，一些新知识、新技术、新材料也不断应用到园林植物栽培和养护中，现代化温室的普及及组培技术水平的提高，使园林植物的保护和栽培事业得到很大发展，鲜花生产和苗木的繁殖技数和速度有了极大的提高，一些原来对地域要求非常严格而难以用常规方法繁殖的珍贵花木，也变得容易起来；生长激素的推广，保水剂、保水袋的发明，使缺水地区的苗木及大树栽植的成活率有了很大的提高。这一切都大大推进了园林式城市建设的进程。

当前，我国的园林事业正在以前所未有的速度发展，社会对初、中、高级人才的需求也越来越多。目前，全国许多高等院校、中等职业学校都设立了园林专业，许多城市还设立了园林研究所。这些都将对我国园林事业的发展起到强有力的推动作用。

4）园林植物栽培养护与养护的内容与学习方法

　　园林植物栽培与养护是园林专业的主要专业课程之一，是一门综合性很强的学科，与植物学、植物生理学、生态学、土壤学、气象学、植物保护学等许多课程都有着密切的关系，只有把所学的内容融会贯通，才能学好本课程。

　　当前我国园林植物栽培与养护存在的问题较多，主要表现在注重种植而忽视养护，平时养护工作不够规范，在教学方面偏重园林规划设计，轻视园林植物养护知识的学习。这些都会影响园林植物综合效益的发挥。在有些研究领域，如园林植物的安全性管理、预警系统，在有铺装表面立地的植物栽培以及植物问题诊断等方面基本上没有系统的研究。

　　园林植物栽培与养护也是一门实践性很强的学科，学习过程中要理论联系实际，通过实验、实习，特别是利用毕业实习，让学生直接到生产一线去经受锻炼。园林建设工作也是一个比较艰苦的行业，因此要培养学生不怕苦、不怕累的精神。

　　教学过程中要利用各种现代化教学手段，配合实物和多媒体进行讲解，并通过一定的现场教学和参观，增加学生的感性知识，避免呆板和枯燥地说教。实训基地是学生实际操作的场所，要注重实习基地的建设和不断完善。

园林植物生长发育基本规律

[本章导读]

　　研究园林植物的生长发育规律,目的在于根据植物的各个生长阶段的特点,采取相应的栽植技术和养护措施,使其更好地满足园林绿化的要求。本章着重介绍了园林植物的生命周期、年生长周期、物候期观测方法、园林植物各器官的生长发育特点等。

园林植物的
生命周期

1.1　园林植物的生命周期

　　园林植物的生命周期是指从繁殖开始,经幼年、青年、成年、老年,直至衰老死亡个体生命结束为止的全部过程。园林植物不论是木本还是草本,自生命开始到生命终结,都要历经几个不同的生长发育阶段,但各个生长发育阶段的长短及对环境条件的要求因植物种类不同而异。

　　任何一个植物体,生长活动开始后,首先是植物体的地上、地下部分开始旺盛地离心生长,即根具向地性,在土中逐年发生并形成各级骨干根和侧生根,地上芽按背地性发枝,向上生长并形成各级骨干枝和侧生枝,这种由根颈向两端不断扩大其空间的生长称为"离心生长"。这一时期植物体高生长很快。随着年龄的增长和生理上的变化,高生长逐渐缓慢,转向开花结实和粗生长。最后逐渐衰老,潜伏芽大量萌发,开始向心更新,即植物由外(冠)向内(膛),由上(顶部)而下(部),直至根颈部进行的更新(更新能力越接近根颈越强)。

　　园林植物的种类很多,寿命差异很大,下面分别就木本植物和草本植物进行介绍。

1.1.1　木本植物的生命周期

　　木本植物寿命可达几十年甚至上千年,其个体的生命周期因其起源不同而分为两类:一类是由种子开始的个体;另一类是由营养器官繁殖后开始生命活动的个体。

　　由种子开始的个体其生命周期及栽培措施如下:

　　(1)胚胎期(种子期)　植物自卵细胞受精形成合子开始,至种子发芽时为止。胚胎期主要

是促进种子形成、安全贮藏和在适宜的环境条件下播种并使其顺利发芽。胚胎期的长短因植物而异,有些植物种子成熟后,只要有适宜的条件就能发芽;有些植物的种子成熟后,即使给予适宜的条件也不能立即发芽,而必须经过一段时间的休眠或处理后才能发芽。

(2)幼年期 从种子发芽到植株第一次出现花芽前为止。幼年期是植物地上、地下部分进行旺盛的离心生长的时期。植株在高度、冠幅、根系长度和根幅方面生长很快,体内逐渐积累起大量的营养物质,为营养生长转向生殖生长打下基础。

幼年期的长短因树种的生物学特性和环境条件而异。有的植物仅1年,如月季当年播种当年开花;有些植物为3~5年。我国民谚"桃三、杏四、梨五年,枣树当年就还钱",就是指这几种树的幼年期的长短。也就是说,绝大多数实生树种达不到一定年龄是不会开花的,如梅花需经过4~5年,松树和桦木需经过5~10年;有些树木幼年期长达20~40年,如银杏、云杉、冷杉等。总之,生长迅速的植物幼年期短,生长缓慢的植物幼年期长。但是,通过改善环境条件,可以缩短幼年期。幼年期对环境适应性最强,遗传特性尚未稳定,可塑性较大,是定向育种的有利时期。

园林绿化中,常用多年生大规格的苗木,花灌木幼年期基本在苗圃内度过。由于此时期植物体在高度和体积上迅速增长,应注意培养树形、移植或切根,促发大量的须根和水平根,以提高出圃后的定植成活率。行道树、庭荫树等用苗,应注意养干、养根和促冠,保证达到规定的干高和冠幅。

(3)青年期 青年期为植株第一次开花,到花朵、果实性状逐渐稳定时为止。此时期内植株的离心生长仍然较快,生命力也很旺盛,青年期的树木已形成树冠,并继续进行营养生长。植株年年开花和结实,但数量较少。遗传性已渐趋稳定,有机体可塑性已经大为降低。在栽植养护过程中,应给予良好的环境条件,加强肥水管理,使植株一直保持旺盛的生命力,迅速扩大树冠,增加叶面积,加强树体内营养物质积累。花灌木应采取合理的整形修剪,调节植株长势,培养骨干枝和丰满优美的树形,为壮年期的大量开花打下基础。

为了促使青年期的植株多开花,不能采用重修剪。过重修剪从整体上削弱了植株的总生长量,减少了光合产物,同时又在局部上刺激了部分枝条进行旺盛的营养生长,新梢生长较多,会大量消耗养料。应当采用轻度修剪,在促进植株健壮生长的基础上促进开花。

(4)壮年期 从生长势自然减慢到树冠外缘小枝出现干枯时为止。壮年期植物不论是根系还是树冠都已扩大到最大限度,植株各方面已经成熟,植株粗大,花、果数量多,性状已经完全稳定,并充分反映出品种的固有性状。树冠也已定型,是观赏的盛期。对不良环境的抗性较强。植株遗传保守性最强,不易改变。壮年期的后期,骨干枝离心生长停止,离心秃裸现象较严重,树冠顶部和主枝先端出现枯梢。根系先端也干枯死亡。

为了最大限度地延长壮年期,较长期地发挥观赏效益,应加强灌溉、排水、施肥、松土和整形修剪等措施,使其继续旺盛生长,避免早衰。施肥量应随开花量的增加逐年增加,早期施基肥,分期追肥,对促进根系生长、增强叶片功能、促进花芽分化是非常有利的。同时切断部分骨干根,进行根系更新,并将病虫枝、老弱枝、下垂枝和交叉枝等疏剪,改善树冠通风透光条件,后期对长势已衰弱的树冠外围枝条进行短剪更新和调节树势。在一系列综合性的管理措施下,可以防止树体早衰。

(5)衰老期 从树木生长发育明显衰退到死亡为止。植株长势逐年下降,花枝大量衰老死亡,开花、结实量减少,品质低下,树冠及根系体积缩小,出现向心更新现象,即树冠内常发生大量的徒长枝,主枝上出现大的更新枝。对不良环境抵抗力差,易感染病虫害。

　　衰老树应经常进行辐射状或环状施肥,开沟施肥切断较粗的骨干根后,能发出较多的吸收能力强的侧须根。另外,每年应中耕松土 2~3 次,防止土壤被践踏得过于紧实。疏松的土壤和良好的水肥条件,能维持树木的长势。凡树干木质部已腐烂成洞的要及时进行补洞,必要时用同种幼苗进行桥接或高接,帮助恢复树势。对更新能力强的植物,应对骨干枝进行重剪,促发侧枝,或用萌蘖枝代替主枝进行更新和复壮。

　　由营养繁殖起源的植物,没有胚胎期和幼年期(或幼年期很短)。因为用于营养繁殖的材料一般阶段发育较老,已通过幼年期(从幼年母树或根蘖条上取的条除外),只要环境适宜,就能很快开花,一生只经历青年期、壮年期和衰老期。

1.1.2　草本植物的生命周期

1)一二年生草本植物

　　一二年生草本植物生命周期很短,在一年或二年中完成,但一生也必须经过几个生长发育阶段。

　　(1)胚胎期　从卵细胞受精发育成合子开始,至种子发芽为止。

　　(2)幼苗期　从种子发芽开始至第一个花芽出现前止。一般为 2~4 个月。二年生草本花卉多数需要通过冬季低温,翌春才能进入开花期。

　　一二年生草本花卉,在地上、地下部分有限的营养生长期内应精心管理,使植株能尽快达到一定的株高和株形,为开花打下基础。

　　(3)成熟期(开花期)　植株大量开花,花色、花型最有代表性,是观赏盛期,自然花期为 1~2 个月。为了延长其观赏盛期,除了进行水、肥管理外,应对枝条进行摘心或扭梢,使其萌发更多的侧枝并开花。如一串红摘心 1 次可延长开花期 15 d 左右。

　　(4)衰老期　从开花量大量减少、种子逐渐成熟开始,至植株枯死。此期是种子收获期,种子成熟后应及时采收,以免散落。

2)多年生草本植物

　　多年生草本植物一生也需经过胚胎期、幼年期、青年期、壮年期和衰老期。但因其寿命仅10 余年,故各个生长发育阶段与木本植物相比相对短些。

　　以上几个生长发育时期,并没有明显界限,各个时期的长短受各种植物本身系统发育特性及环境条件限制。总的来说,植物在成熟期以前生长发育较快,积累大于消耗;成熟期以后生长量逐渐减少,衰老加快。在栽培过程中,通过合理的栽培养护技术,能在一定程度上延缓或加速某一阶段的到来。

1.2　园林植物的年生长周期及物候观测

1.2.1　园林植物的年生长周期

园林植物物候
及根系生长规律

　　园林植物的生命过程大多是在一年四季和昼夜周期变化的环境下度过的。这两种呈周期

性变化的外界条件,必然影响园林植物的营养和生命活动,使它形成了与季节和昼夜变化相适应的外部形态和内部生理机能的有规律的变化,如萌芽、新芽形成或分化、抽枝展叶或开花、果实成熟、落叶及转入休眠等。园林植物这种每年随季节变化而出现的形态和生理机能的规律性变化,称为"园林植物的年生长周期"。

园林植物的年生长周期是园林植物区域规划以及制定科学栽培措施的重要依据。此外,园林植物所呈现的季相变化,对园林植物种植设计具有艺术意义。

1）落叶树的年周期

由于温带地区的气候,在一年中有明显的四季变化,所以温带落叶树木的季相变化尤为明显。落叶树的年周期可明显地区分为生长期和休眠期。即从春季开始萌芽生长,至秋季落叶前为生长期,其中成年树的生长期表现为营养生长和生殖生长两个方面。树木在落叶后,至翌年萌芽前,为适应冬季低温等不利的环境条件,而处于休眠状态,为休眠期。在这两个时期中,某些树木可能因不耐寒或不耐旱而受到伤害,这在大陆性气候地区表现尤为明显。故而在生长期和休眠期之间,又各有一个过渡期。因此,落叶树木的年周期可以划分为4个时期。

（1）休眠转入生长期　这一时期处于树木将要萌芽前,即当日平均气温稳定在3 ℃以上起,到芽膨大待萌发时止。通常是以芽的萌动,芽鳞片的开绽作为树木解除休眠的形态标志,实质上应该是从树液流动开始才能算是真正的解除休眠。

树木从休眠转入生长,要求一定的温度、水分和营养物质。当有适宜的温度和水分,经一定时间,树液开始流动,有些树种(如核桃、葡萄、枫杨等)会出现明显的"伤流"现象。

北方树种芽膨大所需的温度较低,当日平均气温稳定在3 ℃以上时,经过一段时间,达到一定的积温即可。原产温暖地区的树木,其芽膨大所需的积温较高;花芽膨大所需的积温比叶芽低。树体内养分贮藏水平对芽的萌发有较大的影响。贮藏养分充足时,芽膨大较早,且整齐,进入生长期也快。土壤持水量较低时,易发生枯梢现象。当浇水过多时,也影响地温的上升而推迟发芽。

解除休眠后,树木的抗冻能力显著降低,在气温多变的春季,晚霜等骤然下降的低温易使树木受害,尤其是花芽。北方的杏、樱桃等常因晚霜而使花芽受冻,影响产量,所以要注意防止晚霜危害。早春气候干旱时应及早浇灌,发芽前浇水应配合施以氮肥,可弥补树体贮藏养分的不足而促进萌芽和生长。

（2）生长期　从树木萌芽生长到秋后落叶止为树木的生长期,包括整个生长季节,是树木年周期中时间最长的一个时期。在此期间,树木随季节变化气温升高,会发生一系列极为明显的生命活动现象,如萌芽、抽枝展叶或开花、结实等;并形成许多新器官,如叶芽、花芽等。

萌芽常作为树木生长开始的标志,其实根的生长比萌芽要早。不同树木在不同条件下每年萌芽次数不同,其中以越冬后的萌芽最为整齐,这与上一年积累的营养物质贮藏和转化,为萌芽做了充分的准备有关。

每种树木在生长期中,均按其固定的物候顺序进行着一系列的生命活动。不同树种有着不同的物候顺序。有些先萌花芽,而后展叶;也有的先萌叶芽,抽枝展叶,而后形成花芽并开花。树木各物候期的开始、结束和持续时间的长短,也因树种和品种、环境条件以及栽培技术不同而异。

生长期是树木营养生长和生殖生长的主要时期。这个时期不仅体现树木当年的生长发育、开花结实的情况,也对树体内养分的贮存和下一年的生长等各种生命活动有着重要的影响,同时也是发挥其绿化作用的重要时期。因此,在栽培上,生长期是养护管理工作的重点。应该创造良好的环境条件,满足肥水的需求,以促进树体的良好生长。

(3)生长转入休眠期　秋季叶片自然脱落是落叶树木进入休眠的重要标志。在正常落叶前,新梢必须经过组织成熟过程,才能顺利越冬。早在新梢开始自下而上加粗生长时,就逐渐开始木质化,并在组织内贮藏营养物质。新梢停止生长后这种积累过程继续加强,同时有利于花芽的分化和枝干的加粗等。结有果实的树木,在采、落成熟果实后,养分积累更为突出,一直持续到落叶前。

秋季气温降低、日照变短是导致树木落叶,进入休眠的主要因素。树木进入此期后,由于枝条形成了顶芽,结束了高生长,依靠生长期形成的大量叶片,在秋高气爽、温湿适宜、光照充足等环境中,进行旺盛的光合作用,合成光合养料,供给器官分化、成熟的需要,使枝条木质化并将养分向贮藏器官或根部输送,进行养分的积累和贮藏。此时树体内细胞液浓度提高,树体内水分逐渐减少,提高了树木的越冬能力,为休眠和来年生长创造条件。过早落叶和延迟落叶,对树木越冬和翌年生长都会造成不良影响。过早落叶,不利养分积累和组织成熟。干旱、水涝、病虫害等都会造成早期落叶,甚至引起再次生长,危害很大;该落不落,说明树木未做好越冬准备,易发生冻害和枯梢。在栽培中应防止这类现象发生。

树体的不同器官和组织,进入休眠的早晚不同。皮层和木质部进入休眠早,形成层进入休眠最迟,故初冬遇寒流形成层易受冻害。地上部分主枝、主干进入休眠较晚,而以根颈最晚,故最易受冻害。因此,生产上常用根颈培土的办法来防止冻害。不同年龄的树木进入休眠早晚不同,幼龄树比成年树进入休眠迟。

刚进入休眠的树木,处在浅休眠状态,耐寒力还不强,遇初冬间断回暖会使休眠逆转,使越冬芽萌动(如月季),又遇突然降温常遭受冻害,所以这类树木不宜过早修剪,在进入休眠前也要控制浇水。

(4)相对休眠期　秋末冬初落叶树木正常落叶后到翌年开春树液开始流动前为止,是落叶树木的相对休眠期,局部枝芽休眠出现得则更早。在树木休眠期内,虽然没有明显的生长现象,但树体内仍然进行着各种生命活动,如呼吸、蒸腾、芽的分化、根的吸收、养分合成和转化等。这些活动只是进行得较微弱和缓慢,所以确切地说,休眠只是个相对概念。

落叶树休眠是温带树种在进化过程中对冬季低温环境所形成的一种适应性。它能使树木安全度过低温、干旱等不良条件,以保证下一年能进行各种正常的生命活动并使生命得到延续。如果没有这种特性,正在生长着的幼嫩组织,就会受早霜的危害,并难以越冬而死亡。

在生产实践中,为达到某种特殊的需要,可以通过人为降温,而后加温,以缩短处理时间,提前解除休眠,促使树木提早发芽开花。

2)常绿树的年周期

常绿树种的年生长周期不如落叶树种那样在外观上有明显的生长和休眠现象,因为常绿树终年有绿叶存在。但常绿树种并非常年不落叶,而是叶的寿命较长,多在1年以上且至多年;每年仅仅脱落部分老叶,同时又能增生新叶,因此从整体上看全树终年连续有绿叶。例如,常绿针叶树类:松属针叶可存活2～5年,冷杉叶可存活3～10年,紫杉叶可存活高达6～10年。它们的老叶多在冬春间脱落,刮风天尤甚。常绿阔叶树的老叶,多在萌芽展叶前后逐渐脱落。常绿树的落叶,主要是失去正常生理机能的老化叶片,而发生的新老交替现象。

1.2.2 物候观测

1) 物候的概念和应用

物候学主要是研究自然界的植物和动物与环境条件的周期性变化之间相互关系的科学。对植物来说是记录一年中植物的生长发育过程,从而了解气候变化对它的影响。从物候的记录中还可知季节的早晚,所以物候学也称生物气候学,简称物候学。

植物在年生长发育过程中,各个器官随季节性气候变化而发生的形态变化称为植物的物候期。物候期有周期性和时间性,它受植物内在遗传因子的制约,同时每个物候期到来的迟早和进程快慢又受环境因子的影响。

了解和掌握当地园林植物的物候期,可以为合理地指导园林生产提供科学依据。

①了解各种植物的开花物候期,可以通过合理地配置植物,使植物间的花期相互衔接,做到花坛四季有花,提高园林风景的质量。

②在迎接重大节日和举办花展时,为选择植物品种提供依据。

③为科学地制定年工作历和有计划地安排生产提供依据。

④为确定绿化造林时期和树种栽植的先后顺序提供依据。如春季芽萌发物候期早的植物先栽,芽萌发晚的可以迟栽,既保证了树木适时栽植,提高栽植成活率,又可以合理地安排劳动力,缓解春季劳力紧张的矛盾。

⑤为育种原始材料的选择提供科学依据。如进行杂交育种时,必须了解育种材料的花期、花粉成熟期、柱头适宜授粉期等,才能进行成功的杂交。

2) 物候期观测方法

①选定要观测植物的种类后,确定观测地点。观测地点要开阔,环境条件应有代表性,如土壤、地形、植被等要基本相似。观测地点应多年不变。

②木本植物要定株观测。盆栽植物不宜作为观测对象。被选植株必须生长健壮,发育正常,开花3年以上。同种树木选3~5株作为观测树木。

③草本植物必须在一个地点多选几株,由于草本植物生长发育受小地形、小气候影响较大,观测植株必须在空旷地。观测植物要挂牌标记。

④观测应常年进行,植物生长旺季,可隔日观测记载,如物候变化不大时,可减少观测次数。冬季植物停止生长,可停止观测。观测时间以下午为好,因为下午1—2时气温最高,植物物候现象常在高温后出现。对早晨开花植物则需上午观测。若遇特殊天气应随时观察。

⑤确定观测人员,集中培训,统一标准和要求。观测资料要及时整理、分类,进行定性、定量的分析,撰写观察报告,以便更好地指导生产。

3) 乔灌木各物候期的特征

(1)芽膨大开始期 芽鳞开始分离,侧面显露淡色线形或角形为芽膨大开始期。如木槿芽凸起出现白色毛时,就是芽膨大期;裸芽不记芽膨大期,如枫杨;玉兰在开花后,当年又形成花芽,外部为黄色绒毛。在第二年春天绒毛状外鳞片顶部开裂时,就是玉兰芽膨大期;松属当顶芽鳞片开裂反卷时,出现淡黄褐色的线缝,就是松属芽开始膨大期;花芽与叶芽应分别记载,如花芽先膨大,即先记花芽膨大日期，后记叶芽膨大日期。如叶芽先膨大，花芽后膨大，也应分别记载。

芽膨大期观察较困难，可用放大镜观察。

（2）芽开放期　芽鳞裂开，芽的上部出现新鲜颜色的尖端，或形成新的苞片而伸长。隐芽能明显看见长出绿色叶芽；裸芽或带有锈毛的冬芽出现黄棕色线缝时，均为芽开放期。

如玉兰在芽膨大后，细毛状外鳞片一层层裂开，在见到花蕾顶端时，就是花芽开放期，也是花蕾出现期。

（3）开始展叶期　芽从芽苞中发出卷曲着的或折叠着的小叶，出现第一批有 1～2 片的叶片平展时；针叶树是当幼叶从叶鞘中开始出现时；复叶类只要复叶中有 1～2 片小叶平展时，就是开始展叶期。

（4）展叶盛期　植株上有半数枝条上小叶完全平展；针叶树是新针叶长度达老针叶一半时，即为展叶盛期。

（5）花蕾、花序出现期　凡在前一年形成花芽的，当第二年春季芽开放后露出花蕾或花序蕾时，为花蕾出现期，如桃、李、杏、玉兰等先花后叶植物；凡在当年形成花序的，出现花蕾或花序蕾雏形时，即是花蕾或花序出现期，如月季、木槿、紫薇等先叶后花植物。

（6）始花期　在观测的同种植株上，有一半以上的植株上有一朵或几朵花的花瓣开始完全开放时；在只有一棵单株时，只要一朵或同时有几朵花的花瓣开始完全开放，均称为开花始期。

（7）盛花期　在观测的植株上有一半以上的花蕾都展开花瓣，或一半以上的花序散出花粉，或一半以上的柔荑花序松散下垂，为开花盛期；针叶树不记开花盛期。

（8）末花期　观测植株上留有 5% 的花时，为开花末期；针叶树类和其他风媒树木以散粉终止时或柔荑花序脱落时为准。

（9）第二次、第三次开花　第二次开花、第三次开花都要记录，如月季，并注明第二次、第三次开花与没有二、三次开花植株，在生态环境上有什么不同。

（10）果实和种子成熟期　当观测的树上有一半的果实或种子变为成熟时的颜色时，为果实或种子成熟期。

（11）果实和种子脱落期　松属当种子散布时；柏属球果脱落时；杨属、柳属飞絮；榆属、麻栎属种子或果实脱落等。有些荚果成熟后，果荚裂开则应记为果实开始脱落期。

有些树种的果实和种子，当年留在树上不落的，应在果实脱落末期栏中记"宿存"，并在翌年记录中把它的果实或种子的脱落日期记下来。

（12）新梢开始生长期　可分为春梢、夏梢和秋梢，即营养芽或顶芽展开期。

（13）新梢停止生长期　营养枝形成顶芽或新梢顶端橘黄不再生长，如丁香。

（14）秋叶变色期　秋季叶子开始变色时。所谓叶变色，是指正常的季节性变化，树上出现变色的叶，其颜色不再消失，并且新变色之叶在不断增多至全部变色的时期，不能与因夏季干旱或其他原因引起的叶变色混同。

秋叶开始变色期：当观测树木的全株叶片有 5% 开始呈现为秋色叶时，为开始变色期。

秋叶全部变色期：全株所有的叶片完全变色时，为秋叶全部变色期。

可供观赏秋色叶期：以部分（30%～50%）叶片呈现秋色叶观赏起止日期为准。

（15）落叶期　秋天无风时，树叶自然落下，或轻轻摇动树枝，有 5% 叶片脱落，为落叶开始期；全株有 30%～50% 的叶片脱落为落叶盛期；全株叶片脱落达 90%～95% 为落叶末期。

4）草本植物物候期特征

（1）萌动期　草本植物地面芽变绿或地下芽出土时。

（2）展叶期　植株上开始展开小叶时为展叶始期,植株上有一半的叶子展开,称为展叶盛期。

（3）花蕾或花序出现期　当花蕾或花序出现时。

（4）开花期　植株上有个别花瓣完全展开为开花始期;有一半花的花瓣完全展开,为开花盛期;花瓣快要完全凋谢,植株上只留有极少数的花,为开花末期。

（5）果实或种子成熟期　植株上的果实或种子开始变成成熟初期的颜色,为开始成熟期;有一半成熟为全熟期。

（6）果实脱落期　果实开始脱落时。

（7）种子散布期　种子开始散布时。

（8）第二次开花期　草本植物在春夏花后,秋季第二次开花。

（9）黄枯期　以植株下部基生叶为准,基生叶开始黄枯时开始。

园林观赏植物物候期观测记录表如表1.1和表1.2所示。

表1.1　乔灌木物候期观测记录表

植物名称		编号		观测人		天气状况	
学名		栽植地点		土壤		地形	

项目 日期	芽膨大开始期	芽开放期	展叶期	花蕾出现期	始花期	盛花期	末花期	幼果出现期	果实成熟期	果实脱落期	春梢停止生长期	夏梢生长期	夏梢停止生长期	秋梢开始生长期	秋梢停止生长期	秋叶开始变色期	开始落叶期	落叶末期	休眠期	备注

表1.2　草本植物物候观测记录表

树种名称		编号		观测人		天气状况	
学名		栽植地点		土壤		地形	

物候期 树种	萌动期		展叶期		开花期					果熟期				黄枯期			备注
	地下芽出土期	地面芽变绿色期	开始展叶期	展叶盛期	花蕾或花序出现期	开花始期	开花盛期	开花末期	二次开花期	果实始熟期	果实全熟期	果实脱落期	果实全落期	开始黄枯期	普遍黄枯期	全部黄枯期	

植物的物候能随着高度改变而变化,如一般海拔每升高 100 m,紫丁香的发芽期就推迟 4 d,开花期迟 4 d。在同一地区、同一植物的物候也随气温上下变动,因此观测的年代越长,物候的平均日期就越有代表性。

1.3 园林植物各器官的生长发育

1.3.1 根系的生长

树木根系没有自然休眠期,只要条件合适,就可全年生长或随时可由停顿状态迅速过渡到生长状态。其生长势的强弱和生长量的大小,随土壤的温度、水分、通气与树体内营养状况及其他器官的生长状况而异。

1)影响根系生长的因素

(1)土壤温度　树种不同,开始发根所需要的土温很不一致。一般原产温带寒地的落叶树木需要温度低;而热带亚热带树种所需温度较高。根的生长都有最适温度和上、下限温度。温度过高过低对根系生长都不利,甚至造成伤害。由于土壤不同深度的土温随季节而变化,分布在不同土层中的根系活动也不同。

(2)土壤湿度　土壤湿度与根系的生长也有密切关系。土壤含水量达最大持水量的 60%~80% 时,最适宜根系生长。过干易促使木栓化和发生自疏;过湿则缺氧而抑制根的呼吸作用,影响根的生长,甚至造成烂根死亡。可见选栽树木要根据其喜干、喜湿的特性,并正确进行灌水和排水。

(3)土壤通气　土壤通气对根系生长影响很大。通气良好处的根系密度大、分枝多、须根也多。通气不良处发根很少,生长慢或停止,易引起树木生长不良和早衰。城市由于铺装路面多、市政工程施工夯实以及人流踩踏频繁,造成土壤紧实,影响根系的穿透和发展;内外气体不易交换,引起有害气体(二氧化碳等)的累积中毒,影响根系的生长并对根系造成伤害。土壤水分过多影响土壤通气,从而影响根系的正常生长。

(4)土壤营养　在一般土壤条件下,其养分状况不至于使根系处于完全不能生长的程度,所以土壤营养一般不成为限制因素,但可影响根系的质量,如发达程度、细根密度、生长时间的长短等。根有趋肥性,有机肥有利于树木发生吸收根,适当施无机肥对根的生长有好处。如施氮肥通过叶的光合作用能增加有机营养和生长激素,以促进发根;磷和微量元素(硼、锰等)对根的生长都有良好的影响。但如果在土壤通气不良的条件下,有些元素会转变成有害的离子(如铁、锰会被还原为二价的铁离子和锰离子,提高了土壤溶液的浓度),使根受害。

(5)树体有机养分　根的生长与发挥其功能是依赖于地上部分所供应的碳水化合物。土壤条件好时,根的总量取决于树体有机养分的多少。叶受害或结实过多,根的生长就受阻碍,即使施肥,一时作用也不大,需要保叶或通过疏果来改善。

此外,土壤类型、土壤厚度、母岩分化状况及地下水位高低,与根的生长都有密切关系。

2)根系的年生长动态

根系的伸长生长在一年中是有周期性的。根的生长周期与地上部分不同,其生长又与地上

部分密切相关且往往交错进行,情况比较复杂。一般根系生长要求温度比萌芽低,因此春季根开始生长比地上部分要早。在春季根开始生长后,即出现第一个生长高峰。这次生长程度、发根数量与树体贮藏营养水平有关。然后是地上部分开始迅速生长,而根系生长趋于缓慢。当地上部分生长趋于停止时,根系生长出现一个大高峰,其强度大,发根多。落叶前根系生长还可能出现一个小高峰。在一年中,根系生长出现高峰的次数和强度,与树种、年龄等有关。根在年周期中的生长动态,取决于树木种类、砧穗组合、当年地上部分生长结实状况,同时还与土壤的温度、水分、通气及无机营养状况等密切相关。因此,树木根系生长高峰、低峰的出现,是上述因素综合作用的结果。但在一定时期内,有一个因素起主导作用。树体的有机养分与内源激素的累积状况是根系生长的内因,而夏季高温干旱和冬季低温是促使根系生长低谷的外因。在整个冬季,虽然树木枝芽进入休眠,但根并非完全停止活动。这种情况因树种而异。松柏类一般秋冬停止生长;阔叶树冬季常在粗度上有缓慢增长。在生长季节,根系在一昼夜内的生长也有动态变化,夜间的生长和发根数量多于白天。

3)根系的生命周期

不同类别的树木以一定的发根方式(侧生式或二叉式)进行生长。树木幼年期根系生长很快,一般都超过地上部分的生长速度。这期间根系领先生长的年限因树种而异。随着树龄的增加,根系生长速度趋于缓慢,并逐年与地上部分的生长保持着一定的比例关系。在整个生命过程中,根系始终发生局部的自疏与更新。吸收根的死亡现象,从根系开始生长一段时间后就发生,逐渐木质化,外表变为褐色,逐渐失去吸收功能;有的轴根演变成起输导作用的输导根,有的则死亡。至于须根,自身也有一个小周期,从形成到壮大直至衰亡有一定规律,一般只有数年的寿命。须根的死亡,初期发生在低级次的骨干根上,其后发生在高级次的骨干根上,以致较粗骨干根的后部出现光秃现象。

根系的生长发育,很大程度受土壤环境的影响,各种树种、品种根系生长的深度和广度是有限的,受地上部分生长状况和土壤环境条件的影响。当根系生长达到最大幅度后,也发生向心更新现象。由于受土壤环境影响,更新不那么规则,常出现大根季节性间隙死亡现象。更新所发生之新根,仍按上述规律生长和更新,但随着树体的衰老而逐渐缩小。有些树种,进入老年后常发生水平根基部的隆起,显示出露根之美。

当树木衰老,地上部分濒于死亡时,根系仍能保持一段时期的寿命。

1.3.2　枝芽的生长与树体骨架的形成

树体枝干系统及所形成的树形,取决于树木的枝芽特性,芽抽枝、枝生芽,两者关系极为密切。了解树木的枝芽特性,对树木的整形修剪有重要意义。

1)树木的枝芽特性

芽是多年生植物为适应不良环境条件和延续生命活动而形成的一种重要器官。它是带有生长锥和原始小叶片而呈潜伏状态的短缩枝或是未伸展的紧缩的花或花序,前者称为叶芽,后者称为花芽。芽与种子有部分相似的特点,是树木生长、开花结实、更新复壮、保持母株性状、营养繁殖和整形修剪的基础。了解芽的特性,对研究园林树形和整形修剪都有重要的意义。

园林树木的芽具有以下特性：

（1）芽序　定芽在枝上按一定规律排列的顺序称为"芽序"。因为定芽着生的位置是在叶腋间，所以芽序与叶序相同。不同树种其芽序也不同。多数树种的芽序是互生的，如葡萄、榆树、板栗等；芽序为对生（每节芽相对而生）的树种，如腊梅、丁香、白腊等；芽序为轮生（芽在枝上呈轮状着生排列）的树种。如松类、灯台树、夹竹桃等。有些树木的芽序也因枝条类型、树龄和生长势不同而有所变化。

树木的芽序对枝条的着生位置和方向有密切关系，所以了解树木的芽序，对整形修剪、安排主侧枝的方位等有重要的作用。

（2）萌芽力与成枝力　各种树木与品种其叶芽萌发的能力不同。有些强，如松属的许多种、紫薇、桃、小叶女贞、女贞等；有些较弱，如梧桐、核桃、苹果和部分品种的梨等。树木叶芽萌芽能力的强弱，称为"萌芽力"，常用萌芽数占该枝芽总数的百分率来表示，所以又称"萌芽率"。凡是枝条上叶芽在一半以上都能萌发的则为萌芽力强或为萌芽率高，如悬铃木、榆树、桃等；凡枝条上的芽多数不萌发，而呈现休眠状态的，则为萌芽力弱或萌芽率低，如梧桐、广玉兰等。萌芽力高的树种一般来说耐修剪，树木易成形。因此，萌芽力也是修剪的依据之一。

枝条上的叶芽萌发后，并不是全部都能抽成长枝。枝条上的叶芽萌发后能够抽成长枝的能力称为"成枝力"。不同树种的成枝力不同。如悬铃木、葡萄、桃等萌芽力高，成枝力强，树冠密集，幼树成形快，效果也好。这类树木若是花果树，则进入开花结果期也早，但也会使树冠过早郁闭而影响树冠内的通风透光，若整形不当，则易使内部短枝早衰；而如银杏、西府海棠等，成枝力较弱，所以树冠内枝条稀疏，幼树成形慢，遮阴效果也差，但树冠通风透光较好。

（3）芽的早熟性与晚熟性　枝条上的芽形成后到萌发所需的时间长短因树种而异。有些树种在生长季的早期形成的芽当年就能萌发，有些树种一年内能连续萌生 3 ~ 5 次新梢，并能多次开花（如月季、米兰、茉莉等），即具有这种当年形成，当年萌发成枝的芽，称为"早熟性芽"。这类树木当年即可形成小树的样子。也有些树种芽虽具早熟性，但不受刺激一般不萌发，当因病虫害等自然伤害和人为修剪、摘叶时才会萌发。

当年形成的芽，到第二年才能萌发成枝的芽称为"晚熟性芽"。如银杏、广玉兰、毛白杨等。也有一些树种二者特性兼具，如葡萄，其副芽是早熟性芽，而主芽是晚熟性芽。

（4）芽的异质性　同一枝条上不同部位的芽存在着大小、饱满程度等差异的现象，称为"芽的异质性"。这是由于在芽形成时，树体内部的营养状况、外界环境条件和着生的位置不同而造成的。枝条基部的芽，是在春初展雏叶时形成的。这一时期，新叶面积小、气温低、光合效能差，故这时叶腋处形成的芽瘦小，且往往为隐芽。其后，展现的新叶面积增大，气温逐渐升高，光合效率也高，芽的发育状况得到改善，叶腋处形成的芽发育良好，充实饱满。有些树木（如苹果、梨等）的长枝有春梢、秋梢，即春季一次枝生长后，夏季停长，于秋季温、湿度适宜时，顶芽又萌发成秋梢。秋梢常组织不充实，在冬寒地易受冻害。

（5）芽的潜伏力　树木枝条基部的芽或上部的某些副芽在一般情况下不萌发而呈潜伏状态。当枝条受到某种刺激（上部或近旁受损，失去部分枝叶时）或树冠外围枝处于衰弱时，能由潜伏芽萌发抽生新梢的能力，称为"芽的潜伏力"，也称"潜伏芽的寿命"。潜伏芽也称"隐芽"。潜伏芽寿命长的树种容易更新复壮，复壮得好的几乎能恢复至原有的冠幅或产量，甚至能多次更新，所以这种树木的寿命也长，否则反之。桃树的潜伏芽寿命较短，所以桃树不易更新复壮，它的寿命也短。

潜伏芽的寿命长短与树种的遗传性有关,但是环境条件和养护管理等也有重要的影响。如桃树一般的经济寿命只有 10 年左右,但在良好的养护管理条件下,30 年树龄的老树仍有相当的产量。

2) 茎枝习性

芽萌生成茎枝。多年生树木,尤其是乔木,茎枝的生长构成了树木的骨架——主干、中心干、主枝、侧枝等。枝条的生长,使树冠逐年扩大。每年萌生的新枝上,着生叶片和花果,并形成新芽,使之合理分布于空间,充分接受阳光,进行光合作用,形成产物并发挥绿化功能作用。

(1)茎枝的生长形式　树木地上部分茎枝的生长与地下部分根系的生长相反,表现出背地性的极性,多数是垂直向上生长,也有少数呈水平或下垂生长。茎枝一般有顶端的加长生长和形成层活动的加粗生长,而禾本科的竹类不具有形成层,只有加长生长而无加粗生长,且加长生长迅速。在千姿百态,种类繁多的园林树木中,大致可归纳为以下 3 种形式:

①直立生长。茎干以明显的背地性垂直地面,枝直立或斜生于空间,多数树木都是如此。在直立茎的树木中,也有些变异类型,以枝的伸展方向可分为:紧抱型、开张型、下垂型、龙游型等。

②攀缘生长。茎长得细长柔软,自身不能直立,但能缠绕或具有适应攀附它物的器官(卷须、吸盘、吸附气根、钩刺等),借它物为支柱,向上生长。在园林上,把具有缠绕茎和攀缘茎的木本植物,统称为"木质藤本",简称"藤木"。

③匍匐生长。茎蔓细长,自身不能直立,又无攀附器官的藤木或无直立主干之灌木,常匍匐于地面生长。在热带雨林中,有些藤木如绳索状,爬伏或呈不规则的小球状铺伏于地面。匍匐灌木,如偃柏、铺地柏等。这种生长类型的树木,在园林中常用作地被植物。

(2)分枝方式　树木除少数种不分枝(如棕榈科的许多种)外,常见有 3 种分枝方式:

①单轴分枝(总状分枝)。如雪松、冷杉、云杉、水杉、银杏等。这种分枝方式以裸子植物为最多。

②合轴分枝。如成年的桃、杏、柳、核桃、苹果等。合轴分枝以被子植物为最多。

③假二叉分枝。如丁香、梓树、泡桐等。

树木的分枝方式不是一成不变的。许多树木年幼时呈单轴分枝,生长到一定树龄后,就逐渐变为合轴或假二叉分枝。因而,在幼青年树木上,可见到两种不同的分枝方式,如玉兰等,可见到单轴分枝与合轴分枝及其转变痕迹。

了解树木的分枝习性,对研究观赏树形、整形修剪、提高光能利用或促使早成花等都有重要的意义。

(3)顶端优势　树木顶端的芽或枝条比其他部位的生长占有优势的地位称为"顶端优势"。因为它是枝条背地性生长的极性表现,所以表现为极性强。一个近于直立的枝条,其顶端的芽能抽生最强的新梢,而侧芽所抽生的枝,其生长势(常以长度表示)多呈自上而下递减的趋势,最下部的一些芽则不萌发。如果去掉顶芽或上部芽,即可促使下部腋芽和潜伏芽的萌发。顶端优势也表现在分枝角度上,枝自上而下开张;如去除先端对角度的控制效应,则所发侧枝又呈垂直生长。另外也表现在树木中心干生长势要比同龄主枝强,树冠上部枝比下部的强。一般乔木都有较强的顶端优势,越是乔化的树种,其顶端优势也越强。

(4)干性与层性　树木中心干的强弱和维持时间的长短,称为"树木的干性",简称"干性"。顶端优势明显的树种,中心干强而持久。凡是中心干明显而坚挺并能长期保持优势的,则称为干性强。这是乔木的共性，即枝干的中轴部分比侧生部分具有明显的相对优势。当然，乔木树种的干性也有强有弱，如雪松、南洋杉、广玉兰等树种干性强，而紫薇、番石榴以及灌木树种则干性弱。树木干性的强弱对树木高度和树冠的形态、大小等有重要的影响。

由于顶端优势和芽的异质性的缘故，使强壮的一年生枝的着生部位比较集中。这种现象在树木幼年期比较明显，使主枝在中心干上的分布或二级枝在主枝上的分布，形成明显的层次，这种现象称为"树木的层性"，简称"层性"。如黑松、马尾松、广玉兰等树种，具有明显的层性，几乎是一年一层。这一习性可以作为测定这类树木树龄的依据之一。层性是顶端优势和芽的异质性综合作用的结果，一般顶端优势强而成枝力弱的树种层性明显，如油松、南洋杉等。顶端优势越弱，成枝力越强，芽的异质性越不明显，则植物的层性越不明显。

有些树种的层性，一开始就很明显，如油松等；而有些树种则随树龄增大，弱枝衰亡，层性逐渐明显起来，如苹果、梨等。具有层性的树冠，有利于通风透光。但层性又随中心干的生长优势和保持年代而变化。树木进入壮年之后，中心干的优势减弱或失去优势，层性也就消失。不同树种的干性与层性的强弱不同。雪松、龙柏、水杉等树种干性强而层性不明显；南洋杉、黑松、广玉兰等树种干性强，层性也明显；悬铃木、银杏、梨等干性比较强，主枝也能分层排列在中心干上；香樟、苦楝、构树等树种幼年期能保持较强的干性，进入成年期后，干性与层性都明显衰退；桃、梅、柑桔等树种自始至终都无明显的干性和层性。树木的干性与层性在不同的栽植环境中会发生一定的变化，如群植能增强干性，孤植会减弱干性。

3）枝的生长

树木每年以新梢生长来不断扩大树冠，新梢生长包括加长生长和加粗生长两个方面。一年内枝条生长达到的长度与粗度，称为"年生长量"；在一定时间内，枝条加长生长和加粗生长的快慢，称为"生长势"。生长量和生长势是衡量树木生长强弱和某些生命活动状况的常用指标，也是栽培措施是否得当的判断依据之一。

枝条生长
发育规律

（1）枝的加长生长　指新梢的延长生长，也称为"高生长"。在生长期中，由于顶端分生组织细胞的分裂伸长使枝条延长，从而也扩大了树冠、增加了叶片数量。树木枝条的加长生长的持续时间和生长次数因树种而异。

根据树木枝条加长生长持续时间的长短，一般可分为前期生长和全期生长两种类型。

①前期生长型。此类树木枝条加长生长只有 1~3 个月时间，在前半个生长期内（5—6月）就停止了加长生长，所以也可称为半期生长型。如黑松、白皮松、马尾松、冷杉属、云杉属、银杏、白蜡、栎类等树种。根据这类树种生长期短的特点，其肥水管理的措施应集中在结束加长生长前（5—6月），否则生长效果不明显或产生不利的作用。

②全期生长型。此种类型树木枝条加长生长持续时间较长，从春到秋整个生长季节中几乎都在生长。但随地区不同生长时间长短也不一样，北方3~6个月，南方可长达7~8个月（热带地区树种则更长），如杨、柳、榆、槐、悬铃木、桃、柑桔、香樟、杉、柏、白兰、桂花等树种。

不同树种，或同一树种在不同的栽植条件下，枝条的加长生长持续时间长短是不一样的。在同一株树上，因为枝条的性质和着生部位不同，它们的持续时间长短也不一样。着生在树冠外围中上部的营养枝，加长生长能体现在整个生长期中，而内部、下部的短枝或花果枝，加长生长的持续时间明显缩短，很快形成顶芽而结束生长。

全期生长型树木除了根据其生长持续时间长应做好相应的肥水管理等养护措施外，在盛夏高温期间需注意做好遮阴降温工作，尽量保持均衡的生长势，减少不良环境的影响。

　　无论是前期生长型还是全期生长型的枝条,它们由一个叶芽萌发发展成为生长枝的整个过程中,其生长势并不是匀速的,而是按"慢—快—慢"这一规律生长的。新梢的生长可划分为以下3个时期:

　　①开始生长期。幼叶从叶芽伸出芽外,随之节间伸长,幼叶分离。此期生长主要依靠树体内贮藏的营养。新梢开始生长慢,节间较短,所展之叶,为前期形成的芽内幼叶原始体发育而成的,故此期又称为"叶簇期"。此期叶面积小,叶形与以后长成的差别较大,叶脉较稀疏、寿命短、易枯黄,其叶腋内形成的芽也多是发育较差的潜伏芽。

　　②旺盛生长期(速生期)。通常从开始生长期后随着叶片的增加很快进入旺盛生长期,所形成的节间逐渐变长,所形成的叶片具有该树种或品种的代表性;叶片较大、寿命长、含叶绿素多,有很高的同化能力。随气温的增高,光合效率也大大提高。此期叶腋所形成的芽较饱满,有些树种在这一段枝上还能形成腋花芽。

　　此期的生长由利用贮藏营养转为利用当年的同化营养为主,故春梢生长势强弱与贮藏营养水平和此期肥、水条件有关。此期对水分要求严格,如水分不足,则会出现提早停止生长的"旱象",通常果树栽培上称这一时期为"新梢需水临界期"。

　　③缓慢与停止生长期。进入该期新梢生长速度变慢,生长量变小,节间缩短,有些树种叶变小,寿命较短。新梢自基部而向先端逐渐木质化,最后形成顶芽或自枯而停长。

　　枝条停止生长的早晚,因树种、品种、部位及环境条件而异,与进入休眠早晚相同。具早熟性芽的树种在生长季节长的地区,一年有2~4次的生长。北方树种停长早于南方树种。同一树种停长早晚,因年龄、健康状况、枝芽所处部位而不同。幼年树结束生长晚,成年树早;花、果木的短果枝或花束状果枝,结束生长早;一般外围枝比内膛枝晚,但徒长枝结束最晚。土壤养分缺乏,透气不良、干旱均能使枝条提早1~2个月结束生长;氮肥多,灌水足或夏季降水过多均能延迟生长,所以根系较浅的幼树表现最为明显。

　　在栽培中应根据栽培目的(作庭荫树还是作矮化树景材料),合理调节光照、温度、肥水等,来控制新梢的生长时期和生长量。应控制植物秋梢不要抽得过迟,否则将导致消耗养料多,枝条内积累的营养物质减少,组织不充实,抗寒力低,冬季易受冻害。

　　(2)枝的加粗生长　　树干及各级枝的加粗生长都是形成层细胞分裂、分化、增大的结果。在新梢伸长生长的同时,也进行加粗生长,但加粗生长高峰稍晚于加长生长,停止也较晚。新梢由下而上增粗。形成层活动的时期、强度,依枝条的生长周期、树龄、树体生理状况、部位以及外界温度、水分等条件而异。

　　落叶树形成层的活动稍晚于萌芽。春季萌芽开始时,在最接近萌芽处的母枝形成层活动最早,并由上而下,开始微弱增粗。此后随着新梢的不断生长,形成层的活动也持续进行。新梢生长越旺盛,则形成层活动也越强烈,且时间长。秋季由于叶片积累大量光合产物,因而枝干明显加粗。级次越低的骨干枝,加粗的高峰越晚,加粗量越大。每发一次枝,树木的枝干就增粗一次。因此,有些一年多次发枝的树木,一圈年轮,并不是一年粗生长的真正年轮。

　　树木春季形成层活动所需的养分,主要靠去年的贮藏营养。一年生实生苗的粗生长高峰在中后期。幼树形成层活动停止较晚,而老树较早。同一树体上新梢形成层活动开始和结束均较老枝早。大枝和主干的形成层活动,自上而下逐渐停止,而以根颈停止最晚。健康树的形成层活动时期比病虫害危害的树要长。

4）影响新梢生长的因素

新梢的生长除决定于树种和品种特性外，还受砧木、有机养分、内源激素、环境与栽培技术条件等的影响。

（1）砧木　嫁接植株新梢的生长受砧木根系的影响，同一树种和品种嫁接在不同砧木上，其生长势有明显差异，并在整体上呈乔化和矮化的趋势。

（2）贮藏养分　树木贮藏养分的多少对新梢生长有明显的影响。贮藏养分少，发枝纤细。春季先花后叶类树木，开花结实过多，消耗大量贮藏养分，新梢生长就差。

（3）内源激素　叶片除合成有机养分外，还产生激素。新梢加长生长受到成熟叶和幼嫩叶所产生的不同激素的综合影响。幼嫩叶内产生类似赤霉素的物质，能促进节间伸长；成熟叶产生的有机营养（碳水化合物和蛋白质）与生长素类配合引起叶和节的分化；成熟叶内产生休眠素可抑制赤霉素。摘去成熟叶可促进新梢加长生长，但不增加节数和叶数。摘除幼嫩叶，仍能增加节数和叶数，但节间变短而减少新梢长度。

（4）母株所处部位与状况　树冠外围新梢较直立，光照好，生长旺盛；树冠下部和内膛枝因芽质差、有机养分少、光照差，所发新梢较细弱，但潜伏芽所发的新梢常为徒长枝。以上新梢的枝向不同，其生长势也不同，与新梢顶端生长素含量高低有关。

母枝的强弱和生长状况对新梢生长影响很大。新梢随母枝直立至斜生，顶端优势减弱。随母枝弯曲下垂而发生优势转位，于弯曲处或最高部位发生旺长枝，这种现象称为"背上优势"。

（5）环境与栽培条件　温度高低与变化幅度、生长季长短、光照强度与光周期、养分水分供应等环境因素对新梢生长都有影响。气温高、生长季长的地区，新梢年生长量大；低温、生长季热量不足，新梢年生长量则短。光照不足时，新梢细长而不充实。

同时，施氮肥和浇水过多或修剪过重，也会引起过旺生长。一切能影响根系生长的措施，都会间接影响到新梢的生长。应用人工合成的各类激素物质，也能促进或抑制新梢的生长。

1.3.3　花芽的分化

花芽分化

植物的生长点既可以分化为叶芽，也可以分化为花芽。这种生长点由叶芽状态开始向花芽状态转变的过程，称为"花芽分化"。

1）花芽分化的类别

根据不同植物的花芽分化的特点，可分为以下4种类型：

（1）夏秋分化型　绝大多数早春和春夏间开花的观花植物，如海棠花类、樱花、迎春、玉兰、丁香、牡丹、枇杷、杨梅、山茶、杜鹃等，它们都是于前一年夏秋（6—10月）间开始花芽分化，此种分化类型称为夏秋分化型。

（2）冬春分化型　原产温暖地区的植物，如柑、桔、柚等常从12月至次年2月期间分化花芽，其分化时间较短，此类植物还有龙眼、荔枝等植物，此种分化类型称为冬春分化型。

（3）当年分化当年开花型　许多夏秋开花的植物，如木槿、槐、紫薇等，都是在当年新梢上形成花芽并开花，不需要经过低温，此类分化类型称为当年分化当年开花型。

（4）一年多次分化型　在一年中能多次抽梢，每抽一次梢，就分化一次花芽并开花，此类分

化类型称为一年多次分化型。如茉莉、月季、无花果、柠檬、四季桂等。

此外还有不定期分化型,热带原产的乔性草本植物,如番木瓜、香蕉等属于这种类型。

2)影响花芽分化的因素

(1)花芽分化的内部因素　首先,植物枝叶繁茂,才能制造大量的有机营养,这是形成花芽的物质基础。只有健康旺盛的生长,叶面积多,制造的有机营养物质才多。其次,绝大多数植物的花芽分化,又都是在新梢生长趋于缓和或停长后开始的。因此,在植物生长初期,枝叶旺盛生长,快分化花芽时枝叶生长减慢,或新梢摘心或去幼叶都有利于花芽分化,摘心和去幼叶可降低生长素(IAA)和赤霉素(GA)的含量,抑制新梢的生长,促进营养物质的积累,并促进花芽分化。另外,开花和结果会消耗大量营养物质,过度的开花会影响新梢和根系的生长,从而影响花芽分化。因此,植物开花有"大小年"现象,"大年"应适当疏花疏果。根系的生长也与花芽分化成正比关系,植物吸收根多,开花也多。

(2)花芽分化的外部因素

①光照。光照对植物花芽形成的影响是很明显的,如有机物的形成、积累与内源激素的平衡等,都与光有关。强光抑制新梢生长素的合成,抑制新梢的生长,促进花芽的形成。另外,短日照植物必须减少日照长度才能形成花芽,而长日照植物必须日照长度大于临界日常才能形成花芽。

②温度。温度影响植物的光合作用、根系的吸收及蒸腾等,并也影响激素水平,间接影响花芽分化。

③水分。水分过多不利于花芽分化,在花芽分化临界期短期适度控制水分(60%田间持水量)可抑制新梢生长,有利于光合产物积累,促进花芽分化。反之,水分过多,会形成徒长枝,对花芽分化不利。

复习思考题

1.是非题(对的画"√",错的画"×",答案写在每题括号内)

(1)园林树木的大多数是中性树。　　　　　　　　　　　　　　　　　　　　　(　　)

(2)叶扁平呈鳞片状的常绿树多为阴性树。　　　　　　　　　　　　　　　　　(　　)

(3)不同树种的芽,质量是有差异的,这种差异称为芽的异质性。　　　　　　　(　　)

(4)树木顶端优势与树龄有关,一般是幼树强、老树弱。　　　　　　　　　　　(　　)

(5)萌发早的芽称为早熟性芽,萌发晚的芽称为晚熟性芽。　　　　　　　　　　(　　)

(6)当年形成、当年萌发的芽称为早熟性芽,当年形成、次年萌发的芽称为晚熟性芽。

　　　　　　　　　　　　　　　　　　　　　　　　　　　　　　　　　　　　(　　)

(7)芽潜伏力强的树种,其更新复壮力强,寿命相应也长。　　　　　　　　　　(　　)

(8)提早落叶对树木有不利的影响,所以要尽量推迟落叶时间。　　　　　　　　(　　)

(9)花灌木花芽分化期要控制浇水,适度偏干。　　　　　　　　　　　　　　　(　　)

(10)园林树木都是多年生植物,所以它的一生是由多个生命发育期构成的。　　(　　)

(11)树木的花芽分化有多种类型,如无花果属于当年分化型。　　　　　　　　(　　)

(12)落叶树落叶后进入休眠状态,其标志是树木生理活动的停止。　　　　　　(　　)

(13)树木在不同生长期需水量是不同的,一般早春芽萌动时需水量少,开花结实、果实膨大时需水量多。　　　　　　　　　　　　　　　　　　　　　　　　　　　　（　　）

(14)园林树木枝叶的生长和根系的生长有相关性,所以树木枝叶旺盛的一侧,根系的相应一侧一般也粗壮。　　　　　　　　　　　　　　　　　　　　　　　　　　　　（　　）

(15)梅花属于喜温暖的树种,但冬季又需有一定的低温刺激,它的生长发育才会良好。

　　　　　　　　　　　　　　　　　　　　　　　　　　　　　　　　　　　　（　　）

(16)树木的生命发育周期是指从合子开始到个体死亡的总生命过程。　　　　（　　）

(17)树木年发育周期的情况因生命周期所处的阶段不同而不同。　　　　　　（　　）

2.选择题(把正确答案的序号写在每题横线上)

(1)不同部位的芽在质量上有差异,这种芽的异质性是指_____。

　　A.在同一枝条上　　　　　　　　　　B.在不同枝条上

　　C.在同一株树上　　　　　　　　　　D.在不同树种间

(2)早熟性的芽是指_____的芽。

　　A.分化成熟早　　　　　　　　　　　B.分化成熟晚

　　C.当年形成、当年萌发　　　　　　　D.当年形成、次年萌发

(3)树木顶端优势的现象表现在_____。

　　A.乔木上　　　　　　　　　　　　　B.灌木上

　　C.藤木上　　　　　　　　　　　　　D.各种树木上

(4)园林树木从开始生长到死亡,它的生长规律是_____。

　　A.快—慢—快　　　　　　　　　　　B.慢—快—快

　　C.慢—快—慢　　　　　　　　　　　D.快—快—慢

(5)根系的旺盛活动和地上部分的旺盛活动常呈_____的关系。

　　A.根先动,芽后动　　　　　　　　　B.芽先动,根后动

　　C.根、芽同时　　　　　　　　　　　D.犬牙交错而略有部分重叠

(6)树体不同器官和组织进入休眠期的早晚不同,地上部分最晚进入休眠期的是_____,故该部位最易受冻害。

　　A.叶　　　　　　　　　　　　　　　B.枝

　　C.芽　　　　　　　　　　　　　　　D.根颈

(7)下列花卉种子,寿命最长的是_____。

　　A.睡莲　　　　　　　　　　　　　　B.荷花

　　C.王莲　　　　　　　　　　　　　　D.千屈菜

(8)植物细胞及整株植物在生长过程中,生长速率变化的规律是_____生长。

　　A.慢—快—慢　　　　　　　　　　　B.缓慢

　　C.迅速　　　　　　　　　　　　　　D.快—慢—快

3.简答题

(1)什么叫树木的生命周期?它有哪几个年龄阶段?各阶段有什么重要特点?

(2)列表比较乔木、灌木和草本植物的物候期特征。

单元实训

园林植物物候期观测

1）目的要求

物候是植物对环境的一种适应,通过观测了解植物的生理机能、形态发生与自然气候之间的关系,服务于园林植物栽培。通过学习,使学生掌握物候期观测的方法。

2）材料用具

材料:校内或校外选乔木树种、灌木树种及草本花草各3~5种。

用具:标签、记录表、铅笔等。

3）方法步骤

(1)确定观测地点。

(2)确定观测植物。

(3)乔灌木植物从早春萌芽开始,草本植物从出土开始,隔日进行观测并做好现场记载,观测时间以下午为好。

(4)数据整理分析。

4）作业

(1)将记载情况整理好并填入第1章表1.1、表1.2中。

(2)分析比较乔灌木和草本植物的物候期特征。

2 环境对园林植物生长发育的影响

[本章导读]

适宜的环境是植物生存的必要条件。本章着重介绍了环境因子如气候、土壤、生物、地形等因子对园林植物生长发育的影响，以便能选择或创造适宜的环境条件，科学合理地选择、栽植或改造植物，为创造出高水平的园林景观服务。

环境是指植物生存地点周围一切空间因素的总和，是植物生存的基本条件。把直接作用于园林植物生命过程的环境因子称为"生态因子"。生态因子分为气候因子、土壤因子、地形因子、生物因子和人为因子5大类。其中每一类又由许多更具体的因子组成。

2.1 气候因子对园林植物生长发育的影响

气候因子主要包括温度、光照、水分、空气、风等因子，是影响园林植物生长发育的主要生态因子。

2.1.1 温度

1)园林植物对温度的要求

温度是园林植物生长发育最重要的环境条件之一。各种园林植物对温度都有一定的要求，即最低温度、最适温度及最高温度，称为三基点温度。不同种类的园林植物，由于原产地气候型不同，因此其三基点温度也不同。

按对温度需求不同，园林植物可分为3类：

（1）耐寒性植物　一般能耐0℃以下的温度，其中一部分种类能耐-10 ~ -5℃以下的低温。在我国，除高寒地区以外的地带都可以露地越冬。绿化树木如落叶松、冷杉等均属此类。

（2）半耐寒性植物　耐寒力介于耐寒性与不耐寒性植物之间。

（3）不耐寒性植物　一般不能忍受 0 ℃以下的温度，其中一部分种类甚至不能忍受 5 ℃以下的温度，在这样的温度下则停止生长或死亡。

2）园林植物适宜的温周期

温度并不是一成不变的，而是呈周期性的变化，称为温周期。温度有季节性的变化及昼夜的变化。

（1）温度的年周期变化　我国大部分地区属于温带，春、夏、秋、冬四季分明，一般春、秋季气温在 10 ~ 22 ℃，夏季平均气温在 25 ℃左右，冬季平均气温在 0 ~ 10 ℃。对于原产温带地区的植物，一般表现为春季发芽，夏季生长旺盛，秋季生长缓慢，冬季进入休眠。

（2）气温日较差　一天之中，最高气温一般出现在下午 2—3 时，最低气温出现在日出前后，二者之差称为气温日较差。

气温日较差影响着园林植物的生长发育。白天气温高，有利于植物进行光合作用以及制造有机物；夜间气温低，可减少呼吸消耗，使有机物质的积累加快。因此，气温日较差大则有利于植物的生长发育。为使植物生长迅速，白天温度应控制在植物光合作用最佳温度范围内，但不同植物适宜的昼夜温差范围不同。通常热带植物昼夜温差应在 3 ~ 6 ℃；温带植物 5 ~ 7 ℃；而沙漠植物则要相差 10 ℃以上。

3）有效积温

各种园林植物都有其生长的最低温度。当温度高于其下限温度时，它才能生长发育，才能完成其生活周期。通常把高于一定温度的日平均温度总量称为积温。园林植物在某个或整个生育期内的有效温度总和，称为有效积温。如一般落叶果树的生物学起始温度为均温 6 ~ 10 ℃，常绿果树为 10 ~ 15 ℃。计算公式如下：

$$K = (X - X_0)Y$$

式中　K——有效积温，℃；

X——某时期的平均温度，℃/d；

X_0——该植物开始生长发育的温度，即生物学零度，℃/d；

Y——该期天数，d。

例如，某种花卉从出苗到开花、发育的下限温度为 0 ℃，需要经历 600 ℃的积温才开花，如果日平均温度为 15 ℃，则需经历 40 d 才能开花；若日平均温度为 20 ℃，则需经历 30 d。

4）温度对花芽分化和发育的影响

植物种类不同，花芽分化和发育所要求的最适温度也不同，大体上可分为两种类型。

（1）高温条件下花芽分化　许多花木类，如杜鹃花、山茶花、梅花、桃和樱花、紫藤等均于 6—8 月气温升至 25 ℃以上时进行花芽分化，入秋后进入休眠，经过一定的低温期后结束或打破休眠而开花。

（2）低温条件下花芽分化　有些植物在开花之前需要一定时期的低温刺激，这种经过一定的低温阶段才能开花的过程称为春化阶段。秋播的二年生花卉需 0 ~ 10 ℃才能进行花芽分化。如金鱼草、金盏菊、三色堇、虞美人等。原产温带的中北部地区以及高山地区的花卉，花芽分化多在 20 ℃以下的较凉爽的气候条件下进行。如八仙花、卡特兰属、石斛属的某些种类在 13 ℃和短日照条件下可促进花芽分化。

早春气温对园林植物萌芽、开花有很大影响。温度上升快，开花提早，花期缩短，花粉发芽

一般以 20～25 ℃为宜。温度对果实品质、色泽和成熟期有较大的影响。一般温度较高,果实含糖量高,成熟较早,但色泽稍差,含酸量低。温度低则含糖量少,含酸量高,色泽艳丽,成熟期推迟。

低温与高温
危害

5)温度对花色的影响

温度是影响花色的主要环境因素之一,许多花卉的花色均会随着温度的升高和光照的减弱而变淡。例如,落地生根属的一些品种在高温和弱光下所开的花,几乎不着色,或者花色变淡。

6)高温及低温障碍

(1)高温障碍　当园林植物生长发育期环境温度超过其正常生长发育所需温度的上限时,会导致蒸腾作用加强,水分平衡失调,容易发生萎蔫或永久萎蔫(干枯),如夏季高温≥35 ℃。同时高温会影响植物光合作用和呼吸作用,一般植物光合作用最适温为 20～30 ℃,呼吸作用最适温为 30～40 ℃,高温使植物光合作用下降而呼吸作用增强,同化物积累减少,植物表现萎蔫、灼伤,甚至枯死。

土温较高首先会影响根系生长,进而影响植物的正常生长发育。一般土温高常伴随缺水,造成根系木栓化速度加快,根系缺水而缓慢生长甚至停长。此外,高温还会影响花粉的发芽及花粉管的伸长,导致落花落果严重。

(2)低温障碍　低温和骤然降温对园林植物危害比高温更严重,分冷害和冻害。

①冷害(寒害):植物在 0 ℃以上的低温下受到的伤害。原产热带的喜温植物如香石竹、天竺葵等在 10 ℃以下温度时,就会受到冷害,轻度表现凋萎,严重时死亡。

②冻害:温度下降到 0 ℃以下,植物体内水分结冰产生的伤害,常见有霜冻,特别是早霜和晚霜的危害。

不同植物或同种植物在不同的生长季节及栽培条件下对低温的适应性不同,因而抗寒性也不同。一般处于休眠期的植物抗寒性增强。如落叶果树在休眠期地上部可忍耐-30～-25 ℃的低温;石刁柏等宿根越冬植物,地下根可忍受-10 ℃低温。但若正常生长季节遇到 0～5 ℃低温,就会发生低温伤害。此外,利用自然低温或人工方法进行抗寒锻炼可有效提高植物的抗寒性。如香石竹、仙客来等育苗期间加强抗寒锻炼,提高幼苗抗寒性,促进定植后缓苗,是生产上常用的方法。还可在苗圃周围营造防风林或防风障,以及进行灌溉、熏烟、覆盖等,都可起到抗寒的作用。

2.1.2　光照

光照对园林
植物的影响

光是地球生命活动的能源,是植物光合作用赖以生存的必要条件,是植物制造有机物质的能量源泉,没有阳光就没有绿色植物,植物就不能进行光合作用,也就不能生长发育。光照强度、日照时间长短、光的组成等都会对植物生长发育产生较大影响。

1)光照强度

光照强度是指单位面积上所接受可见光的能量,简称"照度",单位为勒克斯(lx)。依地理位置、地势高低、云量及雨量等的不同而呈规律性的变化。即随纬度的增加而减弱,随海拔的升

高而增强。一年之中,以夏季光照最强,冬季光照最弱;一天之中,以中午光照最强,早晚光照最弱。

(1)光照强度对植物的影响　植物生长速度与它们的光合作用强度密切相关。而光合作用的强度在很大程度上受到光照强度的制约,在其他生态因子都适宜的条件下,光合作用合成的能量物质恰好抵偿呼吸作用的消耗时,这时的光照强度称为光补偿点。光补偿点以下,植物便停止生长。如植物林冠下的植物,有时会因光照不足,叶子和嫩枝枯萎。光照强度超过了补偿点而继续增加时,光合作用的强度就成比例地增加,植物生长随之加快,即长高长粗。但当光照强度增加到一定程度时,光合作用强度的增加就逐渐减缓,最后达到一定限度,不再随光照强度的增加而增加,这时达到了光饱和点,即光合作用的积累物质达到最大时的光照强度。植物生长一般需要 18 000 ~ 20 000 lx 的光照强度。根据不同园林植物对光照强度的反应不同,可将其分为以下 3 类:

①阳性植物。此类植物需在较强的光照下才能正常生长。多数露地一二年生花卉及宿根花卉、仙人掌科等多浆植物类,落叶松、马尾松、臭椿等树木均属此类。

②阴性植物。此类植物不能忍受强烈的直射光线,需在适度荫蔽下才能生长良好。如蕨类植物、兰科、苦苣苔科、凤梨科、姜科、天南星科及秋海棠植物;云杉、冷杉、红豆杉等树木均为阴性植物。也有一些蔬菜植物如菠菜、莴苣、茼蒿等在光照充足时能良好生长,但在较弱的光照下,生长快、品质柔嫩。利用此特性,生产上常常合理密植或适当间套作,以提高产量,改善品质。

③中性植物。此类植物对光照强度的要求介于上述两者之间,或对日照长短不甚敏感。通常喜欢日光充足,但在微阴下也能正常生长。如萱草、桔梗类等。

(2)光照强度与叶片色彩的关系　观叶类花卉中,有些花卉的叶片中常呈现出黄、橙、红等多种颜色,有的甚至呈现出色斑块,这是由于叶绿体内所含元素不同,并在不同的光照条件下所产生的效果。如红桑、红枫、南天竹的叶片在强光下叶绿素合成得多些,而弱光下胡萝卜素合成得多。因此,它们的叶片呈现出由黄到橙再到红的不

(3)光照强度对花色的影响　紫红色的花是由 　　　　　　　　　　的,而花青素必须在强光下才能产生,在散射光下不易产生。花青素产 　　　　　　　　的影响外,还与光的波长和温度有关。如茶叶中的紫色叶子也是由于光 　　　　　　成,鲜叶中如果混有过多的紫色叶子,则制出的干茶茶汤是苦的。另外,光照 　　　　　　某些花卉品种的花色有明显影响,仍以蓝、白复色的矮牵牛花为例,其蓝色部分和白色部 　　的比例变化不仅受温度影响,而且与光照强度和光照持续时间有关。实验表明,随着温度升高,蓝色部分增加;随着光照强度增大,白色部分增加。

2) 日照长度

日照长度是指一天之中从日出到日没的太阳照射时间。一年之中不同季节昼夜日照时数不同,这种昼夜长短交替变化的规律称光周期现象。根据对日照长短反应不同,可将园林植物分为以下 3 类:

(1)长日照植物　这类植物在其生长过程中,需要有一段时间每天有较长的光照时数(通常 12 h 以上)才能形成花芽开花。在这段时间内,光照时间越长,开花越早,否则不开花或延迟开花。

(2)短日照植物　这类植物在生长过程中,需要一段时间内每天的光照时数在 12 h 以下或

每日连续黑暗时数在 12 h 以上,才能诱导花芽分化,促进开花结实。而在较长的日照下不开花或延迟开花。

(3)中日照植物　这类植物经过一段营养生长后,只要其他条件适宜就能开花结实,日照长短对其开花无明显影响。

研究并掌握了植物的光周期反应,就可以通过人工控制光照时间来促进或抑制植物的开花、生长和休眠。

3)光质

不同波长的光对植物生长发育的作用不同。植物同化作用吸收最多的是红光,其次为黄光。红光不仅有利于植物碳水化合物的合成,还能加速长日照植物的发育;相反,蓝紫光则加速短日照植物发育,并促进蛋白质和有机酸的合成,短波的蓝紫光和紫外线能抑制节间伸长,促进多发侧枝和芽的分化,且有助于花色素和维生素的合成。因此,高山及高海拔地区因紫外线较多,所以高山花卉色彩更加浓艳,果色更加艳丽,品质更佳。

红外线是不可见光,它是一种热线,被地面吸收后可转变为热能,能提高地温和气温,供植物生长发育所需的热量。

水分对园林
植物的影响

2.1.3　水分

水是植物的重要组成成分,也是植物进行光合作用的原料,同时也是维持植株体内物质分配、代谢和运输的重要因素。植物生长发育离不开水,如果缺水,影响种子发芽、插条生根、幼苗生长,光合作用、呼吸作用及蒸腾作用均不能正常进行,更不能正常抽梢、开花结实、落叶、休眠,严重缺水时会使植株萎蔫甚至死亡;当然,水分过多又会造成植株徒长、烂根、落蕾,甚至死亡。

1)植物对水分的要求

土壤湿度:通常用土壤含水量的百分数表示,即以田间持水量的 60% ~ 70% 为宜。

空气湿度:不同植物所需空气相对湿度不同,一般为 65% ~ 80%。原产于热带雨林地区植物约高,而原产沙漠地区植物则相对约低。根据不同园林植物需水特性可将其分为以下 3 类,如表 2.1 所示。

表 2.1　园林植物需水特性的种类及特点

分　类	特　点	植物种类
旱生植物	耐旱性强,能忍受较低的空气湿度和干燥的土壤。其耐旱性表现在:一方面具有旱生形态结构,如叶片小或叶片退化变成刺毛状、针状,表皮层角质层加厚,气孔下陷,气孔少,叶片具厚茸毛等,以减少植物体水分蒸腾;另一方面则是具有强大的根系,吸水能力强,耐旱力强	石榴、沙枣、仙人掌、葡萄、杏、柽柳、马尾松、侧柏、沙棘、木麻黄等
湿生植物	耐旱性弱,需要较高的空气湿度和土壤含水量,才能正常生长发育。其形态特征为:叶面积较大,组织柔嫩,消耗水分较多。而根系入土不深,吸水能力不强	花卉类:热带兰类、蕨类、凤梨科 绿化树木类:红树、垂柳、枫杨、水松、水杉等

续表

分 类	特 点	植物种类
水生植物	具有发达的通气组织,通过叶柄叶片直接呼吸氧气;无主根而且须根短小,只有在水中或沼泽地中才能生存	荷花、睡莲、王莲、千屈菜、慈姑、凤眼莲、藕、菱角等
中生植物	介于旱生和湿生植物之间。一些种类的生态习性偏向于旱生植物特征;另一些则偏向于湿生植物的特征	月季、菊花、牡丹、郁金香及大多数露地花卉及多数林木树种等

2)植物不同生育期和水分的关系

植物不同生育期对水分需要量不同。种子萌芽期:需充足的水分,有利胚根和胚芽的萌发;幼苗期:根系弱小,在土壤中分布浅,抗旱力弱,须经常保持土壤湿润。同时,水分过多,容易徒长。生产上育苗常采取适当蹲苗,即适当控制水分,增强幼苗抗性。但注意不要过度控水,形成"小老苗";旺盛生长期:此期需充足的水分以促进抽梢形成树冠骨架,但水分过多,会导致植株叶片发黄或徒长等现象;开花结果期:要求较低的空气湿度和较高的土壤含水量。一方面满足开花与传粉所需空气湿度;另一方面充足的水分又有利于果实发育;果实和种子成熟期:要求水分较少,空气干燥,以提高果品和种子质量;休眠期:控制浇水,以防烂根,使植物完成休眠。

3)水质对植物的影响

植物中尤其是花卉植物对水质要求较高,以 pH 6~7 为宜,自来水应在水池中放置一段时间,使自来水中的氯气散发掉,否则氯与土中的钠结合产生盐,影响花卉生长。其他如工厂排出的废水、生活污水等严重受污染的水更不能用来灌溉植物。

2.2 土壤因子对园林植物生长发育的影响

土壤是植物生长发育的物质基础,植物所需的水分和养分主要来自土壤。同时土壤支撑着植物树体保持直立状态。不同的土壤有不同的水、肥、气、热、酸碱度,它直接影响着植物根系的生长发育及其机能。因此,研究土壤的各种生态因素,如土壤理化性质及肥力状况与植物的关系,对促进植物生长发育,提高产量和品质有重要意义。

2.2.1 土壤的理化性质

土壤条件

(1)土壤质地 土壤中粗细不同的颗粒所占比例不同,构成土壤质地不同,分砂土、壤土和黏土3类11级。

(2)土层厚度 土层厚度直接影响土壤养分和水分状况,从而影响植物根系的分布和根系吸收养分、水分的范围。不同植物需不同土层厚度,一般果树和乔木绿化树种要求土层较深,其根系分布越深,越能稳定地吸收土壤中的养分、水分,这样树体生长健壮,结果良好,寿命长,对

不良环境的抵抗力强。

（3）土壤酸碱度　土壤酸碱度是指土壤溶液的酸碱程度,用 pH 表示。土壤 pH 与土壤理化性质和微生物活动有关。因此,土壤中有机质及矿物质营养元素的分解和利用也和土壤 pH 密切相关。不同植物由于原产地土壤条件不同,其适宜的土壤酸碱度范围也不同。

一般原产于北方的植物耐碱性强,原产于南方的植物耐酸性强。而大多数植物露地栽培要求中性土壤。过酸、过碱土壤均需要改良。

（4）土壤营养　土壤营养指土壤中所含营养元素的多少,园林植物与其他植物一样,所需的 3 大主要营养元素为 N、P、K,其次是 Ca 和 Mg。不同植物或同一植物在不同生育期对营养元素需要量不同,生产上了解各种营养元素的作用和植物不同生育期的生理特征,采取相应施肥措施是栽培成功与否的关键。

（5）土壤含盐量　土壤中含主要盐类为碳酸钠、氯化钠和硫酸钠,其中碳酸钠危害最大。据研究,能进行硝化作用的极限浓度是:硫酸盐 0.3%,碳酸盐 0.03%,氯化物 0.01%。大多数乔木在 2.5～3 m 土层内,其含盐量必须低于有害浓度才能正常生长。植物受盐碱危害轻者,生长发育受阻,表现为枝叶焦枯,严重时全株死亡。一般沿海一带盐碱地较多。

2.2.2　保护地土壤的特性

（1）土壤溶液浓度高　保护地土壤盐分浓度通常为 10 000 mg/kg 以上,而一般花卉适宜浓度为 2 000 mg/kg,当高于 4 000 mg/kg 时就已经对花卉的生长发生抑制作用。

（2）氮素的形态变化和气体危害　由于保护地土壤溶液的盐分浓度高,抑制了硝化细菌的活动,于是肥料中的氮便生成大量的铵和亚硝酸。由于硝化作用缓慢,于是铵和亚硝酸蓄积,逐渐变成气体。加之保护地条件下冬季换气困难,当这些气体达到一定浓度时,就会对植物产生气体危害。

（3）土壤微生物自洁作用降低　土壤中各种微生物动态平衡作用,又称为土壤的自洁作用。保护地条件下,由于高温高湿,土壤有机质分解迅速。在有机质缺乏,作物主要依赖化肥的情况下,异养微生物由于缺乏"食物",种类及数量迅速减少,致使土壤中微生物单一化,因而土壤自洁作用变弱,有害微生物增多。

2.3　生物因子对园林植物生长发育的影响

生物因子可分为动物因子和植物因子。园林绿地除了园林植物以外,还有许多其他植物、动物和微生物,它们之间相互制约、相互依存。研究植物与植物之间,植物与动物之间的相互关系,对促进园林植物生育发育有很重要的意义。

动物对园林植物生长发育的影响较大。这里的动物主要指危害园林植物的虫害,如蛀干类害虫、天牛、吉丁虫等;危害幼嫩枝叶花果实的害虫更多,如蚜虫、潜叶蛾、凤蝶、螨类、介壳虫等。

目前国内外已成功分离和合成一些昆虫绝育剂、引诱剂、拒食剂、忌避剂等。这些制剂本身不能直接杀死害虫。如绝育剂可造成害虫绝育,迫使某些害虫在一定区域内数量减少,以达到控制害虫种群的目的。

2.4 城市环境因子对园林植物生长发育的影响

城市气候、水分、空气污染、建筑物等因子对植物均有不同程度的影响。随着工业和交通运输、建筑行业等的迅猛发展,向大气中排放的有害物质也越来越多,种类越来越复杂,污染越来越严重。

2.4.1 大气污染

空气对园林植物的影响

(1)工业"三废"污染 工业"三废"是指废水、废渣、废气,其通过污染周围环境中的水、土壤和空气,从而污染园林产品。"三废"中所含有害物质主要包括二氧化碳、氟化氢、氯、氨、硫化氢、氯化氢、一氧化碳等有害气体;铅、锌、铜、铬、镉、砷、汞等重金属及含毒塑料薄膜、酚类化合物等。

(2)烟尘微粒 碳粒、飞灰、硫酸钙、氧化锌以及金属粉尘等。粒径在 10 μm 以上者称为落尘,粒径在 10 μm 以下者称为飘尘。主要来自煤、石油等燃烧产生的烟尘、矿石燃烧、水泥生产、金属冶炼、交通运输等。

(3)微生物污染 城镇生活用水、生活垃圾及医院排出的废水,含有各种沙门氏杆菌、病毒、大肠杆菌、寄生性蛔虫等流入田间,造成产品污染。此外,在采后储运、销售产品过程中处理不当,也会造成再次污染。

(4)"酸雨" 空气中二氧化硫、二氧化氮和二氧化碳等气体,同大气中的水发生化学反应,形成大量的硫酸、硝酸和碳酸以及其他有害物质,随雨落于地面称为酸雨(pH<5.6)。酸雨能引起土壤和水体的酸化,树木的嫩枝、树叶被腐蚀枯萎,并大量落叶,甚至死亡。酸雨还会造成鱼类和其他植物死亡,腐蚀建筑物和各种设施。我国华东、西南等地区普遍发现酸雨。

另外,大气污染还有各种建筑材料释放的有毒物质,如甲醛等。

总之,在城市大气污染中,对人类威胁较大、影响范围较广的主要是煤粉尘、二氧化碳、一氧化碳、二氧化氮、碳化氢和氨等。

2.4.2 大气污染对园林植物的危害

污染物主要是从叶片气孔侵入叶肉组织,然后通过筛管运输到植物体其他部位,损害叶片的内部构造,影响气孔关闭,对光合、蒸腾和呼吸作用产生影响,并破坏酶的活性;同时,有毒物质在树木体内进一步分解或参与合成过程,产生新的有害物质,进一步侵害机体的细胞和组织,使其坏死。

污染物质进入大气后,对树木的伤害程度除与污染物的种类和浓度有着直接关系外,还与当地的气象和地形条件有关。

（1）风　风是大气对污染物具有自然稀释能力的重要因素之一。风速大于 4 m/s 时，可以移动并吹散被污染的空气，从而达到自然稀释作用；风速小于 3 m/s 时，能使污染空气移动但不易吹散；风速等于零时，污染物的浓度不断增高达到危险程度。风的方向也有重要影响，处于污染源下风方向的树木受害较严重。

（2）光照　光照强度影响树木叶片气孔的关闭。白天光照强度大，气温高，叶片气孔张开，有毒气体容易从气孔侵入树木体内；夜间，光照减弱，气温降低，气孔关闭，有毒气体不易进入树木体内。故树木的抗毒性夜间高于白天。

（3）降雨和大气相对湿度　降雨能够减轻大气污染，但在大气稳定的条件下，阴雨连绵，特别是毛毛细雨湿润叶片表面，吸附和溶解大量有毒物质，使树木受害加重，因而随着大气相对湿度的增高，树木受害加重。

（4）地形　工业污染物排入大气后，因其所处的地形不同，造成的危害程度也有差异。在窝风的丘陵和山谷盆地，污染物难于扩散，易形成浓度较高的污染区，加重了大气污染的程度，因此世界上发生的几次严重大气污染事件，多发生在谷底和盆地。

2.4.3　植物对大气污染的抗性

植物对大气污染的抗性是指某树种在大气污染物的极限浓度范围内，能尽量减少受害或者受害后能尽快恢复生机，继续保持旺盛生长的能力。

不同树种和同一树种在不同的生长发育阶段其抗性均有差异。现将一些常见树种对有毒气体抗性分级如表 2.2 所示。

表 2.2　常见树种对有毒气体抗性分级

有毒气体	强抗性树种	中等抗性树种	弱抗性树种
二氧化硫	臭椿、女贞、国槐、刺槐、桑、丁香、夹竹桃、银杏、合欢、棕榈	木槿、五角枫、白蜡、冷杉	泡桐、苹果、香椿、文冠果、红苋木
氟化氢	丁香、女贞、沙枣、柑桔、樱桃、李、拐枣	三角枫、泡桐、苹果、桃	刺柏、胡桃、臭椿、白蜡、杜仲
氯气	黄杨、女贞、臭椿、合欢、棕榈、荚竹桃、板栗、广玉兰	刺槐、黄檀	法桐、梨、刺柏、白蜡、杜仲
臭氧	银杏、柳杉、樟、海桐、夹竹桃、冬青、连翘、悬铃木	梨、樱花	胡枝子、垂柳

2.4.4 植物对大气污染的监测作用

利用对大气污染物敏感的树种来监测大气污染已成为环境保护中重要的手段之一。有些植物对大气污染的反应要比人敏感,例如在二氧化硫浓度达到$(1 \sim 5) \times 10^{-6}$时,人才能闻到气味,$(10 \sim 20) \times 10^{-6}$时,刺激引起咳嗽、流泪,而某些敏感的树木植物在$0.3 \times 10^{-6}$浓度下几小时就出现症状。有些有毒气体毒性很大,但无色无臭,人不易发现,而某些树木却能及时出现反应。利用某些对有毒气体特别敏感的木本植物来监测有毒气体,指示环境污染程度,从而起到报警的作用。这种对大气污染敏感的树种称为污染物的指示树种。例如,红松、雪松叶发黄枯萎,反映空气中二氧化硫浓度过高;丁香、蔷薇对汽车废气很敏感,是光化学烟雾的信号树种;杏、落叶松对氟化氢敏感,可用来监测氟化氢;女贞可监测汞等,详见表2.3。

表2.3 对污染物能起监测作用的树木

污染物质	表 现	植物种类
二氧化硫	叶脉间出现点状或块状伤斑,逐渐呈棕黄色坏死区。坏死区和健康组织界限较分明	李、葡萄、落叶松、雪松、杨树、泡桐、枫杨、云杉、柳杉、核桃
氟化氢	出现的症状与SO_2受害的症状相似,叶尖、叶缘出现伤斑,以后呈环状分布,逐渐向内发展,严重的整片叶子枯焦	雪松、云南松、落叶松、杏、樱桃、苹果
氯气	叶尖、叶缘或叶脉间出现不规则黄白色或浅褐色坏死斑点	杨树、刺柏、落叶松
臭氧	叶片背面变为银白色或古铜色,叶片正面受害部分与正常部分之间有明显横带	女贞、垂柳、山定子

复习思考题

1.是非题(对的画"√",错的画"×",答案写在每题括号内)

(1)深秋时候灌水,有利于提高土温。　　　　　　　　　　　　　　　(　)

(2)适地适树的"地",是指温、光、水、气、土等综合环境条件。　　(　)

(3)长日照植物南种北移时,应引晚熟品种。　　　　　　　　　　　(　)

(4)短日照植物北种南引时,应引晚熟品种。　　　　　　　　　　　(　)

(5)冬天灌水可以保温,夏天浇水能降温,主要是因为水的比重大,能维持温度的稳定。

(　)

(6)根外追肥应选择晴朗天气,中午阳光充足进行。　　　　　　　(　)

(7)每种植物处于不同的生长发育时期,对养分的需要是有差别的。(　)

2.选择题(把正确答案的序号写在每题横线上)

(1)树木对环境的适应能力有强弱,下列_____属于耐碱树种。

    A.山茶   B.柽柳   C.杜娟   D.日本五针松

(2)短日照花卉每天有_____h日照,就能加快发育,提前开花。

    A.5~8   B.8~12   C.12   D.13~15

(3)一般树木根系生长的适宜温度是_____℃。

    A.0~5   B.5~10   C.15~25   D.25~30

(4)植物下部老叶叶脉间黄化,而叶脉为正常绿色,叶缘向上或向下有揉皱,表示_____。

    A.缺磷   B.缺钾   C.缺铁   D.缺镁

(5)叶片脱落的主要原因之一是由于_____。

    A.离层区细胞的成熟   B.植株进入衰老期

    C.叶片内营养严重不足   D.花果发育的影响

(6)植物感受低温春化的部位是_____。

    A.茎尖   B.根尖   C.幼叶   D.老叶

(7)低温对植物的伤害,据其原因可分为寒害、霜害和_____3种。

    A.冻害   B.雪害   C.风梢   D.灼害

(8)环境污染主要包括_____、大气污染和土壤污染等方面。

    A.生物污染   B.水体污染   C.人为污染   D.空气污染

(9)植物叶子的先端和边缘出现斑痕,以后成环状分布,逐渐向内发展,严重的整片叶子焦枯脱落,这证明是受了_____的污染。

    A.SO_2 B.HF   C.Cl_2 D.O_3

(10)配制盆栽混合土壤,对各种混合材料的理化性质需有一个全面了解,就吸附性能(即保肥性能)来说,下列材料中,最强的是_____。

    A.珍珠岩   B.木屑   C.黏土   D.泥炭

(11)从以下各种介质的通气性能来看,最强的材料是_____。

    A.蛭石   B.珍珠岩   C.陶粒   D.木屑

(12)以下各种介质的持水性最强的材料是_____。

    A.稻壳   B.壤土   C.木屑   D.黏土

3 园林植物苗木培育技术

[本章导读]

本章主要介绍园林植物苗木的培育技术及产销一体化过程。包括播种、扦插、嫁接、组织培养、分株、压条等育苗技术，野生种质资源的保护及引种驯化的过程，大苗的培育，苗木出圃以及苗圃的经营管理和苗圃产品销售。通过本章的学习，使学生掌握基本的园林植物苗木培育技术、苗圃的经营管理及其产品的销售过程。

3.1 播种育苗

播种苗又称为实生苗，是由种子通过生长发育而来的。播种育苗一次可获得大量的实生苗，实生苗具有发育阶段早、寿命长、遗传保守性不稳定、变异大、根系强大、生长健壮、适应性强等特点。其产生的变异又是新品种选育的基础，有利于驯化和定向培育创造新品种。

3.1.1 育苗设施

育苗除工厂化集中育苗外，一般都在实际生产上的保护地或露地进行，因此育苗设施的类型、性能以及建造和使用与一般的正常生产相同。育苗设施主要有温室、塑料大棚、荫棚等，育苗设施的选择应根据栽培目的对育苗的要求及外界条件等具体选定。

温室

1)温室

温室是园林植物苗木栽培中主要的设施之一，比其他栽培设施(如冷床、温床、荫棚等)对环境因子的调解与控制能力更强、更全面，是比较完善的保护地类型。

温室的种类很多，通常依据温室的用途、温度、植物种类、覆盖材料、结构形式等进行分类。园林植物生产栽培中，常用加温温室与日光温室两种温室类型。

(1)加温温室 除利用太阳热能外，还可以用烟道、热水、蒸汽等人为加温的方法来提高温室室温。

①此类温室根据其覆盖材料的不同又可分为玻璃温室、塑料薄膜温室。

a.玻璃温室:用玻璃作为覆盖材料。其优点是透光性好、保温力强、使用年限长,但投资费用高。

b.塑料薄膜温室:用塑料薄膜作为覆盖材料。塑料薄膜主要原料是聚氯乙烯(PVC)和聚乙烯(PE)树脂。其优点是设置容易、造价较低,是生产中应用最为普遍的一种。

②此类温室根据结构形式的不同又可分为单斜面温室、不等式温室、双屋面脊式温室、连拱型温室。

a.单斜面温室:温室的东、西、北三面为砖墙,南面为倾斜的透光玻璃面。其优点是结构简单、造价较低,能充分利用日光、增温快(图3.1)。

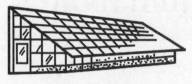

图3.1　单斜面温室

b.不等式温室:温室屋顶有两个宽度不等的屋面,向南一面较宽,向北一面较窄,两者的比例为4∶3或3∶2。这类温室的采光好、结构简单、成本较低,但室内温度不均匀,作业不太方便(图3.2)。

c.双屋面脊式温室:温室主要采用钢、木、铝合金作为框架,覆盖玻璃或聚碳酸酯硬质材料。通常采光窗面向东西方向,南北延长。该类温室有单脊式和连脊式两种形式,其光线充足,但保温性能差、昼夜温差大、造价较高、能耗大(图3.3)。

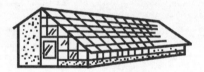

图3.2　不等式温室

图3.3　双屋面脊式温室

d.连拱型温室:是在单拱型温室基础上,根据需要将几栋或几十栋连接成的大型温室。多为南北延伸,太阳从东西两侧进入室内。这种温室以镀锌钢材为框架,覆盖聚乙烯或聚氯乙烯塑料薄膜。有的为增加保温效果还采用双层塑料薄膜中间充气(图3.4)。

图3.4　连拱型温室

(2)日光温室　指温室所需要的光和热主要来自太阳辐射,其基本结构属于单斜面,即南屋面为采光面,北屋面及东西山墙是采用隔热能力较强的土、砖、草筑成的复合结构。温室跨度一般为5~8 m,脊高为2.5~3.2 m,后墙厚度在北纬35°左右的地区以0.8~1.0 m为宜,北纬40°左右的地区以1.0~1.5 m为宜。温室后屋面材料要求轻、暖、有一定的厚度,目前多为秸秆加细碎的稻壳、高粱、玉米皮和碎草等复合而成,其厚度依各地区建筑材料不同而异,总厚度在40~70 cm,后屋面水平投影长度不小于1.2 m。温室承力骨架有竹片、竹竿、钢筋或钢管构成,温室前坡多为半拱型,上面覆盖塑料薄膜,并设计为可拉动式,以便在温室温度升高时拉开缝隙,通风降温。

日光温室的类型主要有琴弦式日光温室和拱圆式日光温室两种。目前常用全钢结构,其造价较低、室内无柱、操作空间大、易于机械化作业,且经久耐用。

2)塑料大棚

塑料大棚育苗在保护地栽培中,属于保温效果较差的一种,但也有一定的保护作用,是应用较为普遍的保护措施,具有提高温度、保护棚内湿度、降低风速、明显改善苗木生长环境,促进苗木生长的作用。

目前,塑料大棚的种类较多,根据大棚的屋顶形状可分为拱圆形和屋脊形两种;根据大棚的材料结构可为全木结构、全竹结构、全钢结构、竹木结构、铁木结构等;根据栋数多少可分为单栋和连栋大棚;根据利用时间长短,可分为季节性和周年性大棚。各地可根据当地的自然条件、材料来源和经济情况,以经济实用为原则因地制宜选择适宜园林植物育苗的大棚类型。

3)荫棚

荫棚是培育园林植物苗木的重要设施,具有避免阳光直射、降低温度、增加湿度、减少蒸腾等特点。

荫棚的种类和形式很多,可分为永久性与临时性两种,永久性荫棚的棚架材料多用水泥钢筋预制梁或钢管等,一般高 2～3 m,宽 6～7 m,其长度根据需要而定。而用于扦插及播种用的临时性荫棚较低矮,一般高 50～100 cm,宽 50～100 cm,长度按需要而定,且多以竹材作为棚架。

常用的遮阳材料有苇帘、竹帘、遮阳网等。遮阳材料要求有一定的透光率、较高的反射率和较低的吸收率。我国目前使用的遮阳网多由黑色或银色聚乙烯薄膜编织而成,中间缀以尼龙丝以提高强度,遮光率有 20%～90% 的不同规格。

3.1.2　播种前的准备

为了提高播种质量,保证早出苗,出全苗,必须认真做好播种前的准备工作,即包括播种前的选地整地、做床或做垄、土壤消毒和种子处理等。

1)土壤准备

(1)播种地的选择与整理　播种用地通常选择地势较高并具备良好的排水和灌溉条件的地块,这是给种子发芽创造有利条件的重要前提。土壤以砂壤土为宜,土壤化学性质多以中性或中性偏酸为宜,并且要求无盐分积累。

选择好理想的播种用地后还要做好整地工作,这主要是给种子发芽、幼苗出土创造有利的条件,以提高发芽率和便于幼苗的抚育管理。播种用地应注意深耕细耙。

(2)做床或做垄　按培育树种的生物学特性,生产上采用的育苗方式有苗床(畦)育苗和垄作育苗两种。

①苗床育苗:苗床也称畦,主要用于培育种粒小、需要精细管理的树种和珍贵的树种,如油松、落叶松、红松、云杉、侧柏、白皮松等针叶树种和杨、柳、桦树、绣线菊、紫薇、山梅花等阔叶树种。所用的苗床有高床和低床两种类型(图 3.5)。

a.高床:床面高出地面,一般比步道高出 15～20 cm。由于苗床高出地面具有提高土壤温

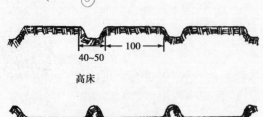

图 3.5 高床与低床剖面示意图

度、增加肥土层的厚度、利于土壤通气、便于排水和侧方灌溉等特点,适用于我国南方多雨地区及北方地区培育要求土壤排水好、通气佳的树种,如白皮松、油松、玉兰、牡丹等。

高床的一般规格为:床长 10 ~ 20 m,床面宽 1 m,床高 15 cm 左右,步道宽(两床间的距离)40 ~ 50 cm。苗床的方向以东西方向为好。做床要细致,苗床两侧稍高于床面,床头、床帮要切齐压实(呈 45°角的斜坡),以防塌帮,再用木(石)磙镇压 1 ~ 2 次。可采用马拉犁或手工做床,大、中型园林苗圃可以采用机引筑床机做床。

b. 低床:床面低于地面。低床便于引水灌溉和蓄水保墒,所以东北、华北和西北等少雨干旱地区可采用这种方式。

低床的一般规格:床面低于步道 15 cm,床面宽度为 100 ~ 110 cm,步道宽度约为 40 cm,苗床长度为 10 ~ 20 m,苗床的方向以东西方向为好。

②垄作育苗:对那些种粒较大、容易出苗、不要求精细管理的树种,多采用这种方式育苗,如槭树、刺槐、榆树、皂角、核桃、板栗、国槐、合欢等大部分阔叶园林树种。垄作育苗有高垄和低垄两种类型。

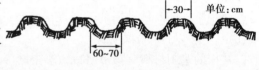

图 3.6 高垄示意图

a. 高垄:即垄面高出地面(图 3.6)。因高垄土壤较疏松、通气良好、地温较高、有利于灌溉和排水,北方各地多采用。

一般规格为:垄底宽 60 ~ 70 cm,垄面宽经镇压后保持在 30 cm 左右,垄高 15 ~ 20 cm。垄向尽量采用南北向。

b. 低垄:垄面低于地面。主要利于抗旱保墒,灌溉方便,节约用水。北方风大干旱、水源不足的地区习惯采用此种类型。

低垄与高垄不同的是垄面低于地面 10 ~ 15 cm,其他规格要求是相同的。

(3)土壤消毒 消毒的目的是杀灭土壤中的病原菌和地下害虫。土壤消毒的方法很多,可根据设备条件和需要来选择。

①物理消毒:有蒸汽消毒、日光暴晒消毒、烧土法等。

蒸汽消毒:即将 100 ~ 120 ℃ 的蒸汽通入土壤,消毒 40 ~ 60 min,或以混有空气的 70 ℃ 水蒸气通入土壤,处理 1 h,均可以消灭土壤中的病菌,由于使用的设备、设施成本较高,通常只适用于盆播用土的消毒。

日光暴晒消毒:当对土壤消毒要求不严时,可采用日光暴晒消毒的方法,尤其是夏季,将土壤翻晒,可有效杀死大部分的病原菌和虫卵,在温室中土壤翻新后灌满水再暴晒,效果更好。

烧土法:对林区、山区枯枝落叶丰富和柴草方便的地方,可在播种地堆放焚烧,使土壤耕作层加温,不仅能消灭病原菌和地下害虫,而且具有提高土壤肥力的作用。

②化学药剂的消毒:化学药剂的消毒具有操作方便,效果好的特点,但成本较高。常用的药剂有福尔马林溶液、氯化苦、五氯硝基苯等。

福尔马林溶液:将福尔马林按 500 mL/m³ 的用量进行均匀浇灌,并用薄膜盖严密闭 1 ~

2 d,揭开后翻晾 7~10 d,使福尔马林挥发殆尽后使用。

氯化苦:使用时打 25 个/m² 左右深约 20 cm 的小穴,每穴加氯化苦药液 5 mL 左右,然后覆盖土穴,踏实,并在土表浇上水,持续 10~15 d 后,翻晾土 2~3 次,使土壤中的氯化苦充分散失,两周以后方可使用。因氯化苦是高效、剧毒的熏蒸剂,使用时要戴乳胶手套和适宜的防毒面具。

五氯硝基苯:是有机氯杀菌剂,也是一种很好的土壤消毒剂,能够有效地防治松苗立枯病。五氯硝基苯可湿性粉剂(75%),用 3~5 g/m²,与 200 倍的细沙土混合均匀制成药土,播种前 1~2 d 把药土均匀撒施在床面上,然后用平耙将药土与苗床表土混拌,整平床面后播种,它对人畜无害,使用安全。

2)种子处理

播种及种子处理

播种前种子的处理包括种子的消毒和种子催芽。

(1)种子消毒　种子消毒可有效预防苗期病害,提高成活率,一般在播种前或催芽前进行,常见的消毒方法有:

①硫酸铜溶液:硫酸铜溶液(0.3%~1%)浸种 4~6 h,取出阴干后播种。

②福尔马林溶液:在播前 1~2 d,将种子浸于稀释 200~300 倍的福尔马林溶液(40%)中,16~30 min,取出覆盖保持潮湿 2 h,再用清水冲洗,阴干后播种。

③高锰酸钾溶液:用高锰酸钾溶液(0.5%)浸种 2 h,取出后用布盖 30 min,冲洗后播种。

④五氯硝基苯:用五氯硝基苯粉剂(75%)拌种,拌种用量为种子质量的 0.2%~0.3%,最好先与 10~15 倍的细沙混拌配成药土,再进行拌种消毒。拌种后堆起密封一昼夜,再进行种子催芽或播种,防治效果好。

⑤敌克松:用敌克松粉剂(90%)拌种,用药量为种子质量的 0.2%~0.5%。先用药于 10 倍的细土拌成药土,然后拌种。

⑥苏化 911:用 30% 的苏化 911 粉剂拌种,每千克种子用药 2~4 g,配成药土后进行拌种消毒。

(2)种子催芽　催芽处理就是使处于休眠状态的种子,在适宜的水分、温度和通气等条件作用下,解除休眠提早萌发。实践证明,经过催芽处理的种子,能够提早萌发,出苗整齐,发芽率高,显著提高了苗木的产量和质量。因此,种子催芽是直接关系到播种育苗成败的关键,是苗木速生丰产的前提。常用的催芽方法有以下几种:

①低温层积处理:层积使坚硬的种皮逐渐软化,种皮透性增强。种子的内含物向有利于发芽的方向转化,种子内的发芽抑制物如脱落酸等逐渐降低以致消失,而发芽促进物质如赤霉素、激素等含量上升。同时在层积过程中贮藏物质开始降解,各种酶活性增强,可溶性物质增加。层积温度大多在 1~10 ℃,以 2~7 ℃ 最为适宜。层积时间因种类而异,一般在 1~6 个月的范围内。

②水浸催芽:可分为温水浸种和热水浸种。除了一些过于细小的种子外,大多数树木的种子通过温水浸种和热水浸种后吸水膨胀,促使其提早发芽,但浸种的水温和时间要根据树种不同而有所区别。温水浸种较冷水浸种效果好,一般采用 40~45 ℃ 温水,浸种一昼夜后,装入筐篓或木箱中放在室内暖和地方或火坑上。盖上湿麻袋或草帘,保持种温在 20 ℃,湿度 60% 左右。在这种温暖湿润条件下 3~5 d 种子即开始萌动发芽,大部分种子裂嘴时即可播种。

③机械损伤处理:对一些种皮坚硬的种子,可用人工方法将种子与粗沙等混合摩擦,有的可

适度碾压,使种皮破裂,透性增加,促进种子发芽。或用超声波处理,可促使空气、水分进入种子,促进萌发。如夹竹桃、梅、油桃和橄榄等。

④化学处理:一些种皮致密坚硬或具蜡质的种子,可用化学药品处理,用以腐蚀种皮。常用强酸有硫酸、盐酸等,强碱有氢氧化钠,强氧化剂有双氧水,处理时的浓度和时间应依种皮特点而定,但要严格把握好浓度和处理时间,最好通过实验选择适宜的参数进行处理。此外,经化学处理的种子应及时用清水冲洗,以免产生药害。这种方法在生产上应用较少。

播种前准备

3.1.3　播种时期与播种量

1)播种时期

应根据园林植物树种自身的特点及当地的气候条件,分别选择适宜的播种季节,提高发芽率,使出苗整齐,抗性增强。根据播种的时间可分为4种:

(1)春播　我国大多数地区和大多数园林植物都适合春播。春播在早春土壤解冻后进行。在不遭受晚霜的前提下,可适当早播,以增加幼苗生长期,提高幼苗的抗性。一般北方地区在3月下旬至4月中旬,华东地区在3月上旬至4月上旬,南方地区在2月下旬至3月上旬播种。

(2)秋播　一般大、中粒种子或种皮坚硬且具有生理休眠特性的园林树木的种子,适于秋播。秋播可以起到低温沙藏处理和催芽的作用,且秋播的种子在翌年春季地温上升后能及时出土,使苗木生长期长,生长健壮。尤其是红松、水曲柳、椴树等一些休眠期比较长的深休眠的林木种子或栎类、核桃、核桃楸、板栗、山杏等大粒种子,更适合于秋播。

(3)随采随播　一些种子含水量大、寿命短、生活力弱、失水后易丧失发芽力的植物种子,应随采随播,如杨、柳、榆、枇杷和七叶树等树木的种子。

(4)周年播种　一些原产于南方的热带树种或温室花卉,种子萌发主要受温度的影响。温度合适,可随时萌发。因此,在有条件时,可周年播种。

2)播种量

(1)播种量的计算　播种量是单位面积上播种种子的质量。适度的播种量对苗木的产量和质量影响很大。如播种量过大,不仅浪费种子还会加大间苗的工作量,间苗不及时,苗木生长纤细,降低苗木的质量;播种量过小,苗木产量低,增加田间的工作量,土地利用低。播种量的计算,通常根据以下几个参数:单位面积产苗量、种子的纯净度、种子的千粒重、种子的发芽势和种苗损耗系数。

$$单位面积的播种量(kg) = \frac{损耗系数×单位面积产苗量×种子的千粒重(g)}{种子的纯净度(\%)×种子的发芽势(\%)×1\ 000^2}$$

损耗系数因树种本身的种子发芽特性、苗圃地的土壤及环境条件、育苗的技术水平等的差异而不同。损耗系数的变化范围如下:

①大粒种子(千粒重在700 g以上)的损耗系数为1。

②中粒种子(千粒重在3～700 g)的损耗系数为1～2。

③小粒种子(千粒重在3 g以下)的损耗系数为10～20。

(2)苗木的密度　苗木的密度是单位面积上苗木的数量。合理的苗木密度就是在保证每株苗木生长发育健壮的基础上,获得单位面积上最大限度的产苗量,保证苗木的高质优产,也就是在不降低苗木质量的前提下,争取获得最多的苗木。苗木的密度过大或过小,都不利于生产出高质优产的苗木。

苗木密度的大小,取决于株行距上,尤其是行距的大小。

通常,一年生播种苗的单位面积产苗量为:针叶树种为 150～300 株/m²;速生针叶树种为 600 株/m²;阔叶树种大粒种子或速生树种为 25～120 株/m²;生长速度中等的树种为 60～160 株/m²。

3.1.4 播种方法与工序

1)播种方法

常用的播种方法主要有撒播、条播、点播 3 种。

(1)撒播 将种子均匀撒在苗床上,称为撒播。适于小粒种子的播种。如杨、柳、桑、泡桐、悬铃木等。撒播的优点是产苗量高,缺点是用种量大,有一定的局限性(多用于苗床作业),此外,易因出苗过密,而使通风透光不良,不利于苗木的生长发育,也不利于土壤管理。撒播育苗时,要播种均匀,如种子过小时,可将种子与适量细沙混合后播种,播种量不宜过大。

(2)条播 条播是按一定的行距将种子均匀地撒在播种沟内。适于各种育苗方式和各种大小不同的树木种子。其优点是:苗木有一定的行间距离,便于抚育管理及机械化作业,保持土壤疏松;光照和通风条件好,苗木生长健壮,质量高;比撒播节省种子。播种行应为南北向,以利于苗木受光均匀。

条播时行距和播幅可根据苗木生长的快慢和圃地气候、土壤条件来决定。一般行距为 10～25 cm,播幅宽 5～10 cm。

条播通常分为单行条播、双行条播和带状条播等。单行条播适用于生长较快的乔木树种,如白蜡、刺槐等,以及具有大、中粒种子的树种。双行条播适用于中、小粒种子以及生长较慢的树种。带状条播适用于中、小粒种子以及生长缓慢的树种,如侧柏、圆柏、银杏等。

(3)点播 点播是按一定的株行距将种子播于圃面上。适用于大粒和发芽势强、种子较稀少的树种。如核桃、板栗、山桃、银杏、七叶树等。播种时应使种子的缝合线和地面垂直,以便于种胚的入土和胚芽的出土。其优点是节约种子,出苗健壮,后期管理较为方便。但播种较费工,单位面积的产苗量低。

2)播种工序

一般包括播种、覆土、镇压、覆盖和灌溉等工序。

①播种:选择适宜的播种方法和播种期,进行播种。

②覆土:播后应及时覆土,覆土厚度常影响种子萌发。过厚不利于发芽、出土;过薄种子易干,易遭鸟、兽、虫等危害。一般覆土厚度是种子直径的 1～3 倍。具体的厚度应根据种子的发芽特性、气候、土壤条件、播种期和管理技术的差异来定,在不妨碍种子发芽的前提下,以较浅为宜。

覆土应选用疏松土壤或木屑、细沙、草木灰和泥炭等,不宜用黏重土壤,覆土不仅要厚度适当,而且要求均匀一致,否则幼苗出土不齐,疏密不均,影响苗木的产量和质量。

③镇压:镇压可使种子与土壤紧密相接,使种子充分利用土壤中的水分,利于发芽。在较为干旱的地区尤为重要,覆土后应及时镇压。土壤较为黏重或较湿润时,不宜镇压,否则易使土壤板结,影响种子发芽。

④覆盖:覆盖的目的是保持土壤湿度、调节地表温度、防止表土板结、减少杂草等。覆盖材料有草帘、薄膜、遮阳网等。一般在大部分幼苗出土后应及时撤除。

⑤灌溉:一般在播种前要灌足底水,播种后在发芽阶段尽量不浇水。如气候干燥,土壤水分不足必须灌溉时,要适量浇水。浇水次数和浇水量要根据覆盖物的有无、树种和覆土厚度等灵活掌握。

3.1.5 苗期的抚育管理

从播种后出苗到苗木出圃,要进行一系列的抚育管理工作。主要包括遮阳、水分管理、间苗补苗、幼苗截根、中耕除草、病虫害防治、施肥和防寒防冻等。

1)遮阳

遮阳可使幼苗避免阳光的直接照射,降低地表温度,防止遭受日灼危害,并保证适宜的土壤和叶表温度,减少幼苗水分的蒸发,同时起到降温保墒的作用,从而保证幼苗的正常生长。

遮阳的方法很多,有搭荫棚、混播遮阴植物和苗粮间作等。目前生产上较多应用遮阳网遮阴,轻便易行。

2)水分管理

在种子萌发和苗木生长过程中,水分起着极其重要的作用。幼苗出土后,组织幼嫩,对水分的要求严格,缺水即发生萎蔫现象,水分过多则易发生烂根涝害。水分管理就是通过灌溉和排水,调节土壤的湿度,满足不同树种在不同生长时期对土壤水分的要求。

3)间苗与补苗

(1)间苗　间苗就是调整苗木的密度,用于弥补由于播种量大或播种不均匀造成的出苗不整齐,疏密不均等缺点。在苗木过密的地方,拔除或移去部分幼苗,保证苗木在适宜的密度条件下,生长整齐、健壮。间苗工作应提早进行。间苗的次数应根据苗木的生长速度而定,一般间苗1~2次。第一次间苗一般在第1片真叶出现时进行。最后一次间苗称定苗,一般在4~5片叶子时进行。一些速生树种或出苗较稀的树种,可行一次间苗,即定苗,一般在苗高10 cm左右时进行。对生长速度中等或慢长树种,出苗较密的,可行两次间苗,第一次在苗高5 cm左右时进行,第二次在10 cm左右时进行,即为定苗。

间苗应按单位面积产苗量的指标来留苗。苗的保留数量应比计划产苗量多10%左右进行,作为损耗系数,以留有余地,保证计划的完成。间苗前后应及时浇水,最好在阴天进行。

(2)补苗　补苗可弥补缺苗断垄和产苗量的不足。补苗时期越早越好,可结合间苗同时进行,最好选择阴雨天或下午4时以后进行,以防止幼苗萎蔫。补苗后应及时浇水,必要时遮阴,以提高成活率。

4)幼苗截根

截根就是截断幼苗的主根,可提高苗木的质量,促进侧根和须根的生长,扩大根系的吸收面积,提高根冠比。截根可在幼苗长出 4～5 片真叶,苗根尚未木质化时进行,深度在 5～15 cm 为宜,可以用弓形截根刀或锋利的铁锹等,在苗根一定距离处,与床面呈 45°角斜切入土,将主根截断。

5) 中耕除草

中耕除草可以疏松表层土壤,减少土壤水分的蒸发,增加其保水蓄水的能力,促进土壤空气的流通,加速微生物的活动和促进苗木根系的生长,可有效减少杂草对土壤水分、养分的竞争,减少病虫害的传染源。此外,在盐碱地,可以抑制土壤的返碱。苗木生长初期,中耕宜浅,随着苗木的生长,可逐渐加深。一般应注意苗根附近宜浅,行间宜深。

6) 施肥

苗木施肥是培养壮苗的一项重要措施。施肥一般以氮肥为主,适当配以磷、钾肥。苗木在不同的发育阶段对肥料的需求也不同,一般来说,播种苗生长初期需氮、磷较多,速生期需大量氮,生长后期应以钾为主,磷为辅,减少氮肥。第一次施肥宜在幼苗出土后 1 个月,当年最后一次追施氮肥应在苗木停止生长前 1 个月进行。

7) 病虫害防治

病虫害的防治是苗木生产中不可缺少的重要环节,需要贯彻"预防为主、综合防治"的原则和"治早、治小、治了"的原则。具体而言,应从以下几方面着手:

①栽培措施预防:通过改进育苗的栽培技术,加强管理,促使苗木生长发育健壮,增强对病虫害的抵抗能力。

②药物防治:对常见的苗期病害,适当利用化学药物进行定期预防。

③生物防治:保护和利用捕食性、寄生性昆虫和寄生菌,来防治害虫,既有效又安全。

8) 防寒防冻

苗木的组织幼嫩,入冬时秋梢部分不能完全木质化时,抗寒力低,易受冻害,早春幼苗出土或萌发时,也易受晚霜的危害。幼苗受冻害的原因有低温、生理干旱、机械损伤等。防寒防冻除采取适时早播、合理施肥、秋季控制肥水、促进木质化、提高苗木的抗旱能力等措施外,还应采取其他的防寒方法。

①覆盖法:覆盖材料有干草、落叶、马粪、草席和薄膜等。在霜冻到来前到翌春晚霜过后,可除去覆盖物。

②埋土法:是在土壤冻结前,利用壅土或开沟覆土压埋植物的地上部分进行防寒的方法。埋土厚度以超过苗梢 10 cm 左右为宜。生长高的苗木可压倒后用土掩埋。埋土法是北方防止苗木生理性干旱和冻害的有效方法。春季土壤解冻后,苗木萌芽前要及时将培土扒开,使苗木继续生长。

③设风障:在苗木北侧与主风方向垂直的地方架设风障。两排风障间的距离,依风速的大小而定,一般风障防风距离为风障高度的 2～10 倍。风障可降低风速,利用太阳的热能可以提高风障前的地温和气温,减轻或防止苗木冻害,同时可以增加积雪,预防春旱。

④灌水法:冬灌能减少或防止冻害,春灌有保温和增温效果。在严寒来临前 1～2 d 灌水,可以防止冻害。

⑤其他防寒方法:根据苗木的不同,各地的不同情况还可采用熏烟、搭霜棚、窖藏等防寒方法。

3.1.6　容器育苗技术

容器育苗是指利用各种容器,装入培养基质后,培养播种苗或扦插苗等幼苗的育苗方式。由于传统的育苗方式存在出苗率低、品质差、产量不稳定和移栽成活率低等问题,已越来越不能适应园林绿化建设的需要,而容器育苗克服了传统育苗的缺点,以特有的优势和显著的经济效益被越来越多的从业人员所认可和接受,近年来得到了蓬勃发展。

1)容器育苗的优点

①利用机械设备,可规模化生产,提高种苗的品质。容器育苗的填料、播种、催芽和管理等过程,均可利用机械完成,操作简单、快捷,有利于规模化生产。

②种子的利用率和成苗率高,育苗密度增加,便于集约化管理,大大降低了种子需求量及生产成本。

③容器育苗的种苗相对独立,起苗移栽简捷、方便,不损伤根系,定植成活率高,缓苗期短,有效地减少了病虫害的传播。

但是,容器育苗除了有以上的优点外,也存在技术要求高,设施、设备投入和生产成本较大等问题。

2)容器育苗的方式

根据容器类型的不同,容器育苗通常有穴盘育苗和单个容器育苗两类方式。

(1)穴盘育苗　穴盘育苗是利用穴盘进行育苗的方式。

穴盘多为塑料制的长方形盘,一般为 540 mm×280 mm。盘上有方形穴或圆形穴,规格多样,常见的有从 6~512 穴不等,深度从 40~200 mm 不等。此外,还有加厚、加高的专用于培育较大规格木本苗木用的穴盘。穴盘育苗多适用于小粒种子的树种和幼苗生长较为缓慢的树种的播种或扦插育苗,尤以针叶树种最为常见。

①穴盘苗生产的设施与设备。

a.温室:一般选用中、高档的玻璃或双层薄膜温室,内部要求有加温、降温、遮阴和增湿等配套设备以及移动式苗床等。

b.混料、填料设备:根据生产规模及育苗用穴盘的主要规格等因素,选用适合的混料和填料设备。

c.播种机:根据生产规模,种子的类型和数量、生产技术力量等选用播种机。常用的有真空模板型、复式接头真空型、电眼型、真空滚筒或鼓轮型和真空锥形筒型。

d.发芽室:发芽室内应配套自动喷雾增湿装置,照明、空调设备,移动式发芽架,灭菌装置等。最好用保温彩钢板做墙体及房顶。

②穴盘苗的生产及苗期管理。

a.基质选配与填料:适用于穴盘育苗的基质要具有结构疏松,质地轻,颗粒较大,可溶性盐含量较低,pH 5.5~6.5。常用的基质有泥炭、蛭石、珍珠岩和岩棉等,可根据种子不同进行混配,并加入润湿剂和营养启动剂或选用育苗用的商品基质,然后加水增湿,以手抓成团,但又不挤出水为宜,再用填料机填料。填料时应使每个穴孔填充量相同,并扫去余料,注意应留有一定空间,以便播种和覆料,尤其是大粒种子的播种。

b. 播种与覆料:填料后宜及时播种。可根据种子类别选择适宜的播种机及其内部配件,如打孔器、覆料机和传送系统等。多数种子在播种后,都需要用播种基质或其他覆料(有蛭石、沙子、塑料薄膜等)进行盖种,以满足种子发芽所需的环境条件,保证正常的萌发和发芽。覆盖后有利于促进幼苗根系的生长,尤其是一些树木幼苗根系对光照敏感,在有光时,会使幼根不能顺利向下扎入基质中而妨碍后期生长。覆盖厚度要适宜,且要求均匀一致。

c. 发芽室催芽:将播好种子的育苗穴盘放在发芽室的发芽架上进行催芽,可根据种类不同,选择加光或不加光,并调好适宜的温度。当种子胚根开始长出后应随时观察发芽情况,当有70%左右的种子胚芽刚顶出基质,子叶尚未展开时就应移出发芽室。此外,发芽室应定期清洗,有条件的可使用紫外灯或药物定期杀菌消毒。

d. 幼苗的管理:幼苗在育苗室进行管理。由于刚移出发芽室,幼苗长势弱,适应能力差,应注意调整光照、温度、湿度及通风情况。

光照应视树种、苗龄和季节进行调整,一般以 25 000 ~ 35 000 lx 较为适宜,尤其是夏季要注意遮阴。

不同的树种对温度的要求差异较大,一般种子萌芽及幼苗生长适温在 18 ~ 28 ℃。在适宜的温度范围内,日均温越高,则生长越快。

湿度管理在苗期非常重要,一般温室应注意维持较高的空气湿度,宜在 75% ~ 85%,根据种苗的大小、生长季节不同进行适时、适量的浇水。

穴盘育苗施肥应把握"薄肥勤施""由稀到浓"的原则,多用液体肥进行叶面喷施。一般施肥可分两个阶段:一是幼苗期不施或施用 25 ~ 50 mg/L 的全营养叶面肥,二是大苗期以 100 ~ 200 mg/L 全营养叶面肥喷施。苗定植前可追适量钾、钙肥,以促进根系生长,提高苗移植成活率。

(2)单个容器育苗 单个容器育苗是指利用育苗杯(袋)等单独的个体容器进行育苗的方式。由于单个容器育苗对容器材料、生产设施和生产技术等方面的要求不高,具有较强的实用性。

育苗容器有软质容器和硬质容器两种:软质容器多用硬质纸板、植物纤维与无纺布等缝合或编织而成,可与苗木一起栽入土中,在土中被分解,适于小规格苗木的育苗。现在也有用泥炭土与纸浆混合制成的营养杯,用黏土、稻草与泥浆等制成的营养钵,或直接用基质压

图 3.7 单个容器育苗

制成育苗块,中间有小孔用于播种或移入幼苗。目前国外推广一种压缩成小块状的营养钵,也称"育苗蝶",如基非 7 号育苗小块,使用时喷水,便可膨胀而成高 5 ~ 6 cm 的育苗块。硬质容器多用塑料、陶塑复合物、遮阳网制成,既可培养小苗,也可培养大苗(图 3.7)。

①育苗生产的设施与设备。一般进行露地育苗,也可以利用塑料钢管大棚、日光温室等较为简易的设施育苗。可根据生产的要求在苗圃地配置遮阳网和自动喷雾设备,以便于光、温和水分管理。单个容器的育苗多是由人工点播于容器中,育苗容器多直接放置在畦面上,因此要求畦面较高,排水良好,一般多为高畦。北方干旱地区也可用低畦。通常在畦面上铺设塑料薄膜或砖块,有条件的最好将育苗容器放置于架空的栽培架上。

②苗木的生产及管理。育苗基质：单个容器育苗由于多用于培养较大规格种苗，对基质的要求比穴盘苗的要低，一般可选用泥炭、椰糠、蛭石、珍珠岩、药渣、木屑、沙子和粉碎的树皮等，并可以配合园土使用。扦插繁殖和幼苗培育时，园土比例要少，播种繁殖培养大苗时园土的比例可提高。基质的 pH 值应视树种而异，一般针叶树种要求 pH 4.5 ~ 5.5，阔叶树种要求 pH 5.7 ~ 6.5。基质中可少量添加基肥，以复合化肥和生物有机肥等为主。

3.2　扦插育苗

　　扦插繁殖育苗就是利用植物的茎或枝条的一部分插入土壤中进行繁殖苗木，用这种方法培育的苗木称为扦插苗。扦插苗能保持母本的优良性状，是良种繁育的有效手段，育苗材料来源广，成本低，成苗快，简便易行，是无性繁殖中最常用的方法。当然，扦插苗也有根系较差、寿命比实生苗短和抗性不如嫁接苗等缺点。

3.2.1　扦插繁殖原理

　　植物的扦插繁殖，主要是利用枝条扦插生根。扦插成活的关键在于插穗不定根形成，而根原始体则是插穗形成不定根的主要物质基础。中国林业科学院王涛研究员在《植物扦插繁殖技术》中，根据枝插时不定根生成的部位，将植物插穗生根类型分为皮部生根型、潜伏不定根原始体生根型、侧芽（或潜伏芽）基部分生组织生根型及愈伤组织生根型4种。

1）皮部生根型

　　这是一种易生根的类型。属于这种生根类型的植物，由于形成层进行细胞分裂，与细胞分裂相连的髓射线逐渐增粗，向内穿过木质部通向髓部，从髓细胞中取得养分，向外分化逐渐形成钝圆锥形的薄壁细胞群，称为根原始体，其外端通向皮孔。在适宜的环境条件下，经过很短的时间，就能从皮孔中萌发出不定根，因为皮部生根迅速，在剪制插穗前其根原始体已经形成，故扦插成活容易。如杨、柳、水杉、夹竹桃、紫穗槐、油橄榄等即属于这种生根类型。

2）潜伏不定根原始体生根型

　　这是一种最易生根的类型。属于这种类型植物的枝条，在脱离母体之前，形成层区域的细胞即分化成为排列对称、向外伸展的分生组织，其先端接近表皮时停止生长、进行休眠，这种分生组织就是潜伏不定根原始体。即潜伏不定根原始体在脱离母体前已经形成。

3）侧芽（或潜伏芽）基部分生组织生根型

　　这种生根型普遍存在于各种植物中，不过有的非常明显，如葡萄。如果在剪制插穗时，下剪口能通过侧芽（或潜伏芽）的基部，使侧芽分生组织都集中在切面上，则可与愈伤组织生根同时进行，更有利于形成不定根。

4）愈伤组织生根型

　　任何植物在局部受伤时，受伤部位都有产生保护伤口免受外界不良环境影响、吸收水分养分、继续分生形成愈伤组织的能力。与伤口直接接触的薄壁细胞（活的薄壁细胞）在适宜的条件下迅速分裂，产生半透明的、乳白色的不规则的瘤状突起物，这就是初生愈伤组织。从生长点或形成层中分化产生出大量的根原始体，最终形成不定根。如桂花、火棘等即属于这种生根类型。

3.2.2 影响扦插成活的因素

扦插时插穗能否生根及生根的快慢,同树种本身及插穗条件有很大关系,同时也受外界环境条件影响。

1)影响插穗生根的内部因素

(1)树种的遗传特性   具有不同遗传特性的树种,其形态构造、组织结构和生理基础的差异,其再生能力的强弱不同,也就是扦插繁殖的生理基础不同,表现在扦插生根能力有难易之分,按照不同树种、大体上可以分为 4 种类型。

扦插前的准备

①容易生根的树种:在一般的技术条件下扦插能获得较高成活率的树种。如杨树(主要是黑杨派、青杨派)、柳树、红杉、水杉、悬铃木、黄杨、榕树、石榴、连翘、月季、珊瑚树、夹竹桃、地锦、扶芳藤等。

②较易生根的树种:经过一般处理扦插后能够成活,成活率较高的树种。如泡桐、槐树、枫树、侧柏、桧柏、扁柏、蔷薇、杜鹃等。

③不太容易生根的树种:需要在较高的技术条件和集约经营管理下,扦插才能获得较高成活率的树种。如雪松、龙柏、海棠、火棘等。

④生根困难的树种:有些树种即使经过特殊处理,其扦插成活率也很低。如桃、腊梅、松类、栎类、香樟等。

生产实践证明,有些树种采用枝插不易生根,但采用根插很容易形成不定芽,适宜采用根插繁殖,如泡桐、楸树、薄壳山核桃等。

(2)插条的年龄和部位   插条的年龄包括两种含义:一是所采插条的母树年龄;一是所采枝条本身的年龄。

①母树年龄:植物新陈代谢作用和生活力随年龄的增加而逐渐降低。因此在选条时,从幼、壮龄母树上采集当年生枝条,扦插后生根快,成活率高,生育良好。最好选取一二年生的实生苗干或根部萌蘖出的一年生萌芽条做插穗。特别是难生根的树种,母树年龄越大,所采取的枝条扦插后生根越困难,成活率越低。

②枝条年龄和部位:插条的年龄以一年生枝的再生能力为最强,或采用母树根颈部位的一年生萌蘖条,其发育阶段最年幼,具有和实生苗相同的特点,再生能力强,又因萌蘖条生长的部位靠近根部,通过和根系的相互作用,积累了较多的营养物质,具有较高的可塑性,扦插后易于成活。相反树冠部位的枝条,由于阶段性较老,扦插后生根少,成活率低,生长也差。

(3)枝条的发育状况   当阶段性和年龄相同时,插穗枝条粗壮,组织充实,养分积贮较多,再生能力强。扦插后插穗容易生根,成活率高,苗木生长健壮。

(4)插穗上保留叶和芽的作用   插穗上保留的叶、芽,不但能通过光合作用制造一定的养分,供给插穗生根和生长的需要,而且形成一定数量的生长激素,对促进插穗生根十分重要。因此剪取插穗时应注意芽和叶的保留。这对于嫩枝插穗、针叶树和常绿阔叶树种的插穗更为重要,因为嫩枝插穗生根数常与所保留的叶数成正比。

2)影响插穗生根的外部因素

影响插穗生根的外部因素主要是气象因素和土壤因素。气象因素有温度、湿度、光照等;土

壤因素有扦插基质的性质,即机械组成、含水和通气状况等。

（1）温度　不同树种扦插生根,对土壤的温度要求也不同,一般土温高于气温3~5℃时,对生根极为有利。因此,在生产实践上,应依树种对温度要求的不同,选择最适合的扦插时间,以提高育苗的成活率。在田间扦插时,采用高垄（或高床）扦插比平作土壤温度可提高2~5℃,施用土面增温剂土壤温度能提高2~4℃。

（2）湿度　扦插后插条需要保持适当的湿度,要注意灌水,以保持插床的湿度,但更重要的是空气湿度,一般空气相对湿度保持在80%~90%时为宜。空气湿度过低,使插条的蒸发量增大而造成插条枯萎,影响生根。

土壤水分也不宜过多,否则土壤温度低,通气不良,影响插穗呼吸和对水分、矿物质养分的吸收,致使插穗不易生根,甚至霉烂死亡。

目前,园林苗圃大面积扦插育苗时,常在扦插前将插穗水浸处理2~3 d,使插穗充分吸水,扦插前育苗地床（垄）采取侧灌使土壤灌透底水,扦插后及时扶垄灌溉,保持土壤处于湿润,待插穗生根后,适当减少灌溉次数,促进扦插生根成活。

（3）光照　充足的光照可提高土壤温度,促进生根。此外,对于带叶的嫩枝扦插和常绿树种的扦插,光照是不可缺少的一个外界因素,叶子可在光照的作用下进行光合作用制造养分,在光合作用过程中所产生的生长激素有助于生根。在光照太强时,往往嫩枝扦插还需要遮阴,其目的主要是减少阳光直射,减少蒸腾和降低温度。

（4）基质　扦插基质的水分和空气状况,是决定扦插生根成活的最重要的因素,通常基质不一定需要有养分,而应具有保温保湿、疏松透气和不含病虫源等特点,最好也能具有质地轻、运输便利及成本低等特点。现在生产中常用的基质主要有:蛭石、泥炭、珍珠岩、炉渣、河沙。

基质的选择应根据植物扦插生根的不同要求,选择最适宜的基质。在生产上大面积露地扦插时,大面积的更换扦插基质实际上是不大可能的。通常只能选用结构良好、土质疏松、通透性、排水良好的沙质壤土。

3.2.3 　促进插穗生根的方法

在生产中为了促进那些扦插生根困难、生根速度缓慢的树种较快生根及提高扦插成活率。常用的方法有以下几种:

1）物理方法处理

（1）机械处理　常用环剥、刻伤或缢伤等方法。即在生长后期剪穗前20~30 d,先刻伤、环割枝条基部或用麻绳等捆扎,以截断养分向下运输的通道,使养分集中,枝条受伤处逐渐膨大,到休眠期再将枝条从基部剪下进行扦插。由于养分集中贮藏有利生根,不仅提高成活率,而且有利于苗木的生长。

（2）黄花处理　在进行插条剪取前,用黑色的布、纸或薄膜等遮光,使枝条在黑暗下生长一段时间后,因缺光而黄化、软化,从而促进根组织的生长,延迟芽组织的发育,促进插后生根。这种方法适用于含有多量色素、油脂、樟脑、松脂等树种,因为这些物质常抑制树体中生长细胞的活动,阻碍愈合组织的形成和根发生。

（3）加温法　加温法有两种方法:一是增加插床的底温;二是温水浸烫枝条。

①一般地温高于气温3~5℃时,有利于插条生根。硬枝扦插多在早春进行,这时气温升高

较快,芽较易萌发抽枝,消耗了插条中贮藏的养分,同时还增加了插条的蒸腾作用。但这时地温仍较低,没能达到生根的适宜温度,因而造成插条的死亡或降低成活率。可采用电热丝来增加土壤的温度或使用热水管道来增加底温,以促进扦插成活。

②温水浸烫又称温汤法。就是将插穗的下端放在适当温度(30~35 ℃)的温水中浸泡后,再行扦插,也能促进生根。有些裸子植物,如松、云杉等,因含有松脂,常阻碍愈伤组织的形成且抑制生根,可用温水处理 2 h 后进行扦插,可获得较好的生根效果。

2)生长激素及其他药剂的处理

(1)生长激素的处理　常用的生长激素有 α-萘乙酸(NAA)、β-吲哚乙酸(IAA)、β-吲哚丁酸(IBA)、氯苯酚代乙酸(2,4-D),其中以吲哚丁酸效果最好,但萘乙酸成本较低。这些激素能有效地促进插穗早生根、多生根。一般使用时均采用水剂或粉剂。

水剂法:先将粉状生长激素用少量酒精溶解后,再用水稀释,配成原液,然后根据需要配成不同的浓度。处理一般的硬枝:使用浓度为 20~200 mg/L,浸数小时至一昼夜;处理嫩枝,一般使用浓度为 10~50 mg/L,浸数小时至一昼夜,也可用高浓度溶液快蘸法,一般用浓度为 500~2 000 mg/L 溶液,将插穗在溶液中快蘸一下即可。

粉剂法:将生根粉用酒精溶解后,用滑石粉与之混合配成 500~2 000 倍不等的糊状物,将其烘干或晾干后,研成粉末供使用。使用时,先将插穗基部用清水浸湿,然后蘸上这种粉剂进行扦插。

(2)用其他药物处理　还可用 B 族维生素、蔗糖和高锰酸钾等处理插穗。如生产上用高锰酸钾溶液(0.1%~0.5%)浸 5~10 h,可使插穗基部氧化,增加插穗的呼吸作用,促进插穗内部的养分变为可给状态,加速根的发生,同时也有一定的消毒作用。用糖类溶液(2%~5%)浸 10~24 h,可在一定程度上促进松柏类树种的生根。其他如用维生素 B_1 溶液、醋酸、硝酸银、碘、硫酸锰等处理,也有一定的促进生根的作用。

3.2.4　扦插时期与扦插方法

1)扦插时期

一般植物四季均可扦插繁殖。春季利用已度过自然休眠的一年生枝进行扦插;夏季利用半木质化新梢带叶扦插;秋季利用已停止生长的当年木质化枝进行扦插;冬季利用打破休眠的休眠枝进行保护地内扦插。扦插的适宜时期,依植物的种类、性质和扦插的方法而异。

2)扦插方法

扦插繁殖根据取插条的营养器官不同可分为 4 大类:枝插、根插、叶插及叶芽插。在园林植物的育苗中最常用的是枝插,其次是根插,而叶插多在花卉繁育中使用。

(1)枝插　枝插用植物的茎、枝作为插条。又可分为嫩枝(绿枝或软枝)扦插、硬枝(休眠枝)扦插等。

①嫩枝扦插:又称生长期扦插。常绿树种采用这种方法较多,是用半木质化带叶枝条进行扦插,于植物生长旺盛期的夏秋季进行。嫩枝扦插较硬枝扦插生根快,成活率高,运用广泛。选择健壮枝梢,一般剪成 5~20 cm,插穗须有 2~4 个芽,通常在节下剪断,因为大多数种类在节的附近发根。美女樱、菊花、金鱼草等不必非在节下剪断,在节上也能生根。一般带叶 1~2 枚,保留叶片有利营养物质积累并促进生根,但留叶不宜过多,否则失水过多而使插条萎蔫。也可将

插穗上的叶片剪半,如桂花、茶花的扦插;或将较大叶片卷成筒状,以减少蒸腾,如橡皮树扦插,宜随采随插。

扦插时应先开沟,把插穗按一定的株行距摆放在沟内,或者放在预先打好的孔内,然后覆盖基质。株行距以叶片间不相互重叠为宜。将插穗长度的 $1/3 \sim 1/2$ 插入基质,较长的插穗可斜插。插后浇一次透水。嫩枝扦插通常于冷床或温床内进行,插于露地者,必要时应盖玻璃或塑料薄膜,以保持适当温度、湿度,但要注意通风及遮阴。

②硬枝扦插:又称休眠期扦插。多选用木质化的一二年生枝条作为插穗。具体进行的时间视植物种类及各地区气候条件而定。一般北方冬季寒冷干旱地区,宜秋季采穗贮藏后春插,而南方温暖湿润地区宜秋插,可省去插穗贮藏工作。抗寒性强的可早插,反之宜迟插。插穗一般剪成 $10 \sim 20$ cm 长的小段,每根插条应保留 $2 \sim 3$ 个芽,直插或斜插。北方干旱地区可稍长,南方湿润地区可稍短。插穗切口要平滑,上切口离顶芽 $0.5 \sim 1$ cm 处平剪,以保护顶芽不致失水干枯;下切口一般靠节部平剪或斜剪。下部切口为平口者,生根多,分布均匀但生根慢;为马蹄形斜切口者,根多集生于斜口的一端,易形成偏根(图3.8),但能扩大插条切口和土壤的接触面,有利于水分和养分的吸收,能提高成活率,多用于生根较慢的树种。

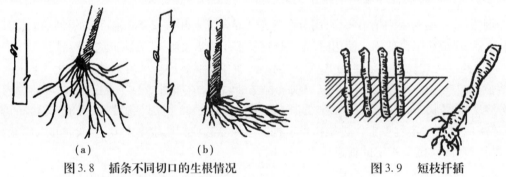

图3.8　插条不同切口的生根情况　　　　　图3.9　短枝扦插
(a)平口生根均匀;(b)马蹄形生根偏于一侧

除普通扦插外,依插穗长短的不同可分为3种,即长枝扦插、短枝扦插、单芽枝扦插。

长枝扦插:插穗长度超过 20 cm,4节以上。多用于易生根的树种。

短枝扦插:插穗长 $10 \sim 20$ cm,有 $2 \sim 3$ 节,基质面上仅留 1 芽露出,一般插入的深度为插穗的 $1/3 \sim 1/2$,是园林花卉生产中应用最为广泛的扦插方法,可大面积生产(图3.9)。

单芽枝扦插:用只具有 1 个芽的枝条进行扦插,插穗长度为 $5 \sim 10$ cm。适于一些珍贵树种或材料来源少的树种。最好在保护地内采用营养钵或育苗盘扦插,如在露地扦插,插后要覆盖稻草或河沙,经常保湿,待生根萌芽后,撤去覆盖物(图3.10)。

图3.10　单芽营养钵扦插
(a)休眠单芽扦插;(b)活动单芽扦插

图3.11　根插

（2）根插　一些植物枝插不易生根，而用根插却较易形成不定芽而形成植株，如长山核桃、牡丹、合欢、海州常山、香椿、丁香、海棠、紫藤、玫瑰、山楂和栾树等。宜从幼龄树上采根，0.5～1.5 cm 粗的根，剪成 6～10 cm 长的根段。北方宜春插，南方可随剪随插。插后应立即灌水，并保持基质湿润（图 3.11）。

（3）叶插　用于能从叶上发生不定芽及不定根的种类。常见的有景天、秋海棠类、虎尾兰和橡皮树等。要求叶片完全成熟、肥厚，将整个叶片或将叶片切成几小块，必须带有较粗的叶脉，并将叶脉用刀刻伤数处，再直插或平放在扦插基质上，平放时应略覆一些土，保持一定的温度和较高的湿度，很快在叶脉、叶柄处长出根和芽，老的叶片就逐渐衰亡。叶插通常在温室内进行（图 3.12）。

叶插繁殖

（4）叶芽插　所选取的材料为带木质部的芽或 1～2 cm 的枝段，1 节附 1 叶，随采随插，带较少叶片，此法可节约插穗，生根也较快。一般均在室内进行，特别应注意保持温度、湿度，加强管理。可用于叶芽插的常见种类有山茶、杜鹃、桂花、橡皮树、栀子和柑橘类等（图 3.13）。

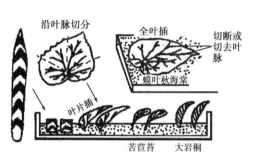

图 3.12　叶插

图 3.13　叶芽插

3.2.5　插穗贮藏

在秋冬季节采集的插穗，待翌年春季扦插时，应进行贮藏。贮藏前按插穗直径粗细分级，分级的目的是便于育成的苗木生长整齐，提高商品价值。经分级后，每 50 根或 100 根捆扎成一捆，并使插穗的方向保持一致，而且下剪口一定要对齐，以利于以后的贮藏、催根以及扦插。

贮藏采用沟藏法。选择地势高燥、背风阴凉处开沟，沟深 50～100 cm，常依地形和插穗多少而定。沟底先铺 10 cm 左右的湿沙，再将成捆的插穗小头向上竖立排放于沟内。排放要整齐、紧密，防止倒伏。然后，用干沙填充插穗之间的间隙，喷水，保证每一根插穗周围都有湿润的河沙。如果插穗较多，每隔 1～1.5 m 竖一束草把，以利通气。最后，用湿沙封沟，与地面平口时。上面覆土 20 cm，拢成馒头状。贮藏期间要经常检查并调节沟内的温度、湿度。贮藏时间应在土壤冻结之前，翌春扦插前取出插穗。

3.2.6　插后管理

扦插后应立即浇足第一次水，以后应经常保持土壤和空气的湿度（嫩枝扦插空气湿度更为重要),做好保墒及松土工作。当未生根前地上部分已展叶,则应摘除部分叶片,在新苗长到 15~30 cm 时,应选留一个健壮直立的芽,其余的去除。对于较难生根的树种和嫩枝扦插应注意遮阴以保持湿度。在温室或温床中扦插时,当生根展叶后,要逐渐开窗流通空气,使逐渐适应外界环境,然后再移至圃地。

3.2.7 全光照喷雾扦插育苗

全光照喷雾扦插育苗技术是一种现代先进的扦插育苗技术。可以实现从扦插至生根育苗过程中水分自动化管理、间歇定时喷雾,而且该技术也容易掌握。可以使过去认为扦插很难生根,甚至不易生根的树种扦插繁殖成功,缩短了育苗周期,降低了育苗成本。

全光照自动间歇喷雾可以为带叶嫩枝扦插提供适宜生根条件,间歇喷雾可使插穗表面保持一层水膜,可以确保插穗在生根前相当一段时间内不至于因失水而干枯死亡。而且插穗表面水分的蒸发可以有效地降低插穗的温度,即使在夏季烈日下也不会产生日灼。相反,强光照可以使插穗进行充分的光合作用,使插穗迅速生根。

其生根原理见扦插苗的培育中嫩枝插穗生根内容。全光照喷雾扦插育苗与普通育苗方法相比,其差别主要在喷雾设施上。

3.3 嫁接育苗

嫁接也叫"接木",是人们有目的地利用两种不同植物结合在一起的能力,将一种植物的枝或芽,接到另一种植物的茎或根上,使之愈合生长在一起,形成一个独立的新个体,这种技术称为嫁接。供嫁接用的枝或芽称为接穗,而承受接穗的植株称为砧木。以枝条作为接穗的称"枝接",以芽作为接穗的称"芽接"。用嫁接方法繁殖所得的苗木称"嫁接苗"。嫁接苗又被认为是"它根苗",因为它借助了另一种植物的根。

在生产实践中,嫁接育苗是果树和园林植物的重要繁殖方法之一,因为嫁接有着很大的优点:

①嫁接育苗能保持母树品种的优良特性。

②还可以利用砧木对接穗的生理影响,提高嫁接苗对环境的适应能力,增加抗性和适应性,如抗旱、抗寒、抗盐碱及抗病虫害的能力。

③嫁接苗能促进苗木的生长发育,提早开花结果。

④有些具有优良性状的树种和品种,没有种子或种子很少,而采用扦插繁殖时,又较为困难或扦插后发育不良,因此使用嫁接繁殖可以克服不易繁殖现象。

⑤另外,利用嫁接还可以扩大繁殖系数,因为嫁接使用的砧木可用种子繁殖,可获得大量的砧木,在短期内可繁殖多数苗木。

⑥通过嫁接还可以大量繁殖选育出的优良新品种,可以固定其优良性状。

3.3.1　嫁接成活的原理

植物嫁接能否成活,主要取决于砧木和接穗间形成层能否密切结合,形成愈伤组织,并分化产生新的输导组织。

嫁接后首先是形成层的薄壁细胞进行分裂,形成愈伤组织,再进一步分化出输导组织,并与砧木、接穗的输导组织相通,保证水分、养分的上下沟通,这样两种植物合而一体,形成一个新的植株。

嫁接影响因素

3.3.2　影响嫁接成活的因素

1)内在因素

(1)砧木和接穗的亲和力　影响嫁接成活的内在因素,最主要的是接穗和砧木的亲和力。所谓亲和力,就是砧木和接穗经嫁接而能愈合生育的能力。具体地说,亲和力就是砧木和接穗在内部的组织结构上、生理和遗传性上,彼此相同或相近,从而能互相结合在一起生长、发育的能力。所以,亲和力是嫁接成功的最基本条件,亲和力高则嫁接成活率也高。

嫁接亲和力的大小主要决定于砧木和接穗的亲缘关系。一般亲缘关系越近,亲和力越强。

同品种或同种间的嫁接亲和力最强,这种嫁接组合称为"共砧"。

同属异种间的嫁接亲和力,因树木种类不同而异,很多树种其亲和力比较强。

同科异属嫁接亲和力一般是比较小的,但也有嫁接成活的组合。如枫杨上接核桃,枸橘接蜜橘,女贞上接桂花等,也常应用于生产。

不同科树种间嫁接,亲和力更弱,很难获得嫁接成功,在生产上不能应用。不同科间亲缘关系远,接穗与砧木两者差异较大,嫁接后难以成活。

(2)愈合组织的生长　除了砧、穗的亲和力外,影响嫁接成活的因素还有形成层再生能力的强弱和愈合组织的形成。形成层是介于木质部和韧皮部之间的薄壁细胞,有着强大的生命力,是再生能力最强、生理活性最旺盛部分(图3.14)。

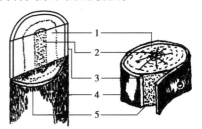

图3.14　枝的横纵断面
1—根部;2—髓;
3—钢皮部;4—表皮;5—形成层

2)外界环境因子

在砧、穗的愈合过程中,愈合组织形成的条件也是非常重要的。影响愈合组织形成的条件主要有温度、湿度、光线、空气以及砧木、接穗本身的生活能力等。

一般树种在25 ℃左右为愈合组织生长的最适温度,但不同的树种又有不同,这与该树种萌芽、生长所需的最适温度成正相关。

湿度对愈合组织生长的影响有两方面:一是愈伤组织生长本身需要一定的湿度环境;二是

接穗需要在一定的湿度条件下,才能保持生活力。实验测定,不同的树种其愈合组织的生长所需要的土壤含水量的范围大致相同,为8%～25%,过高或过低都不适合愈合组织的生长。

空气也是愈合组织生长的必要条件之一,通常空气与湿度对愈合组织生长的影响是相互的。嫁接后常以剖土的方式来保持湿度,当土壤的含水量大于25%时就造成空气不足,影响愈伤组织的生长,嫁接难以成活。

光线对愈合组织的生长具有明显的抑制作用。嫁接后,采用剖土或用不透光的材料包捆,以利于愈合组织的生长,促进成活。

砧木、接穗的生活力也是嫁接成活的内因。只有它们保持有生活力的情况下,愈合组织才能在适宜的条件下生长,嫁接才能成活。

在具有亲合力的嫁接组合中,砧木和接穗的生活力是嫁接成活的决定性因素。在影响嫁接成活的各项外因中,温度、湿度、空气、黑暗以及嫁接技术等各方面之间,并不是起着完全等同的、平行的作用。通过实验证明,湿度在上述诸因素中起着决定性作用,它直接影响温度、空气和嫁接技术所起的作用,也影响砧、穗的生活力。在生产实践中,无论接什么树种,用什么方法,都必须注意保持适宜的湿度,才能获得较高的成活率。

3.3.3　嫁接前的准备

1)砧木的选择与培育

砧木的培育多以播种的实生苗为砧木最好。它具有根系深、抗性强、寿命长和易大量繁殖等优点。但对种子来源少或不易种子繁殖的树种也可用扦插、分株、压条等营养繁殖苗作为砧木。

砧木的大小、粗细、年龄对嫁接成活和接后的生长有密切的关系。一般粗度在1～3 cm为宜,生长快而枝条粗壮的核桃、楸树等,砧木宜粗,而小灌木及生长慢的树种,砧木可稍细。年龄以1～2年生的砧木为最佳,生长慢的针叶树种也可用三年生以上的苗木做砧木。目前,生产上针叶树种的砧木苗,都采用与嫁接目的树种相同的种子做播种材料(即共砧),在嫁接前2～4年开始培育,然后选择壮苗做砧木。通常落叶松选用二三年生苗;油松、樟子松选用三四年生苗;阔叶树种选用一二年生苗。榆树、槐树、刺槐等甚至可用大树进行高接换头,但在嫁接方法和接后的管理上应相应地调整。

2)接穗的选择、采集和贮藏

采穗母树必须是品质优良纯正,观赏价值和经济价值高,优良性状稳定的植株。在采条时,应选择母树生长健壮,发育良好,无病虫害,树冠外围尤其是向阳面光照充足、粗细均匀的一年生枝作为接穗。但针叶常绿树接穗应带有一段两年生发育健壮的枝条,以提高嫁接成活率,并促进生长。接穗的采取依嫁接时期和方法不同而不同。

生长季节芽接所用的接穗,采自当年生的发育枝(生长枝),宜随采穗接;接穗采下后要立即剪去嫩梢,摘除叶片(保留叶柄),及时用湿布包裹,防止水分损失。若从它处采集来的接穗不能及时使用,可将枝条下部浸于水中,放在荫凉处,每天换水1～2次,可保存4～5 d。保存时间要求更长些,可将枝条包好放冷窖中保存,放冰箱中保存更好。

　　枝接接穗的采取,如针叶树种采集接穗,多于2月下旬至3月中旬树木萌动前采集。以采集优树树冠中部、中上部的外围枝条最好。这种枝条光照充足,生育健壮,顶芽饱满,具有发育阶段老而枝龄较小的特点,不但能提早结实,而且可塑性大,生长势强。采集接穗长度为50～70 cm;如落叶阔叶树枝接的接穗,在落叶后即可采集,最迟不得晚于发芽前2～3周。

　　采集的接穗要注明品种、树号,分别捆扎,拴上标签,以防混杂。沙藏于假植沟或窖内。保持低温、湿润状态,以防干枯、霉烂,注意经常检查,特别防止在早春气温上升时,接穗萌芽影响嫁接成活。

　　近几年来,北京市东北旺苗圃采用蜡封法贮藏接穗,效果良好。即将秋季落叶后采集的接穗,在60～80 ℃的溶解石蜡中速蘸,将枝条全部蜡封,放在0～5 ℃的低温条件下贮藏,翌年随时都可取出嫁接,直到夏季取出已贮存半年以上接穗,接后成活率仍很高。这种方法不仅有利于接穗的贮存和运输,并且可有效地延长嫁接时间,在生产中得到广泛应用。

3.3.4　嫁接技术

1)嫁接时期

　　(1)枝接时期　枝接一般在树木休眠期进行,多在春、冬两季,以春季为最适宜。春季嫁接,此时正值多数树种砧、穗树液开始流动,细胞分裂活跃,接口愈合快,容易成活。接后到成活的时间最短,管理方便。但对于含单宁较多的树种,如柿子、核桃等枝接时期应稍晚,选在单宁含量较少的时期,一般在4月20日以后,即谷雨至立夏前后为最适宜。同一树种在不同的地区进行枝接,由于各地的气候条件的差异,其进行时间也各不相同,均应选在形成愈合组织最有利的时期。如河南鄢陵在9月下旬(秋分)枝接玉兰;山东菏泽在9月下旬接牡丹。而针叶常绿树的枝接时期以夏季较适,如龙柏、翠柏、洒金柏、偃柏等,在北京以6月嫁接成活率最高。

　　冬季枝接在树木落叶后,春季发芽前均可进行。但这时期温度过低,必须采取相应的措施,才不致失败。一般是将砧木掘下在室内进行,接好后假植于温室或地窖中,促其愈合,春季再栽于露地。在假植或栽植的过程中,由于砧、穗未愈合牢固,不可碰动接口,防止接口错离,影响成活。现枝接采用蜡封接穗,可不受季节限制,一年四季均可进行,方法简便,成活率高,生产中值得推广采用。

　　(2)芽接时期　芽接可在树木整个生长季期间进行。但应依树种的生物特性的差异,选择最适宜的嫁接时期。除柿树等芽接时间以4月下旬至5月上旬最为合适,龙爪槐、江南槐等以6月中旬至7月上旬芽接成活率最高外,北京地区大多数树种以秋季芽接最适宜。即8月上旬至9月上旬,此时嫁接既有利操作,又愈合好,且接后芽当年不萌发,免遭冻害,有利安全越冬。在这个时期进行芽接,还应根据不同树种的特点,物候期的早晚来确定具体芽接时间。如樱桃、李、杏、梅花、榆叶梅等应早接,特别是在干旱年份更应早接,一般在7月下旬至8月上旬进行,因其停止生长早,时间稍晚,砧、穗不离皮,不便于操作。而苹果、梨、枣等在8月下旬进行较宜。但杨树、月季最好在9月上中旬进行芽接,过早芽接,接芽易萌发抽条,到停止生长前却不能充分木质化,越冬困难。

枝节和芽接

2)嫁接方法

　　嫁接方法很多,总的可分为两大类,即枝接法和芽接法。

（1）枝接法　凡是以枝条为接穗的嫁接方法统称为枝接法。包括劈接、切接、插皮接、腹接、靠接、袋接、舌接、根接等。生产上广泛应用的有以下几种：

①劈接法：又称割接法，适用于大部分落叶树种，要求选用的砧木粗度为接穗粗度的 2~5 倍。砧木自地面 5 cm 左右处截断后，在其横切口上的中央垂直下刀，劈开砧木，切口长 2~3 cm；接穗下端则两侧斜削，呈一楔形，切口 2~3 cm，将接穗插入砧木中，靠一侧是形成层对准，砧木粗可同时插 2 或 4 个接穗，用缚扎物捆紧，由于切口较大，要注意埋土，防止水分蒸发影响成活（图 3.15）。

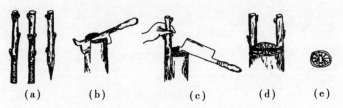

图 3.15　劈接

（a）接穗切削正、背、侧面；（b）砧木劈开；（c）接穗插入侧面；
（d）双穗插入正面；（e）形成层结合断面

②切接法：是枝接中最常用的方法，适用于大部分园林树种。砧木宜选用 1~2 cm 粗的幼苗，在距地面 5 cm 左右处截断，削平切面后，在砧木一侧垂直下刀（略带木质部，在横断面上为直径 1/5~1/4），深 2~3 cm，接穗则侧削一面，呈 2~3 cm 的平行切面，对侧基部削一小斜面，接穗上要保留 2~3 个完整饱满的芽。将削好的接穗插入砧木切口中，形成层对准，砧、穗的削面紧密结合，再用塑料条等捆扎物捆好，必要时可在接口处涂上接蜡或泥土，以减少水分蒸发，一般接后都采用埋土的办法来保持湿度（图 3.16）。

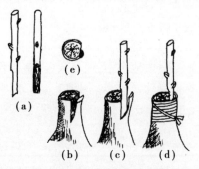

图 3.16　切接

（a）接穗切削正、侧面；（b）砧木削法；
（c）砧穗结合；（d）捆扎；（e）形成层结合断面

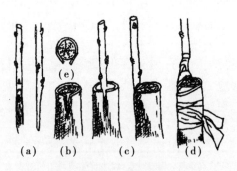

图 3.17　插皮接

（a）接穗切削正、侧面；（b）砧木削纵、横断面；
（c）接穗插入砧木正、侧面；（d）捆扎；（e）形成层结合断面

③插皮接：是枝接中最易掌握，成活率最高的方法。要求砧木粗度在 1.5 cm 以上，砧木在距地面 5 cm 左右处截断，削平断面；接穗削成长 3~5 cm 的斜面，厚 0.3~0.5 cm，背面削一小斜面，将大的斜面向木质部，插入砧木的皮层中。若皮层过紧，可在接穗插入前先纵切一刀，将接穗插入中央，注意不要把接穗的切口全部插入，应留 0.5 cm 的伤口露在外面，俗称"留白"。这样可使留白处的愈合组织和砧木横断面的愈合组织相接，不仅有利成活，且能避免切口处出现疙瘩而影响寿命（图 3.17）。

④腹接法：又称腰接，是在砧木腹部进行的枝接。砧木不去头，或仅剪去顶梢，待成活后再

剪除上部枝条。多在生长季4—9月进行,常用于龙柏、五针松等针叶树的繁殖。砧木的切削应在适当的高度,选择平滑面,自上而下深切一刀,切口深入木质部,达砧木直径的1/3左右,切口长2~3 cm,此种削法为普通腹接;也可将砧木横切一刀,竖切一刀,呈一"T"字形切口,把接穗插入,绑捆即可。此法为皮下腹接(图3.18)。

⑤靠接:主要用于亲和力较差,嫁接成活较难的树种,如山茶、桂花等,通常选用砧木、接穗粗度相近,切削的接口长度、大小相同,并调整到一个高度的位置,使切口密合。若砧木粗,则切口要削的浅,使其切口的宽度与接穗的切口宽度相同,如仍不能满足。要使接穗形成层的一侧与砧木形成层的一侧相对,捆紧即可(图3.19)。

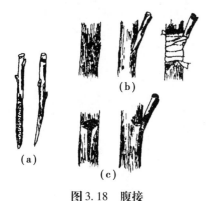

图3.18 腹接

(a)接穗切削正、侧面;(b)普通腹接;
(c)皮下腹接

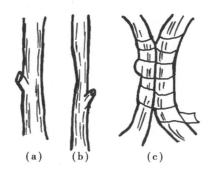

图3.19 靠接

(a)砧木切削;(b)接穗切削;
(c)砧穗结合捆扎

芽接

⑥舌接法:多用于枝条较软而细的树种,此法比较费工,通常不用(图3.20)。

(2)芽接法 凡是用芽为接穗的嫁接法称为芽接法。芽接比枝接技术简单,省接穗,适于大规模生产应用。根据取芽的形状和结合方式不同,可分许多种。

①"T"字形芽接:这是育苗中应用最广,操作简便而且成活率高的嫁接方法。砧木一般选用1~2年生的小苗,砧木过大,不仅因皮层过厚不便于操作,且接后不易成活。

芽接前,选择当年生长健壮、发育充实、芽子饱满的枝条为接穗,立即去除叶片,留有叶柄。选好接穗上的中、下部饱满芽切取盾形芽片,用芽接刀在芽上方0.5~1 cm处横切一刀,深达木质部,再从芽下方1~1.5 cm处向上推削到横切口下方,由浅至深达木质部,这时带木质部的芽片就切削下来,然后轻轻取掉木质部。

在砧木上距地面5 cm左右表皮光滑处,先用芽接刀横切一刀,其深度以切断砧皮为度,再从横口往下垂直的切一刀,且呈"T"字形的切口,其长、宽比芽片稍大些。然后,用芽接刀骨柄把皮层向两侧略微挑起,以便插入芽片。

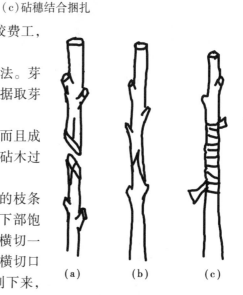

图3.20 舌接

(a)砧穗切削;(b)砧穗结合;
(c)结合捆扎

将削好的芽片迅速插入"T"字形口内,芽片上端与"T"字形横切口对齐,贴紧。再用塑料薄膜带绑缚,最好将叶柄留在外面,两周后进行检查,当叶柄一触即落或接芽新鲜则判断为成活,反之则枯死。接活后及时解除绑缚,以免影响砧木生长(图3.21)。

②方块芽接:又称贴皮芽接、窗形芽接。即从接穗上切取正方形或长方形的芽片接在砧木上。此法比"T"字形芽接操作复杂,一般树种多不采用,但这种方法芽片与砧木的接触面大,有利成活。对于较粗的砧木或皮层较厚和叶柄特别肥大的树种,如核桃、油桐、楸树等,适于采用此法。

选好接穗上的中、下部饱满芽,从接芽的上下各1.5 cm处横切一刀,切口长2~3 cm,再从横切口的两端各纵切一刀,使芽片呈方形。

砧木皮层的切口有两种不同形式:一种称为单开门,皮层切口呈"〔"形;另一种称为双开门,皮层切口呈"工"形。撬开砧木皮层,将切芽插入,砧木皮层与芽片对齐后,将多余的砧皮撕掉或留下一块砧皮包接芽。最后,绑缚并在接芽的周围涂蜡(图3.22)。

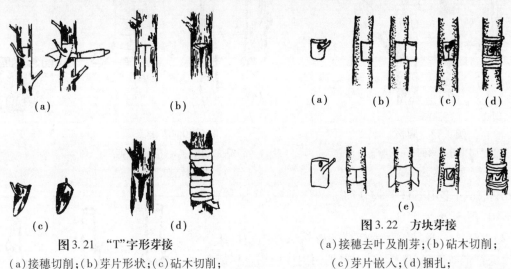

图3.21　"T"字形芽接
(a)接穗切削;(b)芽片形状;(c)砧木切削;
(d)芽片插入包扎

图3.22　方块芽接
(a)接穗去叶及削芽;(b)砧木切削;
(c)芽片嵌入;(d)捆扎
(e)"工"字形砧木切削及芽片插入

③嵌芽接:又称削芽接,在砧穗不易离皮时适用此法,是带木质部芽接的一种方法。

削芽片时先从芽上方0.5~1 cm处向下斜切一刀,稍带部分木质部,长约1.5 cm,再在芽下方0.5~0.8 cm处向上斜切到第一刀口底部,取下芽片。

在砧木距地面5~10 cm处比较光滑的一侧切去同接芽形状大小相似(最好砧木切口比芽片略长)部分。然后插入接芽,使其两者形成层对准、密接、绑缚即可(图3.23)。

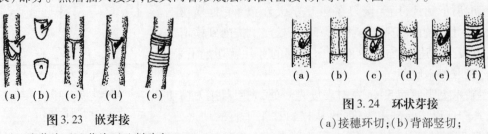

图3.23　嵌芽接
(a)取芽片;(b)芽片;(c)削砧木
(d)接合;(e)绑缚

图3.24　环状芽接
(a)接穗环切;(b)背部竖切;
(c)背部开口的管芽;(d)砧木环切;
(e)接合状;(f)绑缚

④环状芽接:也称管芽接,主要用于嫁接核桃、板栗等树种。此法操作简单易行,成活率高,又不受接穗、砧木粗细的限制,生产上应用效果良好。

选好健壮饱满接芽后,在芽的上下方各 1 cm 处环形切断皮层,再于芽的背面竖切一刀,呈长 2 cm 的管状,然后取下管芽。

选好砧木,在距地面 5～6 cm 光滑的表皮处,按接芽长度上、下各环切一圈,深达木质部,再于两环形切口的中间竖切一刀,撕下筒状皮层。

将剥下的管状接芽迅速套贴在砧木切口处,加以绑缚。如砧木较粗背面露缝时,可用撕下的砧木皮层盖上,切忌露白;如砧木较细,则可将接芽皮层切去一条,严防重叠,以免影响愈合(图 3.24)。

3.3.5　嫁接苗的管理

嫁接后要及时做好以下工作:

(1)检查成活及松除绑扎物　芽接一般在 10 d 左右进行成活检查,当叶柄一触即掉,芽片与砧木之间长出愈合组织,芽片新鲜、接芽萌动或抽梢就是嫁接成活,即可除去绑扎物。

枝接一般在接后 20～30 d 进行成活检查,成活后接穗上的芽新鲜、饱满,甚至已经萌动,接口已产生愈合组织,未成活的则接穗干枯或变黑腐烂,在夏秋可采用芽接法进行补接,在进行成活检查时,视具体情况可去除绑扎物或将其放松。

(2)剪砧和去萌蘖　进行芽接的树种,芽接后已经成活的必须进行剪砧,以促进接穗的生长。一般树种大多可采用一次剪砧,剪口要平,以利愈合。但是对于嫁接成活困难的树种,如腹接的松柏类、靠接的山茶、桂花等,可采用二次剪砧或多次剪砧,即第一次剪砧时留一部分砧木枝条,以帮助吸收水分和制造养分,供给接穗,以砧木的枝条来辅养接穗。

无论是芽接还是枝接,嫁接成活后将砧木上的萌蘖要及时去掉,以利于接穗的生长。

(3)扶植　当嫁接苗长出新梢时,应及时立支柱,以防幼苗弯曲或被风折断。但是也可以采用降低接口或培土来克服这一弊病。

3.4　组织培养育苗

植物组织培养,也称微型繁殖或试管繁殖,根据植物细胞的全能性原理,将植物的器官(根、茎、叶、花、果等)组织、细胞,接种到人工配制的培养基上,在人工控制的环境条件下,进行离体培养,使其产生完整植株的过程。所谓植物细胞的全能性,就是组成植物体的生活细胞都携带着一套完整的基因,并具有产生完整植株的能力。离体的组织和细胞通过试管内培养获得的小植株称为试管苗。

3.4.1　植物组织培养技术的实用性特点

(1)植株组培快繁、周期短、节省材料　植物组织培养人为控制培养条件,可周年生产,生产周期短,繁殖率高,繁殖材料可以几何级数增长,因而缩短了苗木繁殖周期。试验微型化、精密化,节省人力、物力、土地,方便管理,与大田繁殖相比,省去了除草、浇水、施肥、病虫害防治等管理环节。

(2)应用范围广　在其他方面的应用:通过花药、花粉培养可获得单倍体植株。通过原生质体的培养,进行原生质体的融合,培养远缘杂种,获得新物种。细胞培养可用于转基因的受体,获得转基因的植物。采用组织培养的方法保存种质资源,可节省土地、人力和大量的田间管理工作。

3.4.2　植物组织培养的育苗技术

1)基本条件

植物组织培养技术在生物技术中对于条件、设备的要求相对简单,但是组织培养是在严格的无菌条件下培养植物材料,因此又必须具备最基本的条件。

(1)实验室　组织培养须具备下列实验室:洗涤室、称量室或天平室、培养基制备室、灭菌室、接种室、培养室。

(2)仪器设备和用具　天平、高压灭菌锅、超净工作台、冰箱、酸度计等。

(3)培养容器　主要有试管、三角瓶、烧杯、量筒、容量瓶、广口瓶、试剂瓶、玻璃棒、移液瓶、酒精灯等。

金属器械主要有枪状镊、医用眼科剪刀、医用解剖刀及微生物实验所用的接种针。

2)技术操作

(1)玻璃器皿的洗涤　各种玻璃器皿尤其是分装培养基的大批三角瓶等,均应先用洗衣粉洗净后,清水冲洗干净,放入洗液中浸24 h后用清水(最好用流水)冲洗干净,再用蒸馏水冲洗一次,然后放入烘箱中烘干备用。

(2)培养基的制备

①培养基的组成:培养基是试管培养的物质基础,为植物的组织生长提供营养条件。

培养基的基本成分——培养基中含有供植物生长的各种营养物质,但任何一种培养基的组成基本是由以下几大类物质组成:

大量元素(N,P,K,Ca,Mg);

微量元素(Mn,Zn,Cu,Mo,Cl,Fe);

有机化合物(蔗糖、葡萄糖、维生素、氨基酸、肌醇);

植物生长调节物质(NAA,IBA,IAA,2,4-D,GA,6-BA,Zt,Kt)、琼脂(配制固体培养基时使用)。

经常使用的培养基,可先将各种药品配成10倍或100倍的母液。放入冰箱中保存,随用随取。

②培养基的配方:在植物组织培养中所用的大多数培养基是由无机盐、碳源、维生素、生长调节剂和有机附加物5类物质组成。基本培养基配方的种类很多,但应用最广泛的是MS培养基。

③培养基的制备程序:配制培养基时,首先按需要量依次吸取各种药液,混合在一起,将蔗糖放入溶化的琼脂中溶解,然后注入混合液,搅拌均匀后用0.4% NaOH 或3.65% HCl 的溶液调节 pH 值,再分装于三角瓶等培养容器内,用锡箔纸、羊皮纸等将容器封口包好。最后将分装后的培养基,放入高压灭菌锅中灭菌,一般采用1.1 kg/cm² 压力消毒灭菌15～20 min,取出冷却凝固后备用。

(3)外植体消毒、接种　把处理好的材料经无菌操作程序放置到培养基上,这一过程称为接种,接种的植物材料称为外植体。目前,组织培养已经获得成功的植株,几乎包括了植物体的各个部位,如茎尖、茎段、花瓣、根、叶、子叶、鳞茎、胚珠、花药等。一般以组培快繁为目的,多采用顶芽、腋芽作为外植体。其特点是形态已基本建成,生长速度快,遗传性稳定。

①消毒:植物组织培养的成功首先在于能否建立起无菌外植体,组织培养要求绝对的无菌,因此接种前要对外植体进行消毒,杀灭微生物。常用的消毒剂有:70% 的酒精、HgCl₂、次氯酸钠、次氯酸钙、过氧化氢等。根据所用外植体的部位、老幼程度选用消毒剂及消毒时间。不同种类的消毒药剂使用的浓度各有差异,具体应参照说明。

一般取自于田间的外植体,带有大量的微生物。须先用自来水冲洗0.5 h 以上,再用消毒剂进行消毒。药剂消毒后,必须用无菌水将残留在植物体材料表面的消毒药剂冲洗5～7 遍后,可接入培养容器中。

②接种:接种的全过程都应在无菌条件下进行。在接种前先把超净工作台空气过滤装置打开,先工作20 min,然后才能接种。外植体的消毒过程在超净工作台开动的状态下进行。台面要用70% 的乙醇擦洗干净。在台内点上酒精灯,以备随时将接种用的镊子、剪刀和解剖刀放在火焰上烧灼消毒。烧灼后应将镊子插入培养基使之冷却后接种。

外植体要用消毒过的滤纸将水吸干后,再置于培养基上。

(4)培养物的管理和试管苗的移栽

①培养条件:植物组织培养与植物栽培一样,受到温度、光照和湿度等各种环境条件、培养基组成、pH 值以及外植体的部位、大小等因素的控制,但这些条件都是人为控制的。当建立了无菌外植体后,控制好环境条件尤为重要。

②继代培养:在建立了无菌培养体系的基础上,所获得的芽、苗等数量远不能满足需要,需进一步培养增殖,数量扩增;不同的植物种类增殖能力有差异,增殖速度也有差异。木本植物的增殖速度和增殖率低于草本植物。草本植物一般20 d 左右继代一次,木本植物继代的间隔时间长于草本植物。在这个阶段细胞分裂素起主要作用,6-BA 对多数植物的芽增殖效果较好。

③生根:通过继代培养繁殖了一定数量的试管苗后,多数情况下形成无根的试管苗,要进一步诱导生根,才能得到完整的植株。诱导生根的基本培养基需要降低无机盐浓度,有利于根的分化;降低糖的用量,一般的使用范围在10～20 g/L。生长素能促进生根,因此生根培养生长素起主要作用,通常不需要或只需要较低的细胞分裂素。一般培养2～4 周可生根。根长在1 cm以内,是移栽的最佳时期。

④移栽:离体繁殖的试管苗能否得到应用,取决于试管苗的移栽成活率。试管苗是在无菌、有营养、适宜光照和温度的环境中生长的。移栽后,脱离了原有的生长环境,因此移栽过程是试管苗由异养到自养的过渡,是一个逐步适应的过程。为了适应移栽后的环境条件,移栽前须对试管苗提高适应能力的锻炼,一般在正式移栽前,将生根状态良好的试管苗移栽到温室,将培养瓶盖揭去,3～4 d 后移栽。

3.5　其他育苗方法

3.5.1　分株繁殖

　　分株繁殖就是把某些植物的根部或茎部产生的可供繁殖的根蘖、茎蘖等,从母株上分割下来,而得到新的独立植株的繁殖方法。分株繁殖方法简便,容易成活,而且成苗很快。其缺点是繁殖率较低,苗木规格不整齐。

　　丛生型的灌木类,如紫荆、绣线菊类、腊梅、牡丹、紫玉兰、月季、迎春、溲疏和贴梗海棠等树种,在茎的基部都能长出许多茎芽,并形成不脱离母体的小植株,即茎蘖。而一些乔木类树种,如银杏、香椿、臭椿、刺槐、丁香和火炬树等,常在根部长出不定芽,伸出地面后形成一些未脱离母株的小植株,即根蘖。将这些丛生型的灌木丛,分别切成若干个小株丛,或把乔木的根蘖从母株上切挖下来,均可形成新的植株。

　　根据许多植物根部受伤后或曝光后,宜形成根蘖的生理特性,生产上常采取砍伤根部促其萌蘖的方法,来增加繁殖系数。分株时须注意,分离的幼株必须带有完整的根系和1~3个茎干。幼株栽植的入土深度应与根的原来入土深度保持一致,切忌将根茎部埋入土中。此时,对分株后留下的伤口,应尽可能进行清创和消毒处理,以利于愈合。

3.5.2　压条繁殖

　　压条繁殖是利用生长在母树上的枝条埋入土中或用其他湿润的材料包裹,促使枝条被压部位生根,以后再与母株隔离,成为独立的新植株。多用于花灌木及一些果树的繁殖上。

1)压条的种类及方法

　　压条的种类很多,依其埋条的状态、位置及其操作方法不同,可分为普通压条、堆土压条、空中压条3种方法。

　　(1)普通压条法　普通压条法就是将枝条弯曲压入土中的一种典型方式的压条法,又可分以下几种(图3.25):

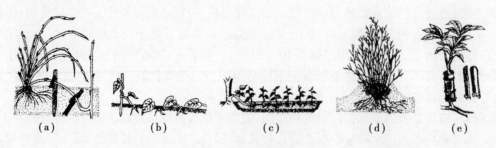

图3.25　压条
(a)普通压条;(b)波状压条;(c)水平压条;(d)堆土压条;(e)空中压条

①普通压条:又称单枝压条法,为最通用的一种方法。适用于枝条离地面近且容易弯曲的树种。如木兰、迎春、栀子花、夹竹桃、大叶黄杨、无花果等大部分灌木。具体做法是:将母株上近地面的1~2年生枝条,选其一部分压入土中,深8~20 cm,依枝条的粗细而定。最好先将欲压的枝条弯曲至地面比试后再挖穴或沟,距母株近的一侧挖成斜面,沟的另一侧挖成垂直面,穴或沟内最好加入松软肥沃的土壤并稍踏实,并于枝条向上弯曲处,插一木钩以固定,露出地面的枝梢,必要时可缚一支持物如竹竿、木棒等;也有将枝条压入盆中或筐中,如河南鄢陵繁殖栀子,就常用盆压法。

②水平压条:又称沟压、连续压或水平复压,是我国应用最早的一种压条法,适用于枝条长而且生长较易的树种,如葡萄、紫藤、连翘、溲疏等。此法的优点是能在同一枝条上得到多数植株;其缺点是操作不如普通压条法简便,各枝条的生长力往往不一致。而且易使母株趋于衰弱,通常仅在早春进行,一次压条可得2~3株苗木。

③波状压条:适用于枝条长而柔软或蔓性的树种,如葡萄、紫藤、铁线莲、薜荔等。一般在秋冬间进行压条,次年夏季生长期间应将枝梢的顶端剪去,使养分向下方运输,有利于生根,秋季可以分离。此法与长枝平压法相似,只是被压枝条里波浪形屈曲与长沟中,而使其露出地面部分的芽抽生新枝,埋于地下的部分发生不定根,而长成新的植株。

(2)堆土压条法　堆土压条法又称直立压条法或壅土压条法。采用此法繁殖的苗木必须具有丛生多干的性能,被压枝条无须弯曲,在植株基部直接用土堆盖枝条,待覆土部分发出新根后分离,每一株均可成为一新植株,故一次得苗较其他方法多。凡有分蘖性、丛生性的植物均可用此法繁殖。如榅桲、贴梗海棠、李、无花果、八仙花、栀子、杜鹃、木兰等。堆土的时期依植物的种类不同而有所不同。对于嫩枝容易生根的,如榅桲等可于6—7月间,利用当年生半成熟的新枝条埋压,枝条下面的叶要除去,以免在土中腐烂,对于新枝生根较难,而需用成熟枝压条的树种,如玉兰等,最好在落叶后或早春发芽前埋压。分离的时期一般多在晚秋或早春进行。

(3)空中压条法　空中压条法又称高压法或中国压条法。凡是木质坚硬,枝条不易弯曲或树冠太高,基部枝条缺乏,不易发生根蘖的树种,均可用此法繁殖,通常多对珍贵树种采用。

方法是在枝条上被压处进行切割略伤表皮,生根慢的树种可适当涂抹促根剂或进行其他处理,然后用塑料薄膜或对开的花盆、竹筒等合抱于割伤处,内填充湿润的基质如苔藓、木屑、泥炭或沙壤土等,外面覆以湿润的苔藓等物,用稻草、麻等捆紧,因容器量小,要经常保持湿润,适时浇水。

2)促进压条生根的方法

促进压条生根的方法,都是为了阻滞有机物质的向下运输,而向上的水、矿物质的运输则不受影响,使养分集中于处理部位,有利于不定根的形成,同时也有刺激生长素产生的作用。

对于不易生根的植物,或生根时间较长的,可采取技术处理,以促进生根。常用的方法有:刻痕法、切伤法、缢缚法、扭枝法、劈开法、软化法、生长刺激法以及改良土壤法等。

3)压条后的管理

要根据不同的树种选用不同的压条方法,并要给予适当的条件,如保持湿润、通气和适宜的温度,冬季要防冻害等。

压条后应随时检查横生土中的压条是否露出地面,如露出要重压,若留在地上的枝条生长太长,可适当剪去顶梢。

可根据生根的情况确定分离的时期,必须有良好的根群方可分割。对于较大的枝条应分2~3次切割。初分离的新植株应特别注意保护,注意灌水、遮阴、防寒等。此法虽比扦插法简单,但是一次只能获得少量的苗木,繁殖效率低,不适合大规模经营,但是由于获得的通常是具有多年生主枝的大苗,对于小规模的需要或业余栽培等是个经济可靠的繁殖方法。

复习思考题

1. 是非题(对的画"√",错的画"×",答案写在每题括号内)

(1)优质种子应该是种性纯、颗粒饱满、形态正、成熟而新鲜的种子。 ( )

(2)移植植物时切断主根,可促进根系的旺盛发育。 ( )

(3)由于形成层的活动,使根的直径不断增粗。 ( )

(4)能用于繁殖的材料称种子。 ( )

(5)旧个体增生新个体的现象称为繁殖。 ( )

(6)给予种子以适当的水分、适宜的温度、充足的氧气,它就能萌发。 ( )

(7)大多数营养苗能提早进入开花结果期。 ( )

(8)实生苗是用播种法繁殖的苗木。 ( )

(9)按植物器官的不同,扦插可分为硬枝扦插、软枝扦插两种。 ( )

(10)砧木与接穗要选择没有亲缘关系的植物,所得的苗木才有较强的生命力。 ( )

(11)根接就是用根作接穗。 ( )

(12)为提高扦插成活率,应设法使气温高于地温。 ( )

2. 选择题(把正确答案的序号写在每题横线上)

(1)间苗一般应_____。

　　A. 越早越好　　　　　　　　　B. 在真叶发生后即可进行

　　C. 在苗长至4~5片真叶时进行　　D. 越晚越好

(2)地径是指_____处的树干直径。

　　A. 树木根茎　　　B. 地上10 cm　　C. 地上20 cm　　D. 离地1.3 cm

(3)育苗在花卉生长中的作用越来越大,为了从根本上提高花卉育苗质量,目前最先进的方法是_____。

　　A. 建立专业化的花卉育苗公司

　　B. 采用优质的花卉种源,如F1杂优种子

　　C. 首先选择花卉种源,再加上有经验的师傅把关

　　D. 建立人工控制的育苗环境,克服气候影响

(4)白玉兰嫁接繁殖的最适时间是_____。

　　A. 春季萌芽前　　B. 春季花后　　C. 秋季　　　　D. 冬季落叶后

(5)种子萌发的内在条件是_____。

　　A. 适宜的温度　　B. 适当的水分　　C. 充足的氧气　　D. 新鲜的种子

(6)种子贮藏的理想条件是_____。

　　A. 干燥、高温、通风　　　　　　B. 干燥、低温、密封

　　C.湿润、高温、通风　　　　　　　　D.畏寒、喜光、忌肥

3.计算题

(1)某树种进行播种,计划育苗 5 000 株,现知该树种的种子千粒重为 4.2 g,发芽率为 70%,试问播种量至少为多少克?

(2)苗圃内有 30 亩(1 亩 ≈ 666.67 m^2)地全部种悬铃木苗木,已知其株行距为 80 cm × 50 cm。问该地区约有悬铃木苗木多少株?

4.简答题

(1)什么是植物的有性繁殖?什么是植物的无性繁殖?它们各有什么特点?

(2)树木的播种期有哪几种?各适用于什么树木?树木的播种法有哪几种?各适用于什么树木?

单元实训

实训 1　园林植物的播种繁殖

1)目的要求

通过植物的播种实习,了解穴盘播种繁殖的过程和技术要点,熟练操作,掌握播种成活的关键。

2)材料工具

穴盘、基质、植物种子等。

3)方分步骤

(1)基质的准备。

(2)基质装满穴盘并镇压。

(3)根据所选种子大小进行撒播、条播或点播。

(4)覆土、浇水。

(5)管理工作。

4)作业

(1)完成实训报告。

(2)记录实训中植物的种类、播种温度、播种时间、发芽时间、发芽率,并进行常规养护。

实训 2　园林植物的扦插

1)目的要求

使同学们掌握扦插育苗的生产过程,了解扦插前插穗选取与处理,扦插后的生产管理。

2)材料工具

材料:各种类型插穗。

工具:枝剪、天秤、量筒、喷水壶、塑料薄膜、盆、皮尺、钢卷尺、竹棒等。

3)**方法步骤**

(1)采条。

(2)剪穗。

(3)插穗的处理液中,浸泡深度 2~3 cm,浸泡时间 12~24 h,浸泡浓度为 500×10^{-6} g/L。

(4)扦插。

(5)管理工作。

4)**作业**

(1)认真完成实训报告。

(2)以一种树种为例,简述提高扦插成活率的关键措施。

实训3　园林植物的嫁接

1)**目的要求**

使同学们掌握嫁接育苗的生产过程,了解嫁接砧木培育、接穗选取,嫁接方法及接后管理。

2)**材料工具**

材料:各种类型接穗、接芽。

工具:枝剪、枝接刀、芽接刀、刀片、盛条器、盛穗容器、塑料薄膜、蜡等。

3)**方法步骤(以切接为例)**

(1)削接穗。

(2)削砧木。

(3)结合。

4)**作业**

(1)认真完成实训报告。

(2)分析怎样提高嫁接成活率。

4 园林植物栽植技术

[**本章导读**]

    本章主要介绍园林植物栽植技术。特别是对大树移植技术、非适宜季节树木栽植技术等进行了较详细的阐述。

4.1 园林植物栽植技术

4.1.1 栽植前的准备

园林植物栽植
的基本原理　　栽植前的准备

    承担绿化施工的单位,在接受施工任务后,工程开工前,必须做好绿化施工的一切准备工作,以确保施工高质量地按期完成。

1)了解设计意图与工程概况

    ①施工单位及人员应向设计人员了解设计意图、近期绿化效果、施工完成后所要达到的目标。

    ②了解种植与其他相关工程的范围和工程量,包括植树、铺草坪、道路、给排水、山石、建花坛以及土方、园林小品、园林设施等。

    ③了解施工期限,包括工程总进度,始、竣工日期。

    ④了解工程投资数、设计预算及设计预算定额依据。

    ⑤施工现场地上与地下情况。向有关部门了解地上物及处理要求,地下管网分布现状。

    ⑥定点放线的依据。以测定标高的水位基点和测定平面位置的导线点或设计单位研究确定地上固定物作依据。

    ⑦工程材料来源。了解各项工程材料的来源渠道,尤其是苗木出圃地点、时间及质量。

    ⑧了解机械和车辆条件等。

2)现场踏勘与调查

    ①各种地上物(如房屋、原有树木、市政或农田设施等)以及须保留的地物(如古树名木等),要拆迁的如何办理有关手续与处理办法。

②现场内外交通、水源、电源情况。如能否使用车辆,如何开辟新线路。

③土壤情况,确定是否换土,估算客土量及其来源。

④施工期间的生活设施安排。

3)制订施工方案

根据规划设计制订施工方案。

①制订施工进度计划:分单项与总进度,规定起止日期。举例如表4.1所示。

表4.1 工程进度计划表

工程名称												年 月 日
工程地点	工程项目	工程量	单 位	定 额	用 工	进 度						备注
						月 日	月 日	月 日	月 日	月 日		

主管　　　　　审核　　　　　技术员　　　　制表

②制订劳动计划:根据工程任务量及劳动定额,计算出每道工序所需的劳力和总劳力。并确定劳力来源,使用时间及具体的劳动组织形式。

③制订工程材料工具计划:根据工程需要提出苗木、工具、材料的供应计划,包括用量、规格、型号、使用期限等。举例如表4.2所示。

表4.2 工程材料工具计划表

工程名称						年 月 日
工程地点	工程项目	工具材料	单 位	规 格	需用量	使用日期	备 注

主管　　　　　审核　　　　　技术员　　　　制表

④制订苗木供应计划:苗木是栽植工程的最重要的物质,按照工程要求保证及时供应苗木,才能保证整个施工按期完成。举例如表4.3所示。

表4.3 工程用苗计划表

工程名称					年 月 日
苗木品种	规 格	数 量	出苗地点	供苗日期	备 注

主管　　　　　审核　　　　　技术员　　　　制表

⑤制订机械运输计划:根据工程需要提出所需用的机械、车辆,并说明所需机械、车辆的型号、日用台班数及使用日期。举例如表4.4所示。

表4.4 机械车辆使用计划表

工程名称						年 月 日
工程地点	工程项目	车辆机械名称	型 号	台 班	使用日期	备 注

主管　　　　　审核　　　　　技术员　　　　制表

⑥制订技术和质量管理措施：如制订操作细则，确定质量标准及成活率指标，组织技术培训，落实质量检查和验收方法等。

4）施工现场准备

施工现场准备是植树工作的重要内容。主要包括以下内容：

(1)清理障碍物　为了便于栽植工作的进行，在工程进行之前，必须清除栽植地的各种障碍物。一般在绿化工程用地边界确定后，凡地界之内，有碍施工的市政设施、农田设施、房屋、树木、坟墓、堆放杂物、违章建筑等，一律应进行拆除和搬迁。对这些障碍物处理应在现场踏勘的基础上逐项落实，根据有关部门对这些地上物的处理要求，办理各种手续，凡能自行拆除的限期拆除，无力清理的，施工单位应安排力量进行统一清理。对现有房屋的拆除要结合设计要求，如不妨碍施工，可物尽其用，保留一部分作为施工时的工棚或仓库，待施工后期进行拆除，凡拆除民房要注意落实居民的安置问题。对现有树木的处理要持慎重态度，对于病虫严重的、衰老的树木应予砍伐；凡能结合绿化设计可以保留的尽量保留，无法保留的可进行移植。

(2)地形地势整理　地形整理是指从土地的平面上，将绿化地区与其他地区划分开来，根据绿化设计图纸的要求整理出一定的地形，此项工作可与清除地上障碍物相结合。对于有混凝土的地面一定要刨除，否则影响树木的成活和生长。地形整理应做好土方调度，先挖后垫，以节省投资。

地势整理主要指绿地的排水问题。具体的绿化地块里，一般都不需要埋设排水管道，绿地的排水是依靠地面坡度，从地面自行径流排到道路旁的下水道或排水明沟。所以将绿地界限划清后，要根据本地区排水的大趋向，将绿化地块适当添高，再整理成一定坡度，使其与本地区排水趋向一致。一般城市街道绿化的地形整理要比公园的简单些，主要的是与四周的道路、广场的标高合理衔接，使行道树内排水畅通。洼地填土或是去掉大量渣土堆积物后回填土壤时，需要注意对新填土壤分层夯实，并适当增加填土量，否则一经下雨或自行下沉，会形成低洼坑地，而不能自行径流排水。如地面下沉后再回填土壤，则树木被深埋，易造成死株。

(3)栽植地整理　地形地势整理完毕之后，为了给植物创造良好的生长基础，必须在种植植物的范围内，对土壤进行整理。原是农田菜地的土质较好，侵入物不多，只需要加以平整，不需换土。如果在建筑遗址、工程弃物、矿渣炉灰等地修建绿地，需要清除渣土换上好土。对于树木定植位置上的土壤改良，待定点刨坑后再行解决。不同的绿地类型所采取的整地方法有一定的区别。

①整理平缓地。对坡度10°以下的平缓耕地或半荒地，可采取全面整地。通常采用的整地深度为30 cm，以利蓄水保墒。对于重点布景地区或深根性树种可翻掘到50 cm深，并施有机肥，借以改良土壤。平地整地要有一定的倾斜度，以利排除多余的雨水。

②市政工程场地和建筑地区的整地。在这些地区常遗留大量的灰槽、灰渣、砂石、砖石、碎木及建筑垃圾等，在整地之前应全部清除，还应将因挖除建筑垃圾而缺土的地方换入肥沃土壤。由于夯实地基，土壤紧实，所以在整地同时应将夯实的土壤挖松，并根据设计要求处理地形。

③低湿地区的整地。低湿地土壤紧实，水分过多，通气不良，土质多带盐碱，即使树种选择正确，也常生长不良。解决的办法是挖排水沟，降低地下水位，防止返碱。通常在种树前一年，每隔20 cm左右就挖出一条长1.5~2.0 m的排水沟，并将掘起来的表土翻至一侧培成垄台，经过一个生长季，土壤受雨水的冲洗，盐碱减少了，杂草腐烂了，土质疏松，不干不湿，即可在垄台上种树。

④新堆土山的整地。挖湖堆山，是园林建设中常用的改造地形措施之一，人工新堆的土山，要令其自然沉降，然后才整地植树。因此通常在土山堆成后，至少经过一个雨季，才开始实施整地，人工土山多数不太大，也不太陡，又全是疏松新土，可以按设计进行局部的自然块状整地。

⑤荒山整地。在荒山地整地之前，要先清理地面，刨出枯树根，搬除可移障碍物。在坡度较平缓、土层较厚的情况下，可以采用水平带状整地。这种方法是沿低山等高线整成带状的地段，故可称环山水平线整地。在干旱石质荒山及黄土或红壤荒山的植树地段，可采用连续或断续的带状整地，称为水平阶整地。在水土流失较严重或急需保持水土、使树木迅速成林的荒山，则应采用水平沟整地或鱼鳞坑整地。

（4）其他附属设施的建设　其他附属设施主要包括搭建工棚、机房、食堂，安装水电、修建（维修）道路等工作及生活设施建设。

5）苗木准备

（1）苗木数量　根据设计图纸和有关说明书等材料，分别计算每种苗（树）木的需要量。

规则式配置：苗（树）木需要量＝栽植密度×栽植面积

自然式配置则根据设计要求或数栽植穴确定苗（树）木需要量。在生产上应按以上方法计算的数量另加5%左右的苗（树）木数量，以抵消施工过程中苗（树）木的损耗。

（2）苗木质量　苗木质量的好坏直接影响栽植成活率及绿化效果，在栽植前应慎重选择质量好的苗木。

①在园林绿化中合格的苗木应具备以下条件：

a. 根系完整发达，主根短直，接近根茎范围内要有较多的侧、须根，起苗后大根应无劈裂。

b. 苗干粗壮、通直，有一定适合高度，枝条苗壮、无徒长现象。

c. 具有健壮的顶芽，侧芽发育正常。

d. 无病虫害和机械损伤。

②苗木来源和种类。园林绿化中所用苗（树）木的来源主要有3种：

a. 当地培育，由当地苗圃培育出来的苗木，种源及历史清楚，苗木长期生长在当地条件，一般对当地的气候及土壤条件有较强的适应性，苗木质量高，来源广，随起苗随栽植，减少苗木因长途运输对苗木的损害（失水、机械损伤），并降低运输费用。这是目前园林绿化中应用最多的。

b. 从外地购进。从外地购买可解决当地苗木不足的问题，但应该注意做到苗木的来源清楚，苗木各项指标优良，并进行严格的苗木检疫，防止病虫害传播，但因长途运输易造成苗木失水和损伤，应注意保鲜、保湿。

c. 从野外搜集或绿地调出的苗木。从野外收集到或从已定植到绿地但因配置不合理或因基建需要进行移植的苗（树）木。一般年龄较大，移栽后发挥绿化效果快。侧、须根不发达，特别从林中搜集的苗（树）木，质量较差，抗性弱，应根据具体情况采取有力措施，做好移植前的准备工作。

无论从哪里来的苗木，根据在苗木培育过程中是否进行移植，苗木种类可分为原生苗（实生苗）和移植苗。种子播种后多年来未移植过的苗木（或野生苗），吸收根分布在所掘根系范围之内，移栽后难以成活，一般不宜用未经移植过的实生苗（野生苗）。而实生苗经过移植，截断主根，促进侧根和须根的生长，形成发达的根系，同时抑制了苗木高生长，降低茎根比值，扩大单株营养面积，苗木质量好，栽植成活率高，在园林绿化栽植中一般采用大规模的移植苗。

③苗木年龄、规格。同一植物的不同年龄对栽植的成活率有很大的影响,并对成活后的适应性、抗逆性及绿化效果发挥的早晚都有密切的联系。

幼龄苗木,植株较小,根系分布范围小,起挖时根系损伤少,栽植过程(挖掘、运输和栽植)也较简便,并可节约施工费用。由于幼龄苗木容易保留较多的须根,起挖过程对树体地上与地下部分的平衡破坏较小。因此,幼龄植株栽后受伤根系再生能力强,恢复期短,成活率高,地上枝干经修剪留下的枝芽也容易恢复生长。幼龄苗木整体上营养生长旺盛,对栽植地环境的适应能力较强。但由于植株小,易遭受人畜的损伤,尤其在城市条件下,更易受到人为活动的损伤,甚至造成死亡而缺株,影响日后的景观,绿化效果发挥也较差。

壮老龄树木,根系分布深广,吸收根远离树干,起挖时伤根率较高,若措施不当,栽植成活率低。为提高栽植成活率,对起掘、运输、栽植及养护技术要求较高,必须带土球移植,施工养护费用高。但壮老龄树木,树体高大、姿形优美,栽植成活后能很快发挥绿化效益,在重点工程特殊需要时,可以适当选用,但必须采取大树移栽的特殊措施。

由于城市绿化的需要和园林绿地局部环境的特点,一般采用年龄较大的幼青年苗(树)木,尤其是选用经过多次移植大苗,其移栽易成活,绿化效果发挥也较快。具体选用苗木的规格,依据不同植物,不同绿化用途有不同的要求。

常绿乔木一般要求苗木树形丰满,主梢苗壮,顶芽明显,苗木高度在 1.5 m 以上或胸径在 5 cm 以上。大中型落叶乔木,如毛白杨、槐树、五角枫、合欢等树种,要求树形良好,树干直立,胸径在 3 cm 以上(行道树苗胸径在 4 cm 以上),分枝点在 2.2 ~ 2.2 m 以上。单干式灌木和小型落叶乔木,要求主干上端树冠丰满,地径在 2.5 cm 以上。多干式灌木,要求自地际分枝外,要有 3 个以上分布均匀的主枝,如丁香、金银木、紫荆、紫薇等大型灌木,苗高要求在 80 cm 以上;珍株梅、黄刺玫、木香、棣棠等中型灌木要求苗高在 50 cm 以上;月季、郁李、金叶女贞、牡丹、红叶小檗等小型灌木苗高一般要求在 30 cm 以上。绿篱类苗木要求树势旺盛,全株成丛,基部枝叶丰满,冠丛直径不小于 20 cm,苗木高度在 50 cm 以上;藤本类苗木,如地棉、凌霄、葡萄等,要求生长旺盛,枝蔓发育充实,腋芽饱满,根系发达,至少有 2 ~ 3 个主蔓且无枯枝现象。

4.1.2 栽植技术

园林树木移栽成活
原理与栽植季节

1)花坛植物栽植

(1)栽植地准备

①将花坛地原有植被和杂物清除干净。

②施足基肥。视土壤肥力情况而定,一般每 100 m² 地面上可施用厩肥 200 ~ 300 kg;或堆肥(干)200 kg;或用饼肥 15 ~ 20 kg 沤制的肥水;或硝酸铵 1.2 kg,过磷酸钙 2.5 kg,氯化钾 0.9 kg。

③翻耕 2 ~ 3 次,深度 20 ~ 30 cm,使土壤与肥料充分混合,化学肥料作基肥施用时,可在翻耕后撒施,然后将床面耙匀、耙平。喷洒杀虫剂防治地下害虫。

(2)栽植方法

①脱盆栽植。花坛植物多数是盆栽育苗,即将开花时脱盆地栽。花丛花坛应从中间向外栽植,单面式花坛自后向前栽,高的植株应栽在花坛的高地段,适当深栽,反之,则栽在低地段,适当浅栽。平面花坛应以矮株为准,较高植株可栽深些,确保花坛观赏面高矮过渡自然,整齐一

致。栽植密度以开花时叶片正好连接不露土面为好。脱盆时,先用竹片将盆壁周围的土壤拔松,用左手托住盆株,右手轻磕盆边,而后以拇指从盆底用力顶住垫孔的瓦片,向上推顶,便可使土团与花盆分离,取出平放在稍大于盆土的坑穴中,周围用细土按实,注意避免压碎盆土,损伤根系。

②起苗栽植法。对较耐移植的一二年生花卉,如雏菊、半支莲等,通过移植、假植,当幼苗具有 10～12 枚真叶或苗高约 15 cm 时,按照绿化设计的要求,定位栽植到花坛中,起苗移栽要求根部带土球,利于成活。起苗移栽最好在阴天进行,降雨前移栽的成活率高,缓苗期短。就一天来说,以傍晚进行为宜,这样可经一夜的缓苗,使根系恢复吸水能力,可防凋萎。干旱季节可在起苗前一天对苗圃地和花坛地充分灌水,灌后要等表土略干后再起苗,否则土壤过干过湿都有碍起苗和活棵。起苗时,先用手锹将苗四周土壤铲开,然后从侧下方将苗掘起,保持完整的土球,勿令破碎。随挖随栽,栽后充分浇水,阳光太强时要适当遮阴。

③模纹花坛栽植法。按照花坛图案设计要求打格放样,先栽图案的边缘,然后再栽图案的内部,并提高栽植密度。

④造型主体花坛栽植。根据绘制的钢制骨架结构图,焊接了动物造型或其他特殊要求的造型骨架,用铁丝网包好,灌上栽培基质(用园土、蛭石、木屑或珍珠岩等配制而成),有的大型结构需在土中间放置泡沫、稻草等,以减少蓄土量,避免由于土壤过重造成倒塌或变形。土装满后,浇水 3～4 次,使土沉实,再用土拌和成泥浆,在铁丝网外抹平待植。

按照造型图案色彩的搭配要求,将不同颜色的草花栽插到相应的部位,栽插时适当增加栽插深度,注意填土按实,栽后及时浇水。并经常进行施肥、灌水、修剪整形等养护管理。

造型装饰布置的方法很多,有的采用直接栽植树木或草坪,保持永久性观赏。在有条件的情况下,可在造型骨架上直接布置自吸、自控肥水的各种容器,即提高观赏效果,延长观赏期,又方便养护管理。

2)树木栽植

树木的栽植程序大致包括定点、放线、挖穴、换土、起苗、包装、运苗与假植、修剪与栽植、栽后养护与现场清理。

(1)定点放线　根据园林绿化设计图,把图上设计的有关项目按方位及比例放线于地面上,确定各种植物的种植点位置。树木种植有规则式和自然式之分。规则式种植的定点放线比较简单;可以地面固定设施为准来定点放线,要求做到横平竖直,整齐美观。其中行道树可按道路设计断面图和中心线定点放线;道路已铺成的以路牙内侧为准测定行位,若没有路牙则以道路中心线为准测定行位,再按设计确定株距,用白灰点标出来。为确保栽植行笔直,可每隔 10 株于株距间钉一木桩作为行位控制标记,行位控制桩不要钉在挖穴(刨坑)范围内,以免施工时挖掉木桩。

自然式成片绿地的树木种植方式有两种,一种为单株,即在设计图上标出单株的位置,另一种是图上标明范围而无固定单株的树丛片林,其定点放线方法有以下 3 种:

①平板仪定点:依据基点将单株位置及片林的范围按设计图依次定出,并钉桩标明树种、棵数。此法适用于树木种植较少的园林绿地。

②网格法:适用于范围大、地势平坦的公园绿地,按比例在设计图上和现场分别找出距离相等的方格(20 m×20 m 最好),定点时先在设计图上量好树木对其方格的纵横坐标距离,可按比例定出现场相应方格的位置,钉桩或撒灰线标明。

③交会法:适用于范围较小、现场内建筑物或其他标记与设计图相符的绿地,以建筑物的两个固定位置为依据,根据设计图上与该2点的距离相交会,定出植树位置。钉桩或撒灰线标记。

定点放线注意事项:对孤植树、列植树,应定出单株种植位置,并用石灰标记和钉木桩,写明树种、挖穴规格;对树丛和自然式片林定点时,依图按比例测出其范围,并用石灰标出范围边线,精确标明主景树位置;其他次要树种可用目测定点,但要自然,切忌呆板、平直,可统一写明树种、株数和挖穴规格等。定点后应由设计人员验点。

(2)刨坑(挖穴)　刨坑的质量好坏,对植株以后的生长有很大的影响,城市绿化植树必须保证位置准确,符合设计意图。

①刨坑规格:单植苗木刨的土坑一般为圆筒状,绿篱栽种法用的为长方形槽,成片密植小株灌木,则采用几何形大块浅坑。常用刨坑规格见表4.5、表4.6。

表4.5　乔木、常绿树、灌木刨坑规格

乔木胸径/cm	灌木高度/m	常绿树高/m	坑径×坑深/(cm×cm)
—	—	1.0 ~ 1.2	50×30
—	1.2 ~ 1.5	1.2 ~ 1.5	60×40
3 ~ 5	1.5 ~ 1.8	1.5 ~ 2.0	70×50
5.1 ~ 5.7	1.8 ~ 2.0	2.0 ~ 2.5	80×60
7.1 ~ 10	2.0 ~ 2.5	2.5 ~ 3.0	100×70
—	—	3.0 ~ 3.5	120×80

表4.6　绿篱刨槽规格

树木高度/m	单行式/(cm×cm)	双行式/(cm×cm)
1.0 ~ 1.2	50×30	80×40
1.2 ~ 1.5	60×40	100×40
1.5 ~ 2.0	100×50	120×50

确定刨坑规格,必须考虑不同树种的根系分布形态和土球规格,平生根系的土坑要适当加大直径,直生根系的土坑要适当加大深度。总之,不论裸根苗,还是带土球苗,刨坑规格要较根系或土球大些或深些。

②刨坑操作规范:掌握好坑形和地点,以定植点为圆心,按规格在地面划一圆圈,从四周向下刨挖,要求挖成穴壁平直、穴底平坦,切忌挖成锅底形(图4.1)。

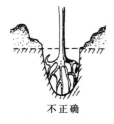

正确　　　　　不正确

图4.1　栽植穴

③土壤堆放:刨坑时,对质地良好的土壤,要将上部表层土和下部底层(心土)分开堆放。表层土壤在栽种时要填在根部(图4.2)。土质瘠薄时可拌和适量堆肥或腐叶土。若刨坑部位为建筑垃圾、白灰、炉渣等有害物质时,应加大刨坑规格,拉运客土种植。

挖穴时碰到地下障碍物或公共设施时,应与设计人员或有关部门协商,适当改动位置。

(3)土壤改良与排水　城市绿地特别是建筑绿地,其土壤中可能含有大量的碎砖、碎石、石

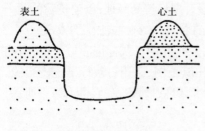

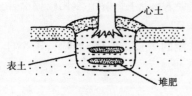

图4.2　填土

砾、石灰等废弃物。大量的生、熟石灰使土壤富钙和碱化，同时土壤被严重地污染和毒化，若不进行土壤改良，很多植物不能正常生长甚至引起死亡。即使有些是抗污染的植物，其能力也是有限的，生长也不好。因此，对土质不好的栽植地，需换客土，如石砾多，土壤过于坚实或被严重污染或食盐过高，应用疏松肥沃的土壤客土改良。土壤较贫瘠时，可用有机肥作基肥，将肥料与土壤混合，栽植时填在根系周围。

在地势较低易积水或排水差的立地上，应注意挖排水沟和在土壤中渗入沙土或适量的腐质土，改善土壤结构，增加通透性。也可加深栽植穴，填入部分沙砾或附近挖一个与栽植穴底部相通而低于栽植穴的渗入暗井，并在通道内填入树枝、落叶及石砾等混合物，以利根区径流排水。

（4）起（掘）苗

①起（掘）苗时间。在园林绿化中起（掘）苗时间应根据植物的种类、气候条件等因素确定，并与栽植季节相衔接。适宜的起（掘）苗时间应在苗木的休眠期进行。

a.秋季起苗。秋季起出的苗木有两种情况，一种是随起苗随栽植；另一种是将起出的苗木进行贮藏，等到来年春天再栽植，这有利于人为控制苗木在来年春天的萌动期，使之与栽植时间吻合。大部分树种适于秋季起苗，但是有些苗木贮藏后造成苗木生活力降低，影响栽植成活率，尤其是常绿树种苗木不易贮藏，如油松和樟子松苗木生活力降低，影响造林成活率。

b.春季起苗。这时起苗适合于绝大多数的树种苗木，一般起苗后可立即栽植，苗（树）木不需贮藏，便于保持苗木活力。

c.雨季起苗。对于我国许多季节性干旱严重的地区，春秋两季的降水较少，土壤含水量低，不利于某些苗（树）木栽植成活。而采用雨季造林，土壤墒情好，苗（树）木成活有保证，所以要求雨季起（掘）苗。适宜树种有侧柏、油松、马尾松、云南松、水曲柳、核桃楸、樟树等。

②起苗前的准备。

a.挖掘对象的确定。根据苗木的质量标准和规格要求，在苗圃中认真选择符合要求挖掘的对象，并做好记号，以免漏挖或错挖。

b.拢冠。常绿树尤其是分枝低、侧枝分权角度大的树种，及冠丛较大的灌木或带刺灌木，为了使挖掘、搬运方便及不损伤苗（树）木，掘前应用草绳将树冠适度地捆拢（图4.3）。对分枝较高，树干裸露，皮薄光滑的树木，因其对光照与温度的反应敏感，若栽植后方向改变易发生日灼和冻害，在挖掘时应在主干较高处的北面标记"N"字样，以便按原来方向栽植。

c.苗圃地准备。为了有利于挖掘，少伤苗木根系，若苗圃地过湿应提前开沟排水；若过干燥应提前数天灌水。

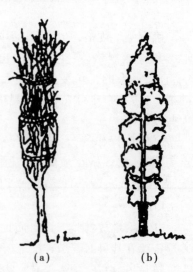

图4.3　拢冠
(a)落叶树；(b)常绿树

d. 工具材料准备。起苗前应准备好锋利的起苗工具及各种包装、捆扎材料。

③起苗规格。起(掘)苗规格的确定与起苗、运输的工作量及保留的根量有关,直接影响到栽植成本及苗(树)木质量。合理的规格能保证在尽可能小的挖掘范围内保留尽可能多的根量,根系的损伤量也小。起苗规格大小因植物种类、苗木规格、栽植季节、是否带土球等因素而定。

乔木树种挖掘的根部直径或土球规格一般为树干胸径的 8～12 倍,落叶花灌木挖掘的根部直径为苗高的 1/3 左右;分枝点高的常绿树挖掘的根部直径为胸径的 6～10 倍;分枝点低的常绿树挖掘的根部直径为苗高的 1/3～1/2。各类观赏树木起苗规格见表 4.7。

表 4.7 掘苗土球规格

树木类别	干粗或苗高/cm	根系或土球直径×高度/(cm×cm)	备 注
常绿树	苗高:100～120	土球:30×20	土球挖掘
	120～150	40×30	
	150～200	50×40	
	200～250	70×50	
	250～300	80×60	
	300～350	90×70	
	350 以上	100×80	
落叶乔木	干粗:3～5	根系:40～50	裸根挖掘
	5～7	50～60	
	7～10	60～75	
	10～12	75～85	
	12～15	85～100	
落叶灌木	苗高:120～150	根系:40～50	裸根挖掘
	150～180	50～60	
	180～200	60～70	
	200～250	70～80	

④挖掘。根据所起苗木是否带土,可分为裸根起苗和带土起苗。

a. 裸根起苗。此法保存根系比较完整,便于操作,节省人力、物力,运输、栽植比较方便,成本低,只要起苗技术合理,也可取得较好的效果。但由于根系裸露,容易失水干燥和损伤根系,栽植成活率受到一定的影响。适用于大多数落叶树种和少数常绿树小苗,大多数阔叶树的休眠期栽植也可用裸根起苗。

起小苗时,先在第一行苗木前顺着苗行方向距苗行 20 cm 左右挖一条沟,在沟壁下部挖出斜槽,根据起苗要求的深度切断苗根,再于第一、二行苗木中间切断侧根,并把苗木与土一起推至在沟中即可取出苗木。如有未断的根,先切断再取苗木。不要用力拔苗,以防损伤苗木的须根和侧根(图 4.4)。

大规格苗木起苗时,应单株挖掘,掘苗前要先以树干为圆心按规定直径在苗(树)木周围画一圆圈,然后在圆

图 4.4 裸根起苗示意图

圈以外动手下锹,挖足深度后再往里掏底。在往深处挖的过程中,遇到根系可以切断,圆圈内的土壤可边挖边轻轻搬动,不能用锹向圆内根系砍掘。挖至规定深度和掏底后,轻放植株倒地,不能在根部未挖好时就硬推生拔树干,以免拉裂根部和损伤树冠。根部的土壤绝大部分可去掉,但如根系稠密,带有护心土,则不要打除,而应尽量保存。

裸根起苗要掌握好质量要求:所带根系的规格大小应符合要求,尽量多带根系,防止侧、须根损伤;对有病伤、劈裂及过长的主侧根都需进行适当修剪,为防止根系失水,要边起、边栓、边处理、边假植(或及时包装运输);为避免根系过多失水,不宜在大风天起苗。

b.带土球起苗。将苗木一定范围内的根系,连土掘削成球状,用蒲包、草绳或其他软材料包装起出。此法根系未受损伤并带有部分原土,根系不易失水,栽植后植物恢复生长快,成活率高。但操作困难、运输不便,栽植成本比裸根栽植高。一般适用于常绿树,名贵树木和较大的花灌木。目前生产上竹类栽植、生长季节落叶树栽植也常用此法。

挖掘开始时,先铲除树干周围的表层土壤,直到不伤及表面根系为准,然后按规定半径绕干基画圆,在圆外垂直开沟到所需深度后向内掏底,边挖边修削土球,并切除露出的根系,使之紧贴土球。伤口要平滑,大切面要消毒防腐。

直径小于 20 cm 的土球,可以直接将底土掏空,以便将土球抱到坑外包装;直径大于 50 cm 的土球,应将底土中心保留一部分,支住土球,以便在坑内进行包装。

(5)苗木包装　裸根苗一般不需包扎,但为了保证裸根根系不致过分失水,可用湿草包起或打泥浆等。

带土球的苗木是否需要包扎及怎样包扎,依土球大小、土质松紧度、根系盘结程度和运输距离而定。一般近距离运输、土质较坚实不易掉落,土球较小的情况下,可以不进行包扎或只进行简单包扎。如果土球直径不超过 50 cm,且土质不松散,可用稻草、蒲包、草包、粗麻布或塑料布等软质

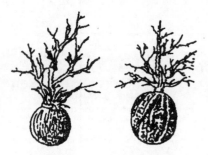

图 4.5　土球包扎示意图

材料在穴外铺平,然后将土球挖起修好后放在包装材料上,再将其向上翻起绕干基扎牢(图4.5);也可用草绳沿土球径向几道,再在土球中部横向包扎一道,使径向草绳固定即可(图 4.6)。如果土球较松,应在坑内包扎,并考虑要在掏底包扎前系数道腰箍。

当土球直径大于 50 cm 以上或包扎大树时,参照"大树移植"部分有关内容。

另外,在北方冬季土壤结冻时,采用冰坨起苗,挖出来的土球就是一个冻土团,不需包扎,可直接运输。

(6)运苗　挖起并包装好的苗木,装运前应按标准检查质量、清点树种、规格、数量并填写清单。装车时要轻抬轻放,防止损伤树皮及枝叶,更不能损伤主轴分枝树木的枝顶或顶芽,以免破坏树形。带土球的苗木应抬着上车,防止土球松散。应选择速度快的运输工具。用卡车运输时,苗木根部装在车厢前面,先装大苗、重苗、大苗间隙填放小规格苗。树干与车厢接触处要衬垫稻草或草包等软材料,避免

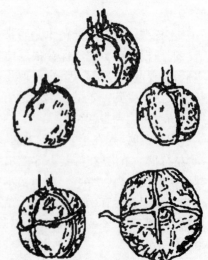

图 4.6　土球草绳简易包扎图

磨损树皮。苗木间衬垫物品,防止苗木滚动。树冠宽大、拖地的枝条应用绳索拢起垫高,离开地面。长途运输时,为减少风吹日晒而失水,苗上要盖苦布。母竹上下车时,要防止根蒂受伤及宿土脱落,不要碰伤鞭芽。

运输途中,要经常检查苗木的温度和湿度,若发现发热或湿度不够,要适当浇水。用塑料包根的苗木,当温度过高时,打开包通气降温,运到目的地后,及时卸车假植,如苗木失水过多,先将苗木用水浸泡 1 昼夜再进行假植。

(7)假植与寄植

①假植。苗木运到施工现场,未能及时栽植或未栽完者,可用湿土(沙)将苗根埋严,称"假植"。根据苗木栽植时间长短,可采取对应的"假植"措施。

对临时放置的裸根苗,可用苦布或草帘盖好。干旱多风地区应在栽植地附近挖浅沟,将苗木呈稍斜放置,挖土埋根,依次一排排假植好。若需较长时间假植,应选不影响施工的附近地点挖一宽 1.5 ~ 2 m,深 30 ~ 40 cm,长度视需要而定的假植沟,将苗木分类排码,码一层苗木,根部埋压一层土,全部假植完毕以后,还要仔细检查,一定要将根部埋严,不得裸露。若土质干燥还应适量灌水,保证根部潮湿。

带土球苗木,运到工地以后,如能很快栽完则可不假植,如 1 ~ 2 d 不能栽完,应选择不影响施工的地方,将苗木码放整齐,四周培土,树冠之间用草绳围拢。假植时间较长者,土球间隔也应填土,并根据需要经常给苗木进行叶面喷水。

②寄植:是指建筑或园林基础工程尚未结束,而结束后又须及时栽植的情况下,为了贮存苗木,促进生根,将植株临时种植在非定植地或容器中的方法。

寄植比假植的要求高。一般是在早春树木发芽之前,按规定挖好土球苗或裸根苗,在施工现场附近进行相对集中的培育。对于裸根苗,应先造土球再行寄植。造土球的方法:在地上挖一个与根系大小相当,向下略小的圆形土坑,坑中垫一层草包、蒲包等包装材料。按正常方法将苗木植入坑中,将湿润细土填入根区,使根、土密接,不留任何大孔隙,也不要损伤根系。然后将包装材料收拢,捆在根颈以上的树干上,脱出假土球,加固包装,即完成了造土球的工作。

寄植土球苗一般可用竹筐、藤筐、柳筐及箱、桶或缸等容器,其直径应略大于土球,并应比土球高 20 ~ 30 cm。先在容器底部放一些栽培土,再将土球放在正中,四周填土,分层压实,直至容器上沿 10 cm 时筑堰浇水。寄植场应设在交通方便,水源充足而不易积水的地方。容器摆放应便于搬运和集中管理,按树木的种类、容器的大小及一定的株行距,在寄植场挖相应于容器高 1/3 深的置穴。将容器放入穴中,四周培土至容器高度的一半,拍实。寄植期间适当施肥、浇水、修剪和防治病虫害。在水肥管理中应特别注意防止植株徒长,增强抗性。待工程结束时,停止浇水,提前将容器外培的土扒平,待竹木等吸湿容器稍微风干坚固以后,立即移栽。

(8)栽植前苗木处理

①苗(树)木保鲜、保湿措施。

a.蘸泥浆。将根系放在泥浆中蘸根,使根系形成一湿润保护层,实践证明能有效保护苗木活力。泥浆的种类及物理特性对蘸根的效果影响很大。有些泥浆采用黏土,干后结成坚硬土块,将这些苗木分开会严重伤害苗木的须根及菌根,降低苗木活力。理想的泥浆应当在苗根上形成一层薄薄的湿润保护层,不至于使整捆苗木形成一个大泥团,苗捆中每株苗木的根系能够轻易分开,对根系无伤害。适宜泥浆土的物理特性为:pH 4.5 ~ 6.2,细沙含量为 31% ~ 51%,粗沙含量为 1% ~ 19%,淤泥含量 16% ~ 35%,黏土含量 14% ~ 26%。

b.浸水。在起苗后对苗木根部浸水,在定植前再浸一次水,效果比蘸泥浆更好。浸水最好用流水或清水,时间一般为一昼夜,不宜超过 3 d。

c.水凝胶蘸根。水凝胶蘸根是将一定比例的强吸水性高分子树脂(简称吸水剂)加水稀释成凝胶,然后把苗根浸入使凝胶均匀附着在根系表面,形成一层保护层,防止水分蒸发的方法。如 HSPAN 吸水剂、VAMA 吸水剂等。

d.HRC 苗木根系保护剂。HRC 苗木根系保护剂是黑龙江省林业科学研究所在吸水剂的基础上,加入营养元素和植物生长激素等成分研制而成的,以保护苗木根系为主要目的复合材料。HRC 为浅灰色粉末,细度为 40～60 目,有效磷含量为 10%,药剂吸水量为自身重量的 70 倍以上。HRC 药剂加适量水后呈胶冻状,主要使用方法是将苗木浸蘸该胶状物。用药后,由于 HRC 苗木根系保护剂内各成分的作用,苗木根系表面形成含有各种有效成分的胶状膜。一方面保护了苗木根系,另一方面使苗木在栽植后处于有较好水分和营养元素的微环境中,保持并提高了苗木活力,促使根系快发、速长。

e.苗木栽植包。苗木栽植包由聚氨酯泡沫材料或具有保水性的类似材料制成,这种内填聚氨酯泡沫的保湿包,能保持苗木处于湿润状态达数小时,足以使苗木在栽植过程中免除干燥的危险。同时,栽植者还能将包挎在腰间,腾出手来进行苗木栽植,这在许多国家是一种比较常见的苗木保护方法。

f.抗蒸腾剂的使用。抗蒸腾剂(抗干燥剂)的适时使用,有利于减少叶片失水,有利于提高栽植成活率和促进树木的生长。国外的抗蒸腾剂有 3 种主要类型,即薄膜形成型、气孔开放抑制型和反辐射降温型。现今商业上常用的抗蒸腾剂是薄膜形成型的药剂,其中有各种蜡制剂、蜡油乳剂、塑料硅胶乳剂和树脂等。

薄膜型抗蒸腾剂是在枝叶表面形成薄膜而减少蒸腾,如在树木移栽前喷洒 Wilt-Pruf 液态塑料,先用水稀释,再用压力喷雾器或一般喷雾器喷到叶和茎上,约 20 min 后就可干燥,形成一层可以进行气体交换而阻滞水气通过的胶膜,减少叶片失水。

用于常绿阔叶树的喷洒液是 1 份 Wilt-Pruf 加 4～6 份水混合,在冰点以上的气温下细雾喷洒。这种混合液只需喷在叶子的表面。使用过的喷雾器等应用肥皂水立即彻底冲洗干净,否则Wilt-Pruf 就会硬化,堵塞喷嘴和其他部件。

此外,也可在叶和干上喷各种蜡制剂,使所有的表面结一层薄蜡,可有效地防止(减少)蒸腾。许多树木栽培者利用这种方法进行带叶栽植。

②苗木修剪(详见第 5 章 5.6 节)。

(9)定植　所谓定植,指按设计将苗木栽植到位,不再移动,其操作程序分为散苗和栽苗两个环节。

①散苗:将苗木按设计图纸,散放在定植坑旁边,称为散苗。对行道树和绿篱苗,散苗前要进行苗木分级,以便使所配相邻苗木保持栽后大小,长势趋于一致,尤其是行道树相邻两株的高度要求相差不超过 50 cm,干径相差不超过 1 cm。散苗时按穴边木桩写明的树种配苗,做到"对号入座",应边栽边散。对常绿树应把树形最好的一面朝向主要观赏面。树皮薄,干外露的孤植树,最好保持原来的阴阳面,以免引起日灼。配苗后还应及时按图核对,检查调正。散苗时注意保证位置准确,轻拿轻放,防止土球破碎。

②栽苗。因裸根苗和带土球苗而不同。

a.裸根苗栽植。一般 2 人为一组,填些表土于穴底,堆成小丘状,放苗入穴,比试根幅与穴的大小和深浅是否合适，并进行适当修理。行列式栽植，应每隔 10~20 株先栽好对齐用的"标杆树"。如有弯干之苗，应弯向行内，并与"标杆树"对齐，左右相差不超过树干的一半，这样才整齐美观。具体栽植时，一人扶正苗木，一人先填入拍碎的湿润表层土，约达穴的 1/2 时，轻提苗，使根自然向下舒展。然后踩实，继续填满穴后，再次踩实，最后盖上一层土与原根颈痕相平或略高 3~5 cm；灌木应与原根颈痕相平。然后用剩下的底土在穴外缘筑灌水堰。对密度较大的丛植地，可按片筑堰。

b.带土球苗栽植。先量好已挖坑穴的深度与土球高度是否一致，对坑穴做适当填挖调正后，再放苗入穴。在土球四周下部垫入少量的土，使树直立稳定，然后剪开包装材料，将不易腐烂的材料一律取出。为防栽后灌水土塌树斜，填入表土至一半时，应用木棍将土球四周砸实，再填至满穴并砸实（注意不要弄碎土球），做好灌水堰，最后把捆拢树冠的草绳等解开取下（图4.7）。

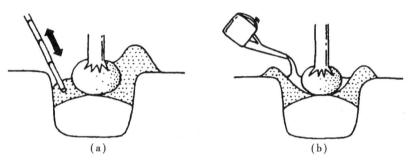

图4.7　带土球苗栽植
(a)填土；(b)灌水

c.栽苗技术要求。首先应确定合理栽植深度。栽植深度是否合理是影响苗（树）木成活的关键因素之一。一般要求苗（树）木的原土痕与栽植穴地面齐平或略高。栽植过深，容易造成根系缺氧，树木生长不良，逐渐衰亡；栽植过浅，树木容易干枯失水，抗旱性差。苗木栽植深度也受树木种类、土壤质地、地下水位和地形地势影响。一般根系再生力强的树种（如杨、柳、杉木等）和根系穿透力强的树种（如悬铃木、樟树等）可适当深栽，土壤排水不良或地下水位过高应浅栽；土壤干旱、地下水位低应深栽；坡地可深栽，平地和低洼地应浅栽。

其次，要确定正确的栽植方向。树木，特别是主干较高的大树，栽植时应保持原来的生长方向。如果原来树干朝南的一面栽植朝北，冬季树皮易冻裂，夏季易日灼。此外，为提高树木观赏价值，应把观赏价值高的一面朝向主要观赏方向，如将树冠丰满的一面朝向主要观赏方向（入口处或行车道）；树冠高低不平时，应将低矮的一面栽在迎面，高的一面栽在背面；苗木弯曲时，应使弯曲面与行列的方向一致。

再次，保证根系与土壤密接。在裸根苗栽植中，保证根系与土壤紧密接触，能使根系有效地吸收土壤中的水分，提高栽植成活率。要做到根系与土壤密接，首先填土要细碎，覆土不含石块、草根等杂物；其次覆土要紧实；栽植前根系浸水蘸泥浆，栽后浇定根水等。

(10)栽后养护管理　栽植工程完毕，为了巩固绿化成果，提高栽植成活率，还必须加强后期养护管理工作。

①立支柱：高大的树木，特别是带土球栽植的树木应当支撑。这在多风地区尤其重要，支柱的材料各地有所不同，有竹竿、木棍、钢筋水泥柱等。支撑绑扎的方法有 1 根支柱、3 根支柱和

牌坊形支柱等形式(图4.8)。

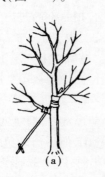

（a）　　　　　　　　　（b）　　　　　　　　　（c）

图4.8　立支柱的方法

（a）1根支柱；（b）3根支柱；（c）牌坊形支柱

②浇水：树木定植后必须连续浇灌3次水，尤其是气候干旱，蒸发量大的地区更为重要。第1次水应在定植后24 h之内，水量不宜过大，浸入坑土30 cm以下即可，主要目的是通过灌水使土壤缝隙填实，保证树根与土壤紧密结合。第2次灌水距头次水3~4 d，第3次距第2次水7~10 d，要求浇透灌足。浇水应注意两点，一是避免频繁少量浇水，二是超量大水漫灌。

近年来，在园林绿化中已越来越多采用浇水新技术、新方法。如一种被称作"水洞"的聚乙烯（PVC）管，顶部开口，管径约8 cm，侧面有24个小孔。将其埋入土壤，顶端与地面平。每棵树至少有两个水洞。这类装置不但有利于灌水，而且可减少水分流失。

③修剪：当树木栽植后应疏剪干枯枝，短截折坏碰伤枝，适当回缩多年生枝，以促使新枝萌发。绿篱栽植后，要拉线修剪，做到整齐、美观、修剪后及时清理现场。

④裹干：移植树木，特别是易受日灼危害的树木，应用草绳、麻布、帆布、特制皱纸（中间涂有沥青的双层皱纸）等材料包裹树干或大枝。经裹干处理后，一可避免强光直射和干风吹袭，减少树干、树枝的水分蒸发；二可贮存一定量的水分，使枝干经常保持湿润；三可调节枝干温度，减少夏季高温和冬季低温对枝干的伤害。目前，有些地方采用塑料薄膜裹干，此法在树体休眠阶段使用，效果较好，但在树体萌芽前应及时撤换。因为，塑料薄膜透气性能差，不利于被包裹枝干的呼吸作用，尤其是高温季节，内部热量难以及时散发而引起的高温会灼伤枝干、嫩芽或隐芽，对树体造成伤害。裹干材料应保留两年或让其自然脱落。为预防树干霉烂，可在包裹树干之前，于树干上涂抹杀菌剂。

⑤树盘覆盖：对于特别有价值的树木，尤其是秋季栽植的常绿树，用稻草、秸秆、腐叶土等材料覆盖树盘（沿街树池也可用沙覆盖），可减少地表蒸发，保持土壤湿润，防止土温变幅过大，提高树木移植成活率。

4.2　大树移植

大树移植，即移植大型树木的工程。所谓大树是指：树干和胸径一般在10~40 cm或更大，树高在5~12 m，树龄在10~50年或更长。

4.2.1　大树移植的特点

　　大树移植成活困难,主要由以下几方面原因造成:第一,树木愈大,树龄越老,细胞再生能力越弱,损伤的根系恢复慢,新根发生能力较弱,给成活造成困难。第二,树木在生长过程中,根系扩展范围很大,使有效的吸收根处于深层和树冠投影附近,而移植所带土球内吸收根很少,且高度木栓化,故极易造成树木移栽后失水死亡。第三,大树的树体高大,枝叶蒸腾面积大,为使其尽早发挥绿化效果和保持原有优美姿态,多不进行过重修剪,因而地上部蒸腾面积远远超过根系的吸收面积,树木常因脱水而死亡。

4.2.2　大树移植前的准备工作

　　(1)做好规划与计划　进行大树移栽事先必须做好规划与计划,包括栽植的树种规格、数量及造景要求等。为了促进移栽时所带土壤具有尽可能多的吸收根群,应提前对大树进行断根缩坨,提高移栽成活率。事实上,许多大树移植失败的原因,是由于事先没有对备用大树采取过促根措施,而是临时应急,直接从郊区、山野移植造成的。

　　(2)选树　对可供移植的大树实地调查,包括树种、树龄、干高、干粗、树高、冠径、树形,进行测量记录,注明最佳观赏面的方位,并摄影。调查记录土壤条件,周围情况;判断是否适合挖掘、包装、吊运;分析存在的问题和解决措施,此外,还应了解大树的所有权、是否属于被保护对象等。选中的树木应立卡编号,在树干上做一明显标记。适宜移植的大树应具备以下条件:

　　①适宜本地生长的树种,尤其是乡土树种。

　　②选用长势强的青壮龄大树。

　　③选择便于挖掘和运输的大树。

　　④适宜大树移植的树种主要有:油松、白皮松、桧柏、云杉、柳树、杨树、槐树、白蜡、悬铃木、合欢、香椿、楝树、雪松、龙柏、黑松、广玉兰、五针松、白玉兰、银杏、香樟、七叶树、桂花、泡桐、罗汉松、石榴、榉树、朴树、杨梅、女贞、珊瑚树、凤凰木、木棉、桉树、木麻黄、水杉、榕树等。

　　(3)断根缩坨　为了提高大树移植成活率,在移植前应保证在所带土球范围内有足够吸收根,使栽植后很快达到水分平衡而成活,一般采用缩坨、断根方法,具体做法是:选择能适应当地自然环境条件的乡土树种,以浅根和再生能力强且易于移栽成活的树种为佳。在移栽前2~3年的春季和秋季,围绕树干先挖一条宽30~50 cm、深50~80 cm的沟,其中沟的半径为树干30 cm高处直径的5倍(图4.9)。第一年春季先将沟挖一半,不是挖半圆,而是间隔成几小段,挖掘时碰到比较粗的侧根要用锋利的手锯切断,如遇直径5 cm

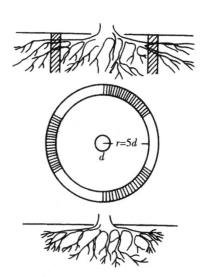

图4.9　移植大树的准备工作

以上的粗根,为防大树倒伏,一般不切断,于土球壁处行环状剥皮(宽约 10 cm)后保留,涂抹 0.01% 的生长素,以促发新根。沟挖好后用拌和着基肥的培养土填入并夯实,然后浇水,第二年春天再挖剩下的另几个小段,待第 3 年移植时,断根处已经长出许多须根,易成活。

(4)修剪　移植前需进行树冠修剪,修剪强度依树种而异。萌芽力强的、树龄大的、叶薄稠密的应多剪;常绿树、萌芽力弱的宜轻剪。从修剪程度看,可分全苗式、截枝式和截干式 3 种。全苗式原则上保留原有的枝干树冠,只将徒长枝、交叉枝、病虫枝及过密枝剪去,适用于萌芽力弱的树种,如雪松、广玉兰等,栽后树冠恢复快、绿化效果好。截枝式只保留树冠的一级分枝,将其上部截去,如香樟等一些生长较快,萌芽力强的树种。截干式修剪,只适宜生长快,萌芽力强的树种,将整个树冠截去,只留一定高度的主干,如悬铃木、香樟、榕树等。由于截口较大易引起腐烂,应将截口用蜡或沥青封口。

(5)挖穴　大树起挖前,栽植穴应预先按照规格要求挖好,并准备足够的回填土和适量的有机肥。挖掘方法同一般树木移栽挖掘方法相同。

(6)移植工具与材料准备　大树移植前应预先联系和准备好移植施工所需的各种工具、材料以及必要的机械设备。根据移植树木的年龄、规格和土壤黏性,选择工具材料及设备。如果树龄较小,土壤较黏重,则可采用软材料包装法,即准备若干草绳、蒲包片、麻袋等软材料。如果树龄较大或土壤较疏松,则需要用硬质材料包装,即木箱包装法。裸根移植,移植前应准备湿草包、遮阳网等遮阴保湿材料,并准备好泥浆。带土球大树移植需用机械设备,通常需要一辆吊车和一辆卡车,其吨位根据树木和土球大小确定。

带土球大树移植

4.2.3　大树移植的方法与技术

大树移植方式因树种、规格、生长习性、生态环境及移植时期而异。通常可分为带土球移植和裸根移植两类。带土球移植又可分为木箱包装移植和软材包装移植两种。

1)木箱包装移植法

对于必须带土球移植的树木,土球规格如果过大(如直径超过 1.3 m 时),很难保证吊装运输的安全和不散坨,应改用木箱包装移植。木箱包装移植适于移胸径 15~30 cm 或更大的树木以及沙性土壤中的大树。

(1)掘苗准备工作　掘苗前,应先踏勘从起树地点到栽植地点的运行路线,使超宽超高的大树能顺利运行。

(2)掘苗操作

①掘苗。掘苗时,以树干为中心,以树木胸径(即树木地面 1.2 m 处的树干直径)7~10 倍再加 5 cm 为标准划成正方形,沿划线的外缘开沟,沟宽 60~80 cm,沟深与留土台高度相等。修平的土台尺寸稍大于边板规格,以便保证箱板与土台紧密靠实(图 4.10),每一侧面都应修成上大下小的倒梯形,一般上下两边相差 10 cm 左右。挖掘时,如遇到较大的侧根,可用手锯锯断,其锯口应留在土台里。

②装箱。先将土台的 4 个角用蒲包包好,后用 4 块专制的箱板夹附 4 侧,用钢丝绳或螺钉使箱板紧紧围住土块,而后将土块底部两边掏空,中间只留一块底板时,应立即上底板,并用木墩、油压千斤顶将底板四角顶紧,再用 4 根方木将木箱板 4 个侧面的上部支撑住,防止土台歪

倒。接着再向中间掏空底土,迅速将中间一块底板钉牢。最后修整土台表面,铺盖一层蒲包片,钉上盖板(图4.11)。

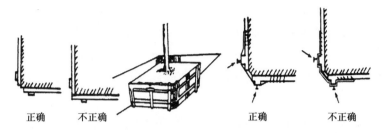

正确　不正确　　　　　　正确　不正确

图4.10　钉铁皮的方法

③吊运、装车。吊运、装车必须保证树木和木箱的完好以及人员的安全。装运前,应先计算土球重量,以便安排相应的起重工具和运输车辆。

$$W = D^2 h \beta$$

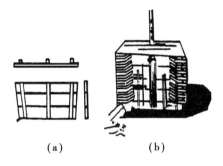

(a)　　(b)

图4.11　上盖板

(a)箱板图;(b)包装好的木箱

式中　W——土球重量,kg;

　　　D——土球直径,m;

　　　h——土球厚度,m;

　　　β——土壤容量,kg/m^3。

吊装带木箱的大树,应先用一根较短的钢丝绳,横着将木箱围起,把钢丝绳的两端扣放在箱的一侧,即可用吊钩钩好钢丝绳,缓缓起吊。当树身慢慢躺倒,木箱尚未离地面时,应暂时停吊,在树干上围好蒲包片,捆好脖绳,将绳的另一端也套在吊钩上。继续将树身缓缓起吊(图4.12)。

装车时,树冠向后,用两根较粗的木棍交叉成支架放在树干下面,同时支撑树干,在树干与支架相接处应垫上蒲包片,以防磨伤树皮。树冠应用草绳围拢紧,以免树梢垂下拖地(图4.13)。

图4.12　吊运木箱

图4.13　木箱包大树装车法

(3)栽植　栽植大树的坑穴,应比木箱直径大50~60 cm,深度比木箱的高度深20~30 cm,并更换适于树木生长的培养土,在坑底中心部位要堆一个厚70~80 cm的方形土堆,以便放置木箱。吊装入穴时,要将树冠最丰满面朝向主要观赏方向。栽植深度以土球或木箱表层与地表平为标准,树木入穴定植后应先用支柱将树身支稳,再拆包装物,并在土球上喷0.001%萘乙酸,每株剂量500 g以促进新根萌发,然后填土,每填20~30 cm应夯实一下,直至填满为止。

不耐水湿的树种和规格过大的树木,宜采用浅穴堆土栽植,即土球高度的4/5入穴后,然后堆土成丘状,这样根系透气性好,有利于根系伤口的愈合和新根的萌发。

填土完毕后,在树穴外缘筑一个高30 cm的土埂进行浇水。第一次要浇足,隔一周后浇第二次水,以后根据不同树种的需要和土壤墒情合理浇水。

2)软材包装移植法

(1)移植工具的准备　掘苗的准备工作与方木箱的移植相似,但不需要木箱板、铁皮等材料和某些工具材料,只要备足蒲包片、麻袋、草绳等物即可。

(2)掘苗操作　土球的大小,可按树木胸径7~10倍来确定,开挖前,以树木为中心,按比土球直径大3~5 cm为尺寸划一圆圈,然后沿着圆圈挖一宽60~80 cm的操作沟,土球厚度不小于土球直径的1/3。挖到底部应尽可能向中心刨圆,一般土球的底径不小于球径的1/4,形成上部塌肩形,底部锅底形。便于草绳包扎心土。起挖时如遇到支撑根要用手锯锯断,切不可用锹断根,以免将土球震散。

土球包扎是将预先湿润过的草绳于土球中部缠腰绳,两人合作边拉绳,边用木槌敲打草绳,使绳略嵌入土球为度。要使每圈草绳紧靠,总宽达土球高的1/4~1/3(约20 cm)并系牢即可。在土球底部刨挖一圈底沟,宽度5~6 cm,这样有利草绳绕过底沿不易松脱,然后用蒲包、草绳等材料包装。草绳包扎方式有橘子式、井字式、五角式3种(图4.14)。

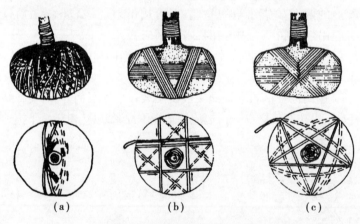

图4.14　草绳包扎方式示意图
(a)橘子式;(b)井字式;(c)五角式

(3)吊装运输　大树移植中吊装是关键,起吊不当往往造成泥球损坏、树皮损伤,甚至移植失败。通常采用吊杆法吊装,可最大限度地保护根部,但是应该注意对树皮采取保护措施。一般用麻袋对树干进行双层包扎,包扎高度从根部向上1.5 m,然后用150 cm×6 cm×6 cm的木方或木棍紧挨着树干围成一圈,用钢丝绳进行捆扎,并要用紧线器收紧捆牢,以免起吊时松动而损伤树皮。起吊时将钢丝绳和拔河绳用活套结固定在离土球40~60 cm树干处,并在树干上部系好揽风绳,以便控制树干的方向和装车定位。另一种吊装方法是土球起吊法,先用拔河绳打成"O"形油瓶结,托于土球下部,然后将拔河绳绕至树干上方进行起吊,其缺点是,起吊时土球容易损坏。

（4）栽植　种植方法与方木箱种植方法基本相同，所不同的是，树木定位后先用揽风绳临时固定，剪去土球的草绳，剪碎蒲包片，然后分层填土夯实，浇水3次。

3）裸根移植

对某些规格不太大（胸径10～15 cm），生根能力又较强的落叶树种，如柳树、悬铃木、杨树等，在休眠期也可进行裸根移栽。其过程包括挖穴、起树和栽植。

（1）挖穴　栽植穴大小根据树龄和根系大小而定。一般树木胸径达10 cm时，树穴直径和深度分别为120 cm和100 cm；树木胸径15 cm左右，则树穴直径和深度分别是150 cm和100～120 cm。树穴大小是否符合要求，以树木根系能否在穴中充分舒展和根颈部基本与地面相平为准。穴底应填以疏松肥沃的土壤，并使穴底稍稍隆起。

（2）起挖　挖掘之前，根据树木种类、大小及根系分布情况，确定树木保留根系范围。一般与大苗起挖的方法和要求基本相同。虽是裸根，但在根系中心部位仍需保留"护心土"，树木抬出土坑后，裸根要立即涂洒泥浆，防止根系失水，并用湿草袋或蒲包将根系包裹或遮盖起来，保护根系。树冠修剪一般在挖掘前，也可在树木放倒后进行。悬铃木等行道树可除去顶梢，只留几个短支柱或根据需要进行截干，即方便运输，又利于树木成活。

（3）栽植　看准树木位置、朝向，争取一次栽植成功，并将树木扶正，同时从四周进行填土。先填表土，后填底层土。若土质太差，则须另换客土填入。土壤比较干燥时，可先向穴内灌入养根水（又称底水），待水渗入土层并看不到积水时再填土，轻轻压实，最后加填一层疏松土壤，埋至根颈部以上20～30 cm作蓄水土坆，树木成活后，一般在第2年将多埋的土壤挖去并整平，根颈部露出地面。

4）冻土球移植法

冻土球移植法即土壤冻结时挖掘土球，土球挖好后不必包装，可利用冻结河道或泼水冻结地面用人、畜拉运。优点是可以利用冬闲，节省包装和减轻运输。在中国北方多用冻土球移栽法。

通常选用当地耐寒的树种进行移栽。如果冻土不深，可在土壤结冻之前灌水，待气温降至-15～-12 ℃，土层冻结深度达20 cm左右时，开始用十字镐等挖掘土球。如果下层土壤尚未结冻，则应等待2～3 d后继续挖，直至挖出土球。如果事先未灌水，土壤冻结不实，则应在土球上泼水促冻。土球树的运输除一般方法外，还可利用雪橇或爬犁等运输，十分方便。

5）机械移植

由于大树移栽工程的需要，近年来一些发达国家有许多设计精良、效率很高的树木移栽机械进入市场，供专业树木栽培工作者和园林部门使用。在美国这类机械有两种类型：拖带式和自动式。拖带式移栽机有2、6或8轮的，由卡车或拖拉机拖带，土球的重量多集中在后轮上，且正好停在后轮前的遥架上，前轮控制移栽机的平衡与方向。自动式的树木移栽机安装在卡车上。

在应用植树机栽植时，根据所需根球的大小选择植树机的类型十分重要。因为挖掘的根球必须符合国家和当地最低要求。美国规定从苗圃以外选择移栽的树木，其最小根球标准是：常绿针叶树为树干直径的8倍；落叶树为9倍。例如，用44型挖树机，只限于挖掘10.5 cm左右干径的树木，干径测定位置是地面以上15 cm的地方。

当然，按照根球的最低标准挖掘，并不能保证树木有足够的根系，而且在实际操作中也不可挖掘太大的土球，以保证树木有足够根系。

机器移栽最好的方法是，先按要求用机器或手工准备好植穴，再将挖掘树木根球放入坑内，在撤出机械铲之前，先回土1/3，捣实后撤出机械铲并完成全部栽植工作。

4.2.4 栽后养护管理

①支撑。高大乔木栽植后应立即用支柱支撑树木，防止大风松动根系。

②浇水。对常绿乔木可在树干上部安装喷雾装置，减少叶面蒸腾，避免因地上部失水过多而影响成活。

③地面覆盖。在根的周围铺上堆肥或稻草、草帘等，厚度5 cm左右，目的是保湿防寒（图4.15）。

④搭棚遮阴。夏季应搭建荫棚，以防过于强烈日晒。

⑤树干包扎。可用草绳将树干全部包扎起来，每天早、晚喷1次水，保持草绳湿润即可（图4.16）。

⑥修补、包扎损伤的树皮，对残枝、伤枝进行疏剪，保持树形完整。

　　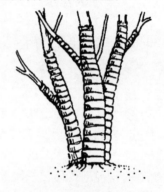

图4.15　树盘覆盖　　　　图4.16　包扎树干

4.3 非适宜季节园林树木栽植技术

有时由于有特殊需要的临时任务或由于其他工程的影响，不能在适宜季节植树。这就需要采用突破植树季节的方法。其技术可按有无预先计划，分成两类。

4.3.1 有预先移植计划的栽植方法

当已知建筑工程完工期，不在适宜种植季节，仍可于适合季节进行掘苗、包装，并运到施工现场高质量假植养护，待土建工程完成后，立即种植。通过假植后种植的树木，只要在假植期和种植后加强养护管理，一般成活率较高。

1) 落叶树的移植

由于种植时间是在非适合的生长季，为了提高成活率，应预先于早春未萌芽时行带土球掘（挖）好苗木，并适当重剪树冠。所带土球的大小规格可仍按一般规定或稍大，但包装要比一般的加厚、加密些。如果只能提供苗圃已在去年秋季掘起假植的裸根苗。应在此时人造土球（称作"假坨"）并进行寄植（具体做法见前文 4.1.2 寄植部分）。期间应当适当施肥、浇水、防治病虫、雨季排水、适当疏枝、控徒长枝、去蘖等。

待施工现场能够种植时，提前将筐外所培之土扒开，停止浇水，风干土筐；发现已腐朽的应用草绳捆缚加固。吊装时，吊绳与筐间应垫块木板，以免勒散土坨。入穴后，尽量取出包装物，填土夯实。经多次灌水或结合遮阴保其成活后，酌情进行追肥等养护。

2) 常绿树的移植

先于适宜季节将树苗带土球掘起包装好，提前运到施工地假植。先装入较大的箩筐中；土球直径超过 1 m 的应改用木桶或木箱。按前述每双行间留车道和适合的株距放好，筐、箱外培土，进行养护待植。

4.3.2 临时特需的移植技术

无预先计划，因临时特殊需要，在不适合季节移植树木。可按照不同类别树种采取不同措施。

特殊立地条件下
树木栽植技术

（1）常绿树移植 应选择春梢已停，两次梢未发的树种；起苗应带较大土球。对树冠进行疏剪或摘掉部分叶片。做到随掘、随运、随栽；及时多次灌水，叶面经常喷水，晴热天气应结合遮阴。易日灼的地区，树干裸露者应用草绳进行裹干，入冬注意防寒。

（2）落叶树移植 最好也应选春梢已停长的树种，疏剪尚在生长的徒长枝以及花、果。对萌芽力强，生长快的乔、灌木可以行重剪。最好带土球移植。栽后要尽快促发新根；可灌溉配以一定浓度的（0.001%）生长素。晴热天气，树冠枝叶应遮阴加喷水。易日灼地区应用草绳卷干。适当追肥，剥除蘖枝芽，应注意伤口防腐。剪后晚发的枝条越冬性能差，当年冬应注意防寒。

4.4 苗（树）木成活期的养护管理

成活期一般指植物栽植后的第一年。这个时期是栽植植物能否成活的关键时期。因为，此时苗（树）木刚刚栽植不久，苗（树）木正处于恢复和适应新环境阶段（缓苗期）；苗（树）木受到不同程度的损伤（特别是裸根起苗），根系吸收土壤水分、养分的能力较差；抵抗不良环境的能力弱，易死亡。因此，在此期间，若能及时进行养护管理，就能促进苗（树）木的根系恢复，提高根系吸收水分的能力，促进移栽植物体内的水分平衡，并能及时满足其生长发育所需要的条件，尽快恢复生长，增强苗（树）木对高温干旱或其他不利因素的抗性。此外，还能挽救一些濒危植株，保证移栽苗（树）木较高成活率。

4.4.1　花坛植物养护管理

1）灌溉与排水

有坡度的圆形花坛、单面花坛等可用喷壶、橡皮管等引自来水喷灌，大面积的平面花坛，可采用沟灌，有条件最好使用滴灌、喷灌等。1999 年昆明世界园艺博览会装点花园大道的种植容器，选用了体现当今花卉高新技术的新型容器，自吸、自控肥水。灌溉的次数、水量及时间，主要根据季节、土质、花卉种类不同而异。春、夏季气温较高，蒸发量大，北方雨量较稀少，灌水要勤，定植后 10 d 内可灌水 2～3 次。沙土灌水次数要多，黏土则可少。立秋后，气温渐低，应减少灌水量，冬季除一次冬灌外，一般不再进行灌溉，每次灌水量，以灌透排干为原则，否则对根系生长有害。南方雨水充沛，尤其是梅雨季节，雨量大，时间长，灌水次数视土壤墒情而定，以保持土壤湿润为度，一般掌握不干不浇水。并注意梅雨季节疏通花坛排水孔（沟），慎防明涝暗渍的危害。灌水时间，夏季应以傍晚灌水为最好，冬季则应在中午前后浇灌。

2）追肥

花坛植物为补充基肥的不足，满足花期对营养成分的需求，需要进行追肥或根外喷肥。有机肥容易玷污花朵，不便施用，常以无机肥料为主。方法是配制低浓度的无机液肥穴施和沟施。如 0.5% 硫酸铵，或 1.0% 过磷酸钙，或 0.3% 硝酸钾等，施肥后立即浇水。根外喷肥一般每 7 d 喷施一次 0.1% 尿素加 0.05% 磷酸二氢钾的水溶液，促进叶色浓绿、花色鲜艳。

3）修剪整形

模纹花坛草花和花坛边缘的灌木绿篱宜经常修剪，保持图案清晰。尤其是利用乔灌木密植的模纹花坛，每年冬季进行一次疏枝，以保持植株的生长势，延迟衰老，部分花卉开花后要及时摘掉残花，促使萌发新枝开花。长势不正常的弱株、病株要及时更换；遇暴风雨后倒伏的植株要及时扶正，并及时做好防病治虫等工作。

4.4.2　移植树木养护管理

普通树木在移栽成
活期养护管理措施

新栽树木的养护，重点是水分管理，保持适当的水分平衡，并在下过第一次透雨以后进行一次全面检查，以后也应经常巡视，发现问题及时采取措施予以补救。管理工作包括以下内容：

（1）扶正培土　由于移植树木容易受风吹、人力干扰等一些原因，导致树体晃动，应及时踩实覆土；树盘整体下沉或局部下陷，应及时覆土填平，防止雨后积水烂根；树盘土壤堆积过高，要铲土耙平，防止根系过深，影响根系的发育。

对于倾斜的树木应采取措施扶正。如果树木刚栽不久发生歪斜，应立即扶正。否则，落叶树种应在休眠期间扶正，常绿树种在秋末扶正。在扶正时不能强拉硬顶，损伤根系。

（2）加强水分管理　移植树木由于根系的损伤和环境的变化，吸水能力差，对水分的需求十分敏感，因此加强水分管理是其重点，是成活期养护管理的重要内容。

在低洼地或多雨季节要特别注意防止土壤积水,应注意排水,并适当培土,使树盘的土面适当高于周围地面;在干旱季节要注意灌水,最好灌溉后保持土壤含水量达最大田间持水量的60%以上。一般情况下,移栽后第一年应灌水5~6次,特别是高温干旱时更需注意抗旱。灌溉的方式有:

①对树冠喷水;

②采用"打点滴"的方法供水。

(3)除萌与修剪　在树木移栽中,经过强度修剪的树木,树干或树枝上可能萌发出许多嫩芽、嫩枝,消耗营养,扰乱树形。在树木萌芽以后,除选留长势较好,位置适合的嫩芽或幼枝外,应尽早抹除。此外,新栽树木虽然已经过修剪,但经过挖掘、装卸或运输等操作,常常受到操作或其他原因使部分芽不能正常萌发,导致枯梢,应及时疏除或剪至嫩芽、幼枝以上。对于截顶(冠)或重剪栽植的树木,因留芽位置不准或剪口芽太弱,造成枯桩或发弱枝,则应进行补充修剪(或称复剪)。在这种情况下,待最近剪口而位置合适的强壮新枝长于5~10 cm(或半木质化)时,剪去母枝上的残桩,但不能过于靠近保留枝条而削弱其生长势,也不应形成新的枯桩。修剪的大伤口应该平滑、干净、消毒防腐。此外,对于那些发生萎蔫经浇水喷雾仍不能恢复正常的树木,应再加大修剪强度,甚至去顶或截干,以促进其成活。

(4)松土除草　有时树木基部附近会长出许多杂草、藤本植物等,应及时除掉,否则会耗水、耗肥,藤蔓缠身妨碍树木生长。可结合松土进行除草,每20~30 d进行1次,并把除下的草覆盖在树盘上。

(5)适当施肥　施肥有利于恢复树势。通常,移栽树木的新根未形成和没有较强的吸收能力之前,可采用根外施肥,一般10~20 d进行一次,重复4~5次,可用尿素、硫酸铵、磷酸二氢钾等速效性肥料配制成浓度为0.5%~1%的肥液,选在阴天或晴天早晚进行叶面喷洒,效果很好。

(6)成活调查与补植　树木的成活与生长调查一般安排在栽植当年的休眠期进行(秋末以后)进行。对新栽树木进行成活与生长调查的目的在于评定栽植效果,分析成活与死亡的原因,总结经验与教训,指导今后的实践。

$$栽植的成活率(\%) = 调查成活株数 / 调查总株数$$

死亡植株要及时进行补植:一是在移栽初期,发现某些濒危植株无挽救希望或挽救无效而死亡的,应立即补植,以弥补时间上的损失;二是由于季节、树种习性与条件的限制,生长季补植无成功的把握,则可在适于栽植的季节补植。对补植的树木规格、质量的选择与养护管理都应高于一般水平。

复习思考题

1. 是非题(对的画"√",错的画"×",答案写在每题括号内)

(1)大树移栽的栽植深度,一律要比原来的种植深一些,才有利于大树的成活。　　　(　　)

(2)月季、夹竹桃、悬铃木等都可作为幼、托机构的绿化植物。　　　(　　)

(3)对植是同一树种、规格相同的树木,左右对称的种植形式。　　　(　　)

(4)医院绿化重要的是创造安静的休息和治疗环境,属卫生防护作用。　　　(　　)

(5)绿篱双行种植成品字形,修剪成梯形、倒梯形、矩形等。 (　　)

(6)密林郁闭度为 40% ~70% ,疏林郁闭度为 20% ~30% 。 (　　)

(7)孤植是指乔木的单株独立种植,在树下可配置灌木。 (　　)

(8)交通岛四周可以种植高大乔木作为行道树。 (　　)

(9)噪声车间周围应采用枝叶密的树种规则式种植。 (　　)

(10)居住区绿化包括小型公共绿地、宅旁绿化、道路绿化 3 部分。 (　　)

(11)两株植物栽植时距离靠近,间距不要大于树冠半径之和。 (　　)

(12)行列式栽植可用枝叶稀疏、树冠不整齐的树种。 (　　)

(13)落叶树种的种植时间应在春季以后。 (　　)

2. 选择题(把正确答案的序号写在每题横线上)

(1)下列各竹类,属于单轴散生型的是_____。

    A. 孝顺竹　　　　　B. 紫竹　　　　　C. 凤尾竹　　　　　D. 箬竹

(2)以气生根进行攀援的藤本植物是_____。

    A. 紫藤　　　　　B. 爬山虎　　　　　C. 凌霄　　　　　D. 葡萄

(3)树群内树木栽植距离要_____。

    A. 疏密变化　　　　　B. 构成等边三角形　　C. 成排　　　　　D. 成行

(4)规则式与自然式园林都可采用的种植形式是_____。

    A. 丛植　　　　　B. 行列式　　　　　C. 绿篱　　　　　D. 孤植

(5)大树移植时要进行平衡修剪,这工作在_____进行。

    A. 移前半年　　　　　B. 移前 3 个月　　　　　C. 移前半个月　　　　　D. 移后半个月

(6)挖掘带土球的乔木,其土球直径通常是该乔木胸径的_____倍。

    A. 3 ~4　　　　　B. 5 ~6　　　　　C. 6 ~8　　　　　D. 10 ~ 12

(7)挖掘带土球的灌木,其土球直径通常是该灌木根系丛的_____倍。

    A. 1　　　　　B. 1. 5　　　　　C. 2　　　　　D. 3

(8)根据当地条件选择种植的树种是一种_____的方法。

    A. 选树适地　　　　　B. 选地适树　　　　　C. 改地适树　　　　　D. 改树适地

(9)泡桐的根系近肉质,且有上下两层,移植时要做到_____。

    A. 深挖深栽　　　　　B. 浅挖浅栽　　　　　C. 浅挖深栽　　　　　D. 深挖浅栽

3. 计算题

(1)有一面积为 500 m^2 的林地,种植雪松 2 株、广玉兰 5 株、香樟 5 株、杜鹃 5 株、石榴 4 株、棣棠 3 株、水杉 10 株、迎春 10 株、女贞 3 株、紫荆 3 株。共计种植面积 225 m^2 ,其下层及其余空地满铺麦冬。问:

    ①此林地郁闭度多少? 属密林还是疏林?

    ②绿化覆盖率多少?

    ③常绿树与落叶树之比是多少?

    ④乔木与灌木之比多少?

(2)一花坛面积 10 m^2 ,需种植间距为 30 cm 的鸡冠花和间距为 20 cm 的万寿菊各半,问鸡冠花与万寿菊各需多少株?

(3)某树木直径为 10 cm,带土球挖掘该树,其土球直径应是多少? 土球厚度应是多少?

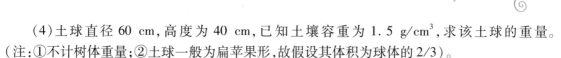

（4）土球直径 60 cm，高度为 40 cm，已知土壤容重为 1.5 g/cm³，求该土球的重量。（注：①不计树体重量；②土球一般为扁苹果形，故假设其体积为球体的 2/3）。

（5）某工程在春季种植 100 株香樟，至 10 月工程验收时成活 85 株，其中自然死亡 5 株，客观因素死亡 10 株，问其种植成活率为多少？

4. 简答题

（1）如何做好大树移植后的养护管理工作？

（2）如何做好树木的根外追肥工作？

（3）怎样做好植树工作？

单元实训

大树移栽

1）目的要求

（1）掌握大树移植的一般步骤和方法。

（2）掌握现代科学技术在大树移植中的应用。

2）技术要点

（1）树木移植成活原理。

（2）选树与处理（规划与计划、实地选择树木、断根缩坨、大整形修剪）。

（3）起掘前的准备工作（材料、工具、机械）。

（4）起树包装（树身包扎、泥团包装）。

（5）吊装运输。

（6）定植与养护（培土灌水、卷干覆盖、架立支柱）。

（7）现代科学技术的应用：栽培介质和其他添加物，改良土壤；根部表面施用生长激素，促进根系的旺盛发育；喷施抗蒸腾剂；使用羊毛脂等伤口愈合剂；环穴周围埋设 3~5 条通气管。

3）实训内容

（1）选树与处理：主要采用现场观摩的形式。

（2）起树包装：3~5 名同学为一组，对树木土球进行包装。

（3）定植与养护：3~5 名同学为一组，卷干覆盖、架立支架。

4）作业

记录大树移植的过程及主要技术环节，并整理成实习报告。

5 园林植物的养护管理

[**本章导读**]

本章主要介绍园林植物养护管理的技术和方法,包括土、肥、水的管理和自然灾害的防治。并对树木的整形修剪进行了较详细的阐述。

5.1 园林植物养护管理概述

5.1.1 园林植物养护管理的意义

俗语说:"三分种,七分养",充分说明植物的养护管理在园林施工和园林管理中的重要作用。

园林植物养护管理的重要意义主要体现在以下几方面:

①及时科学的养护管理可以克服植物在种植过程中对植物枝叶、根系所造成的损伤,保证成活,迅速恢复生长势,是充分发挥景观美化效果的重要手段。

②经常、有效、合理的日常养护管理,可以使植物适应各种环境因素,克服自然灾害和病虫害的侵袭,保持健壮、旺盛的自然长势,增强绿化效果,是发挥园林植物在园林中多种功能效益的有力保障。

③长期、科学、精心的养护管理,还能预防植物早衰,延长生长寿命,保持优美的景观效果,尽量节省开支,是提高园林经济、社会效益的有效途径。

5.1.2 园林植物养护管理的内容

园林植物的养护管理必须根据其生物学特性,了解其生长发育规律,结合当地的具体生态条件,制订出一套符合实际的科学、高效、经济的养护管理技术措施。

养护管理的
基本概念

园林植物的养护管理的主要内容是指为了维持植物生长发育对诸如光照、温度、土壤、水分、肥料、气体等外界环境因子的需求所采取的土壤改良、松土、除草、水肥管理、越冬越夏、病虫防治、修剪整形、生长发育调节等诸多措施。园林植物养护管理的具体方法因植物的不同种类、不同地区、不同环境和不同栽培目的而不同。在园林植物的养护管理中应顺应植物生长发育规律和生物学特性,以及当地的具体气候、土壤、地理等环境条件,还应考虑设备设施、经费、人力等主观条件,因时因地因植物制宜。

5.1.3   分级管理的标准

园林树木的养护管理在不同地区有不同的管理标准,现介绍北京地区目前执行的树木养护管理标准,各地区可以参考(详见附录4)。

5.1.4   养护管理月历

园林植物养护管理工作应顺应植物的生长规律和生物学特性以及当地的气候条件。我国各地气候相差悬殊,季节性明显,植物的养护管理工作应根据本地情况而定,可以根据当地具体的气候环境条件制订出适应当地气候和环境条件的园林植物养护管理工作月历(详见附录5)。

5.2   土壤管理

土壤是植物生产的基础,为植物生命活动提供所需的水分、营养要素以及微量元素等物质,并起到固定植物的作用。

通过各种措施改良土壤的理化性质,改善土壤结构,提高土壤肥力,促进树木根系的生长和吸收能力的增强,为树木的生长发育打下良好的基础。土壤管理通常采用松土、除草、地面覆盖、土壤改良等措施。

5.2.1   中耕

一般选在盛夏前和秋末冬初进行,每年 $4 \sim 6$ 次,中耕不宜在土壤太湿时进行。中耕的深度以不伤根为原则,松土深度一般在 $3 \sim 10$ cm,根系深、中耕深,根系浅、中耕浅;近根处宜浅、远根处宜深;草本花卉中耕浅,木本花卉中耕深;灌木、藤木稍浅,乔木可深些。

5.2.2　除草

大面积的园林管理常采用除草剂防治,与人工除草相比具有简单、方便、有效、迅速的特点,但用药技术要求严格,使用不当容易产生药害。

化学除草剂按照作用方式可分为选择性除草剂和灭生性除草剂,如西玛津、阿特拉津只杀一年生杂草,而2,4-D丁酯只杀阔叶杂草。按照除草剂在植物体内的移动情况分为触杀性除草剂和内吸性除草剂。触杀性除草剂只起局部杀伤作用,不能在植物体内传导,药剂未接触部位不受伤害,见效快但起不到斩草除根的作用,如百草枯、除草醚等;内吸性除草剂被茎、叶或根吸收后通过传导而起作用,见效慢、除草效果好、能起到根治作用,如草甘膦、敌草隆、2,4-D等。

化学除草剂剂型主要有水剂、颗粒剂、粉剂、乳油等;水剂、乳油主要用于叶面喷雾处理,颗粒剂主要用于土壤处理,粉剂在生产中应用较少。

常用的药剂有农达、草甘膦、敌草胺、茅草枯等,一般用药宜选择晴朗无风、气温较高的天气,既可提高药效,增强除草效果,又可防止药剂飘落在树木的枝叶上造成药害。

5.2.3　地面覆盖

在植株根茎周边表土层上覆盖有机物等材料和种植地被植物,从而防止或减少土壤水分的蒸发,减少地表径流,增加土壤有机质,调节土壤温度,控制杂草生长,为园林树木生长创造良好的环境条件,同时也可为园林景观增色添彩。

覆盖材料一般就地取材,以经济方便为原则,如经加工过的树枝、树叶、割取的杂草等,覆盖厚度以3~6 cm为宜。种植的地被植物常见的有麦冬、酢浆草、葱兰、鸢尾类、玉簪类、石竹类、萱草等。

土壤管理
及养护方法

5.2.4　土壤改良

土壤改良即采用物理、化学以及生物的方法,改善土壤结构和理化性质,提高土壤肥力,为植物根系的生长发育创造良好的条件;同时也可修整地形地貌,提高园林景观效果。

土壤改良多采用深翻熟化土壤、增施有机肥、培土、客土以及掺沙等。深翻土壤结合施用有机肥是改良土壤结构和理化性状,促进团粒结构的形成,提高土壤肥力的最好方法。深翻的时间一般在秋末冬初,方式可分为全面深翻和局部深翻,其中局部深翻应用最广。

5.2.5　客土

客土即在树木种植或后期管理中,在异地另取植物生长所适宜的土壤填入植株根群周围,改善植株发新根时的根际局部土壤环境,以提高成活率和改善生长状况。

5.2.6 培土(壅土)

培土是园林树木养护过程中常用的一种土壤管理方法。有增厚土层、保护根系、改良土壤结构、增加土壤营养等作用。培土的厚度要适宜,一般为 5 ~ 10 cm,过薄起不到应有作用;过厚会抑制植株根系呼吸,从而影响树木生长发育,造成根颈腐烂,树势衰弱。

5.3 灌溉与排水

5.3.1 灌溉的原则

园林植物种类多,具有不同的生物学特性,对水分的需求也各不相同。例如观花、观果树种,特别是花灌木,对水分的需求比一般树种多,需要灌水次数较多;油松、圆柏、侧柏、刺槐等,其灌水的次数、数量较少,甚至不需要灌水,且应注意及时排水;而对于垂柳、水松、水杉等喜湿润土壤的树种,应注意灌水,对排水则要求不高;还有些树种对水分条件适应性较强,如旱柳、乌桕等,既耐干旱,又耐潮湿。

灌溉的水质以软水为好,一般使用河水,也可用池水、溪水、井水、自来水及湖水。在城市中要注意千万不能用工厂内排出的废水,因为这些废水常含有对植物有毒害的化学成分。

5.3.2 灌水时期

灌水时间和次数应注意以下几点:在夏秋季节,应多灌,在雨季则不灌或少灌;在高温时期,中午切忌灌水,宜早、晚进行;冬天气温低,灌水宜少,并在晴天上午 10 时左右灌水;幼苗时灌水少,旺盛生长期灌水多、开花结果时灌水不能过多;春天灌水宜中午前后进行。每次灌水不宜直接灌在根部,要浇到根区的四周,以引导根系向外伸展。每次灌水过程中,按照"初宜细、中宜大、终宜畅"的原则来完成,以免表土冲刷。

5.3.3 灌溉的方法

灌水前要做到土壤疏松,土表不板结,以利水分渗透,待土表稍干后,应及时加盖细干土或中耕松土,减少水分蒸发。

灌溉的方法很多,应以节约用水、提高利用率和便于作业为原则。

①沟灌是在树木行间挖沟,引水灌溉。

②漫灌是在树木群植或片植时,株行距不规则,地势较平坦时,采用大水漫灌。此法既浪费

水，又易使土壤板结，一般不宜采用。

③树盘灌溉是在树冠投影圈内，扒开表土做一圈围堰，堰内注水至满，待水分渗入土中后，将土堰扒平复土保墒。一般用于行道树、庭荫树、孤植树，以及分散栽植的花灌木、藤本植株。

④滴灌是将水管安装在土壤中或树木根部，将水滴入树木根系层内，土壤中水、气比例合适，是节水、高效的灌溉方式，但缺点是投资大，一般用于引种的名贵树木园中。

⑤喷灌属机械化作业，省水、省工、省时，适用于大片的灌木丛和经济林。

5.3.4　排水

长期阴雨、地势低洼渍水或灌溉浇水太多，使土壤中水分过多形成积水称为涝。容易造成渍水缺氧，使植物受涝，根系变褐腐烂，叶片变黄，枝叶萎蔫，产生落叶、落花、枯枝，时间长了全株死亡。为了减少涝害损失，在雨水偏多时期或对在低洼地势又不耐涝的植物要及时排水。排水的方法一般可用地表径流和沟管排水。多数园林植物在设计施工中已解决了排水问题，在特殊情况下需采取应急措施。

5.4　施　肥

5.4.1　施肥的作用

树木的生长需要不断地从土壤中吸收营养元素，而土壤中的含有营养元素的数量是有限的，势必会逐渐减少，所以必须不断地向土壤中施肥，以补充营养元素，满足园林植物生长发育的需要，使园林植物生长良好。

5.4.2　施肥的原则

不同的植物或同一植物的不同生长发育阶段，对营养元素的需求不同，对肥料的种类、数量和施肥的方式要求均不相同。一般行道树、庭荫树等以观叶、观形为主的园林植物，冬季多施用堆肥、厩肥等有机肥料。生长季节多施用以氮为主的有机肥或化学肥料，促进枝叶旺盛生长，枝繁叶茂，叶色浓绿。但在生长后期，还应适当施用磷、钾肥，停施氮肥，促使植株枝条老化、组织木质化，使其能安全越冬，以利来年生长。以观花、观果为主的园林树木，冬季多施有机肥，早春及花后多施以氮肥为主的肥料，促进枝叶的生长；在花芽分化期多施磷、钾肥，以利花芽分化，增加花量。微量元素根据植株生长情况和对土壤营养成分分析，补充相应缺乏的微量元素。

5.4.3 施肥的方法

1)施肥的方式

①基肥:在播种或定植前,将大量的肥料翻耕埋入地内,一般以有机肥料为主。

②追肥:根据生长季节和植物的生长速度补充所需的肥料,一般多用速效化肥。

③种肥:在播种和定植时施用的肥料,称为种肥。种肥细而精,经充分腐熟,含营养成分完全,如腐熟的堆肥、复合肥料等。

④根外追肥:在植物生长季节,根据植物生长情况喷洒在植物体上(主要是叶面),如用尿素溶液喷洒。

2)施肥的方法

①全面施肥:在播种、育苗、定植前,在土壤上普遍地施肥,一般采用基肥的施肥方式。

②局部施肥:根据情况,将肥料只施在局部地段或地块,有沟施、条施、穴施、撒施、环状施等施肥方式。

3)园林植物施肥应注意的事项

①由于树木根群分布广,吸收养料和水分全在须根部位,因此,施肥要在树木根部的四周,不要过于靠近树干。

②根系强大,分布较深远的树木,施肥宜深,范围宜大,如油松、银杏、臭椿、合欢等;根系浅的树木施肥宜较浅,范围宜小,如紫穗槐及大部分花灌木等。

③有机肥料要经过充分发酵和腐熟,且浓度宜稀;化肥必须完全粉碎成粉状后施用,不宜成块施用。

④施肥后(尤其是追化肥),必须及时适量灌水,使肥料渗入土内。

⑤应选天气晴朗、土壤干燥时施肥。阴雨天由于根系吸收水分慢,不但养分不易吸收,而且肥分还会被雨水淋溶,降低肥料的利用率。

⑥沙地、坡地、岩石易造成养分流失,施肥要稍深些。

⑦氮肥在土壤中移动性较强,所以浅施后渗透到根系分布层内被树木吸收;钾肥的移动性较差,磷肥的移动性更差,宜深施至根系分布最多处。

⑧基肥因发挥肥效较慢应深施;追肥肥效较快,则宜浅施,供树木及时吸收。

⑨叶面喷肥是通过气孔和角质层进入叶片,而后运送到各个器官,一般幼叶较老叶、叶背较叶面吸水快,吸收率也高,所以叶面施肥时一定要把叶背喷匀、喷到。

⑩叶面喷肥要严格掌握浓度,以免烧伤叶片,最好在阴天或上午 10 时以前和下午 4 时以后喷施,以免气温高,溶液很快浓缩,影响喷肥或导致药害。

5.5 自然灾害防治

5.5.1 冻害

1)冻害的定义

冻害是树木因受低温使植物体内细胞间隙和细胞内结冰而使细胞和组织受伤,甚至死亡的现象。冻害是不可逆的低温伤害,具有全株性或部位整体性,伤害程度是灾害性的;冷害是可逆的低温伤害,具器官局部性,调整代谢后能恢复正常。

冻害对植物的危害主要是使植物组织细胞中的水分结冰,导致生理干旱,而使其受到损伤或死亡,给园林生产造成巨大损失。

2)冻害的表现

(1)芽　花芽是抗寒能力较弱的器官,花芽冻害多发生在初春时期,顶花芽抗寒力较弱。花芽受冻后,内部变褐,初期芽鳞松散,后期芽不萌发,干缩枯死。

(2)枝条　枝条的冻害与其成熟度有关,成熟的枝条在休眠期以形成层最抗寒,皮层次之,而木质部、髓部最不抗寒。所以冻害发生后,髓部、木质部先变色,严重时韧皮部才受伤,如果形成层变色则表明枝条失去了恢复能力。在生长期则相反,形成层抗寒力最差。幼树在秋季水多时贪青徒长,枝条不充实,易受冻害。特别是成熟不足的先端枝条对严寒敏感,常先发生冻害,轻者髓部变色,重者枝条脱水干缩甚至冻死。

多年生枝条发生冻害,常表现为树皮局部冻伤,受冻部分最初稍变色下陷,不易发现。如用刀切开,会发现皮部变褐,以后逐渐干枯死亡,皮部裂开变褐脱落,但如果形成层未受冻则还可以恢复。

(3)枝杈和基角　枝杈或主枝基角部分进入休眠期较晚,输导组织发育不好,易受冻害。

枝杈冻害的表现是皮层或形成层变褐,而后干枯凹陷,有的树皮成块冻坏,有的顺着主干垂直冻裂形成劈枝。主枝与树干的夹角越小则冻害越严重。

(4)主干　受冻后形成纵裂,一般称为"冻裂",树皮成块状脱离木质部,或沿裂缝向外侧卷折。

(5)根颈和根系　在一年中根颈停止生长最迟,进入休眠最晚,而开始活动和解除休眠又最早,因此在温度骤然下降的情况下,根颈未经过很好的抗寒锻炼,且近地表处温度变化剧烈,容易引起根颈的冻害。根颈受冻后,树皮先变色后干枯,对植株危害大。

根系无休眠期,所以根系较地下部分耐寒力差。须根活力在越冬期间明显降低,耐寒力较生长季稍强。根系受冻后,皮层与木质部分离。一般粗根系较细根系耐寒力强,近地面的粗根由于地温低而易受冻,新栽的树或幼树因根系小而旺,易受冻害,而大树则相对抗寒。

3)影响冻害的因素

(1)内部因素

①抗冻性与树种、品种有关。不同的树种或不同的品种,其抗冻能力不同,如原产长江流域的梅品种比广东的黄梅抗冻。

②抗冻性与枝条内部的糖类含量有关。研究梅花枝条内糖类的变化动态与抗寒越冬能力的关系表明,在生长季节,植株体内的糖多以淀粉形式存在。生长季末淀粉积累达到高峰,到11月上旬末,淀粉开始分解成为较简单的寡糖类化合物。杏及山桃枝条中的淀粉在1月末已经分解完毕,而这时梅花枝条仍然残留淀粉。就抗寒性的表现而言,梅不及杏、山桃。可见树体内寡糖类含量越高抗寒力越强。

③与枝条的成熟度有关。枝条越成熟抗寒性越强,木质化程度高,含水量少,细胞液浓度增加,积累淀粉多,则抗寒力强。

④与枝条的休眠有关。冻害的轻重和树木的休眠及抗寒锻炼有关,一般处于休眠状态的植株抗寒力强,植株休眠越深,抗寒力越强。

(2)外部因素

①地势、坡向。地势与坡向不同,小气候不同,如山南侧的植株比山北侧的植株易受害,因山南侧的温差较大。土层厚的树木较土层浅的树木抗冻害,因为土层深厚,根系发达,吸收的养分和水分多,植株健壮。

②水体。水体对冻害也有一定的影响,靠水体近的树木不易受冻害,因为水的比热大,白天吸收的热量会在晚上释放出来,使周围空气温度下降慢。

③栽培管理水平。栽培管理水平与冻害的关系密切,同一品种的实生苗比嫁接苗耐寒,因为实生苗根系发达,根深而抗寒力强;不同砧木品种的耐寒性差异也大;同一品种结果多者比少者易受冻害,因为结果消耗大量的养分;施肥不足的抗寒力差,因为施肥不足,植株不充实,物质积累少,抗寒力降低;树木遭受病虫为害时,也容易发生冻害。

4)冻害的预防

(1)宏观预防

①贯彻适地适树的原则。因地制宜地种植抗寒力强的树种、品种和砧木,选小气候条件较好的地方种植抗寒力低的边缘树种,可以大大减少越冬防寒措施,同时注意栽植防护林和设置风障,改善小气候条件,预防和减轻冻害。

②加强栽培管理,提高抗寒性。加强栽培管理(尤其重视后期管理)有助于树体内营养物质的储存。春季加强肥水供应,合理运用排灌和施肥技术,可以促进新梢生长和叶片增大,提高光合效率,增加营养物质积累,保证树体健壮。秋季控制灌水,及时排涝,适量施用磷钾肥,勤锄深耕,可促使枝条及早结束生长,有利于组织充实,延长营养物质的积累时间,从而能更好地进行抗寒锻炼。

此外,夏季适时摘心,促进枝条成熟;冬季修剪减少蒸腾面积,人工落叶等均对预防冻害有良好效果。同时在整个生长期必须加强对病虫的防治。

③加强树体保护。对树体的保护措施很多,一般的树木采用浇"冻水"和灌"春水"防治。为了保护容易受冻的植物,可采用全株培土防冻,如月季、葡萄等。还可采用根颈培土(高30 cm)、涂白、主干包草、搭风障、北面培月牙形土堰等方法。主要的防治措施应在冬季低温到来之前完成,以免低温来得早,造成冻害。

(2)微观预防

①熏烟法:凌晨2时左右在上风方点燃草堆或化学药剂,利用烟雾防霜,一般能使近地面层空气温度提高1~2 ℃。这种方法简便经济,效果较好;但要具备一定的天气条件,且成本较高,污染大气,不适于普遍推广,只适用于短时霜冻的防止和在名贵林木及其苗圃上使用。

②灌水法：土壤灌水后可使田块温度提高2～3 ℃，并能维持2～3夜。小面积的园林植物还可以采用喷水法，在霜冻来临前，利用喷灌设备对植物不断喷水来防霜冻，效果较好。

③覆盖法：用稻草、草木灰、薄膜覆盖田块或植物，既可防止冷空气的袭击，又能减少地面热量向外散失，一般能提高气温1～2 ℃。有些矮秆苗木植物，还可用土埋的办法，使其不致遭到冻害。这种方法只能预防小面积的霜冻，其优点是防冻时间长。

5）冻害的补救措施

受冻后树木的养护极为重要，因为受冻树木的输导组织受树脂状物质的淤塞，树木根的吸收、输导及叶的蒸腾、光合作用以及植株的生长等均受到破坏。为此，应尽快恢复输导系统，治愈伤口，缓和缺水现象，促进休眠芽萌发和叶片迅速增大，促使受冻树木快速恢复生长。

受冻后的树一般均表现生长不良，因此首先要加强管理，保证前期的水肥供应，亦可以早期追肥和根外追肥，补给养分以尽量使树体恢复生长。

在树体管理上，对受冻害树体要晚剪和轻剪，给予枝条一定的恢复时期，对明显受冻枯死部分可及时剪除，以利于伤口愈合。对于一时看不准受冻部分的，待发芽后再剪，对受冻造成的伤口要及时喷涂白剂预防日灼，同时做好防治病虫害和保叶工作。

5.5.2　霜害

气温或地表温度下降到0 ℃时，空气中过饱和的水汽凝结成白色的冰晶——霜。由于霜的出现而使植物受害，称为霜害。草本植物遭受霜害后，受害叶片呈水浸状，解冻后软化萎蔫，不久即脱落；木本植物幼芽受冻后变为黑色，花瓣变色脱落。

5.5.3　寒害

受到寒害后，植物体内的各种生理机能发生障碍，原生质黏度增大，呼吸作用减弱，失水或缺水死亡。不同的物种具有不同的抗寒性。

5.6　园林植物的整形修剪

整形修剪是园林植物养护管理中的一项十分重要的技术措施。在园林上，整形修剪广泛地用于树木、花草的培植以及盆景的艺术造型和养护，这对提高绿化效果和观赏价值起着十分重要的作用。整形是树体进行人工手段，形成一定形式的形状与姿态。修剪是将植物某一器官疏删或短截达到园林植物的栽培目的，修剪技术除剪枝外，还包括摘心、扭梢、整枝、压蔓、撑拉、支架、除芽、疏花疏果、摘叶、束叶、环状剥皮、刻伤、倒贴皮等。

5.6.1 园林植物整形修剪的目的和作用

对园林植物进行正确的整形修剪工作,是一项很重要的养护管理技术。它可以调节植物的生长与发育,创造和保持合理的植株形态,构成有一定特色的园林景观。

1) 园林植物整形修剪的目的

①通过整形修剪促进和抑制园林植物的生长发育,控制其植物体的大小,塑造成一定的形态,以发挥其观赏价值和经济效益。

②调整成片栽培的园林植物个体和群体的关系,形成良好的结构。

③可以调节园林植物个体各部分均衡关系。主要可概括为以下3方面:

a.调节地上部与地下部的关系。园林植物地上部分的枝叶和地下部分的根系是互相制约、互相依赖的关系,两者保持着相对的动态关系,修剪可以有目的地调整两者关系,建立新的平衡。

在城市街道绿化中,由于地上、地下的电缆和管道关系,通常均需应用修剪、整形措施来解决其与植物之间的矛盾。

b.调节营养器官与生殖器官的平衡。在观花观果的园林植物中,生长与开花、结果的矛盾始终存在,特别是木本植物,处理不当不仅影响当年,而且影响来年乃至影响今后几年。通过合理的整形修剪,保证有足够数量的优质营养器官,是植物生长发育的基础;使植物产生一定数量花果,并与营养器官相适应;使一部分枝梢生长,一部分枝梢开花结果,每年交替,使两者均衡生长。

整形修剪可以调节养分和水分的运输,平衡树势,可以改变营养生长与生殖生长之间的关系,促进开花结果。在花卉栽培上常采用多次摘心办法,促使万寿菊多抽生侧枝,增加开花数量。

c.调节树势、促进老树复壮更新。对生长旺盛、花芽较少的树木,修剪虽然可以促进局部生长,但由于剪去了一部分枝叶,减少了同化作用,一般会抑制整株树木,使全树总生长量减少。但对于花芽多的成年树,由于修剪时剪去了部分花芽,有更新复壮的效果,反而比不修剪可以增加总生长量,促使全树生长。

对衰老树木进行强修剪,剪去或短截全部侧枝,可刺激隐芽长出新枝,选留其中一些有培养前途的代替原有骨干枝,进而形成新的树冠。通过修剪使老树更新复壮,一般比栽植的新苗生长速度快,因为具有发达的根系,为更新后的树体提供充足的水分和养分。

2) 园林植物修剪的作用

①对园林植物局部有促进作用。枝条被剪去一部分后,可使被剪枝条的生长势增强。这是由于修剪后减少了枝芽的数量,使养分集中供应留下的枝芽生长。同时修剪改善了树冠的光照与通风条件,提高了光合作用效能,使局部枝芽的营养水平有所提高,从而加强了局部的生长势。短截一般剪口下第一个芽最旺,第二、第三个芽长势递减,疏剪只对剪口下的枝条有增强长势的作用。

②对整株有抑制作用。由于修剪减少了部分枝条,树冠相对缩小,叶量、叶面积相对减少,

光合作用产生的碳水化合物总量减少,所以修剪使树体总的营养水平下降,总生长量减少,这种抑制作用在修剪的第一年最为明显。

③对开花结果的影响。修剪后,叶的总面积和光合产物减少,也减少了生长总面积和光合产物,但由于减少了生长点和树内营养面积的消耗,相对提高了保留下来枝芽中的营养水平,使被剪枝条生长势加强,新叶面积、叶绿素含量增加,叶片质量提高。

④对树体内营养物质含量的影响。修剪后对所留枝条及抽生的新梢中的含氮量和含水量增加,碳水化合物减少。但从整株植物的枝条来看,因根受到抑制,吸收能力削弱,氮、磷、钾等营养元素的含量减少。修剪越重,削弱作用越大。所以冬季修剪一般都在落叶后,这时养分回流根系和树干贮藏,可减少损失。夏季对新梢进行摘心,可促使新梢内碳水化合物和含氮量的增加,促使新梢生长充实。修剪后对树体内的激素分布、活性也有改变。激素产生在植物顶端幼嫩组织中,短剪剪去了枝条顶端,排除了激素对侧芽的抑制作用,提高了枝条下部芽的萌芽力和成枝力。

生长季节
的整形修剪

5.6.2　园林树木整形修剪的方法

1) 整形修剪的原则

(1)不同年龄时期修剪程度不同

①幼树的修剪。幼树生长旺盛,不易进行强度修剪,否则往往使得枝条不能及时在秋季成熟,因而降低抗寒力,也会造成延迟开花。在随意修剪时应以轻剪、短截为主,促进其营养生长,并严格控制直立枝,对斜生枝的背上芽在冬季修剪时抹除,以防止抽生直立枝。

②成年树的修剪。成年期树木正处于旺盛的开花结实阶段,这个时期的修剪整形目的在于保持植株的健壮完美,使得开花结实活动能长期保持繁茂,所以关键在于配合其他管理措施综合运用各种修剪方法,逐年选留一些萌蘖作为更新枝,并疏掉部分老枝,防止衰老,以达到调节均衡的目的。

③老年树的修剪。衰老期的树木,生长势衰弱,每年的生长量小于死亡量,在修剪时应以强剪为主,使营养集中于少数的腋芽上,刺激芽的萌发,抽生强壮的更新枝,利用新生的枝条代替原来老的枝条,以恢复其生长势。

此外,不同树种的生长习性也具有很大差异,不许采用不同的修剪方法。如圆柏树、银杏、水杉等呈尖塔形的乔木应保留中央主枝的方式,修剪成圆柱形、圆锥形等。桂花、栀子花等顶端优势不太强,但发枝能力强的植物,可修剪成圆球形、半球形等形状。对梅、桃、樱、李等吸光植物,可采用自然开心的修剪方式。

(2)不同的绿化要求修剪方式不同　不同的绿化目的各有其特殊的整剪要求,如同样的日本珊瑚树,做绿篱时的修剪和做孤植树的修剪,就有完全不同的修剪要求。

(3)根据树木生长地的环境条件特点修剪　生长在土壤瘠薄、地下水位较高处的树木,通常主干应留得低,树冠也相应地小。生长在土地肥沃处的以修剪成自然式为佳。

在生产实践中,整形方式和修剪方法是多种多样的,以树冠外形来说,常见的有圆头形、圆锥形、卵圆形、倒卵圆形、怀状形、自然开心形等。而在花卉栽培上常见有单干式、双干式、丛生式、悬崖式等,盆景的造型更是千姿百态。

2) 整形修剪的时间

总的来说,园林植物的修剪分为休眠期修剪(又称冬季修剪)和生长期修剪(又称夏季修剪)。休眠季修剪视各地气候而异,大多自树木休眠后至次年春季树叶开始流动前施行。主要目的是培养骨架和枝组,疏除多余的枝条和芽,以便集中营养于少数枝与芽上,使新枝生长充实。疏除老弱枝、伤残枝、病虫枝、交叉枝及一些扰乱树形的枝条,以使树体健壮,外形饱满、匀称、整洁。

生长期修剪是自萌芽后至新梢或副梢延长生长停止前这一段时期内施行,具体日期视当地气候而异,但勿过晚,否则易促使发生新副梢而消耗养分且不利于当年新梢充分成熟。修剪的目的是抑制枝条营养生长,促使花芽分化。根据具体情况可进行摘心、摘叶、摘果、除芽等技术措施。

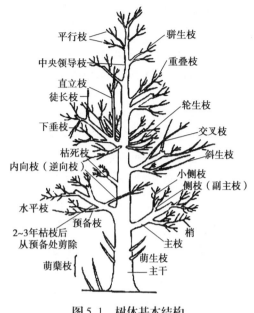

图 5.1　树体基本结构

掌握好整形修剪时间,正确使用修剪方法,可以提高观赏效果,减少损失。例如:以花篱形式栽植的玫瑰,其花芽已在上年形成,花都着生在枝梢顶端,因此不宜在早春修剪,应在花后修剪;榆树绿篱可在生长期几次修剪,而葡萄在春季修剪则伤流严重。另外,对于树形的培养,在苗圃地内就应着手进行(图 5.1)。

3) 园林树木的整形方式

(1)自然式整形　按照树木本身的生长发育习性,对树冠的形状略加休整和促进而形成的自然树形。在修剪中只疏除、回缩或短截破坏树形、有损树体和行人安全的过密枝、徒长枝、病虫枯死枝等。

(2)人工式整形　这是一种装饰性修剪方式,按照人们的艺术要求完成各种几何或动物体形,一般用于树叶繁茂、枝条柔软、萌芽力强、耐修剪的树种。有时除采用修剪技术外,还要借助棕绳、铅丝等,先做成轮廓样式,再整修成形。

(3)混合式整形　以树木原有的自然形态为基础,略加人工改造而成,多用于观花、观果、果树生产及藤木类的整形方式。主要有:中央领导干形、杯状形、自然开心形、多领导干形、篱架形等。

其他还有用于灌木的丛生形,用于小乔木的头状形,以及自然铺地的匍匐式等。

4) 园林树木的修剪方法

(1)疏枝　又称疏剪或疏删,即从枝条基部剪去,也包括二年生及多年生枝。一般用于疏除病虫枯枝、过密枝、徒长枝等,可使树冠枝条分布均匀,加大空间,改善通风透光条件,有利于树冠内部枝条的生长发育,有利于花芽的形成。特别是疏除强枝、大枝和多年生枝,常会削弱伤口以上枝条的生长势,而伤口以下的枝条有增强生长势的作用。

整形修剪的方法

树木枝芽的类型及特点

（2）短截　又称短剪，即把一年生枝条剪去一部分。根据剪去部分多少，分为轻剪、中剪、重剪、极重剪。

①轻剪：剪去枝条的顶梢，也可剪去顶大芽，一般剪去枝条的 1/3 以内，以刺激下部多数半饱芽萌芽的能力，促进产生更多的中短枝，也易形成更多的花芽。此法多用于花、果树强壮枝的修剪。

②中剪：剪到枝条中部或中上部（1/2 或 1/3）饱满芽的上方。因为剪去一段枝条，相对增加了养分，也使顶端优势转到这些芽上，以刺激发枝。

③重剪：剪至枝条下部 2/3 ～ 3/4 的半饱满芽处，刺激作用大，由于剪口下的芽多为弱芽，此处生长出 1～2 个旺盛的营养枝外，下部可形成短枝。适用于弱树、老树、老弱枝的更新。

④极重剪：在枝条基部轮痕处，或留 2～3 个芽，基本将枝条全部剪除。由于剪口处的芽质量差，只能长出 1～2 个中短枝。

重剪程度越大，对剪口芽的刺激越大，由它萌发出来的枝条也越壮。轻剪对剪口芽的刺激越小，由它萌发出来的枝条也就越弱。所以对强枝要轻剪，对弱枝要重剪，调整一二年生枝条的长势。

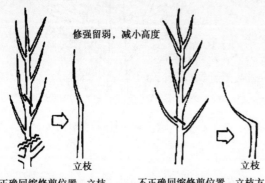

图 5.2　回缩

（3）回缩　又称缩剪，是指在多年生枝上只留一个侧枝，而将上面截除。修剪量大，刺激较重，有更新复壮作用。多用于枝组或骨干枝更新，以及控制树冠、辅养枝等，对大枝也可以分 2 年进行。如缩剪时剪口留强枝、直立枝、伤口较小、缩剪适度，可促进生长，反之则抑制生长（图 5.2）。

（4）摘心与剪梢　在生长期摘去枝条顶端的生长点称摘心，而剪梢是指剪截已木质化的新梢。摘心、剪梢可促生二次枝，加速扩大树冠，也有调节生长势，促进花芽分化的作用（图 5.3）。

（5）扭梢、折梢、曲枝、拧枝、拉枝、别枝、圈枝、屈枝、压垂、拿枝等　这些方法都是改变枝向和损伤枝条的木质部、皮层，从而缓和生长势，有利于形成花芽、提高坐果率；在幼树整形中，可以作为辅助手段（图 5.4）。

（6）刻伤与环剥　刻伤分为纵向和横向。一般用刀纵向或横向切割枝条皮层，深达木质部，都是局部调节生长势的方法。可广泛应用于园林树木的整形修剪中（图 5.4）。

图 5.3　摘心　　　　　　　图 5.4　扭梢、折梢、屈枝

环剥是剥去树枝或树干上的一圈或部分皮层，目的是调节生长势。

（7）留桩修剪　是在进行疏删回缩时，在正常位置以上留一段残桩的修剪方法，其保留长度以其能继续生存但又不会加粗为度，待母枝长粗后再截去，这种方法可减少伤口对伤口下枝条生长的削弱影响。

（8）平茬　又称截干，从地面附近截去地上枝干，利用原有发达的根系刺激根颈附近萌芽更新的方法。多用于培养优良的主干和灌木的修剪中。

（9）剪口保护　疏剪、回缩大枝时，伤口面积大，表面粗糙，常因雨淋、病菌侵入而腐烂。因此，伤口要用利刃削平整，用2%硫酸铜溶液消毒，最后涂保护剂，起防腐和促进伤口愈合的作用。常用保护剂除接蜡外，还有豆油铜素剂调和漆及黏土浆等。

5.6.3　各类园林植物的整形修剪

1）落叶乔木的整形修剪

具有中央领导干、主轴明显的树种，应尽量保持主轴的顶芽，若顶芽或主轴受损，则应选择中央领导枝上生长角度化较直立的侧芽代替，培养成新的主轴。主轴不明显的树种，应选择上部中心比较直立的枝条当做领导枝，以尽早形成高大的树身和丰满的树冠。凡不利于以上目的，如竞争枝、并生枝、病虫枝等要控制打击。

中等大小的乔木树种，主干高度约1.8 m，顶梢继续长到2.2～2.3 m时，去梢促其分枝，较小的乔木树种主干高度为1.0～1.2 m，较大的乔木树种，通常采用中央领导干树形，主干高1.8～2.4 m，中央干不去梢，其他枝条可通过短截，形成平衡的主枝。观花、观果类也可采用杯状形、自然开心形等。

庭荫树等孤植树木的树冠尽可能大些，以树冠为树高的2/3以上为好，以不小于1/2为宜。对自然式树冠，每年或隔年将病虫枯枝及扰乱树形的枝条剪除，对老枝进行短截，使其增强生长势，对基部萌发的萌蘖以及主干上不定芽萌发的冗枝均须一一剪去。

行道树由于特殊要求亦有采用人工整形的，如受空中电线等设施的障碍，常修剪成杯状，主干高度以不影响车辆和行人通过为准，多为2.5～4 m。

2）常绿乔木的整形修剪

（1）杯状形的修剪　杯状形行道树具有典型的三叉六股十二枝的冠形，主干高在2.5～4 m。整形工作是在定植后5～6年完成，悬铃木常用此树形。

骨架完成后，树冠扩大很快，疏去密生枝、直立枝，促发侧生枝，内膛枝可适当保留，增加遮阴效果。上方有架空线路，勿使枝与线路触及，按规定保持一定距离。一般电话线为0.5 m，高压线为1 m以上。近建筑物一侧的行道树，为防止枝条扫瓦、堵门、堵窗，影响室内采光和安全，应随时对过长枝条进行短截修剪。

生长期内要经常进行抹芽，抹芽时不要扯伤树皮，不留残枝。冬季修剪时把交叉枝、并生枝、下垂枝、枯枝、伤残枝及背上直立枝等截除。

（2）自然开心形的修剪　由杯状形改进而来，无中心主干，中心不空，但分枝较低。定植时，将主干留3 m或者截干，春季发芽后，选留3～5个位于不同方向、分布均匀的侧枝行短剪，促枝条长成主枝，其余全部抹去。生长季注意将主枝上的芽抹去，只留3～5个方向合适、分布均匀的侧枝。来年萌发后选留侧枝,全部共留 6 ~ 10 个,使其向四方斜生,并行短截,促发次级侧枝,使冠形丰满、匀称。

(3)自然式冠形的修剪 在不妨碍交通和其他公用设施的情况下,树木有任意生长的条件时,行道树多采用自然式冠形,如尖塔形、卵圆形、扁圆形等。

有中央领导枝行道树,如杨树、水杉、侧柏、金钱松、雪松等,分枝点的高度按树种特性及树木规格而定,栽培中要保护顶芽向上生长。郊区多用高大树木,分枝点在 4 ~ 6 m 以上。主干顶端如损伤,应选择一直立向上生长的枝条或壮芽处短截,并把其下部的侧芽打去,抽出直立枝条代替,避免形成多头现象。

灌木的整形
修剪

3)灌木类的整形修剪

灌木的养护修剪:

①应使丛生大枝均衡生长,使植株保持内高外低、自然丰满的圆球形。

②定植年代较长的灌木,如灌丛中老枝过多时,应有计划地分批疏除老枝,培养新枝。但对一些为特殊需要培养成高干的大型灌木,或茎干生花的灌木(如紫荆等)均不在此列。

③经常短截突出灌丛外的徒长枝,使灌丛保持整齐均衡,但对一些具拱形枝的树种(如连翘等),所萌生的长枝则例外。

④植株上不作留种用的残花废果,应尽量及早剪去,以免消耗养分。

按照树种的生长发育习性,可分为下述几类:

(1)先开花后发叶的种类 可在春季开花后修剪老枝并保持理想树形。用重剪进行枝条更新,用轻剪维持树形。对于连翘、迎春等具有拱形枝的树种,可将老枝重剪,促使萌发强壮的新枝,充分发挥其树姿特点。

(2)花开在当年新梢的种类 在当年新梢上开花的灌木应在休眠期修剪。一般可重剪使新梢强健,促进开花。对于一年多次开花的灌木,除休眠期重剪老枝外,应在花后短截新梢,改善下次开花的数量和质量。

(3)观赏枝叶的种类 这类灌木最鲜艳的部位主要在嫩叶和新叶上,每年冬季或早春宜重剪,促使萌发更健壮的枝叶,应注意删剪失去观赏价值的老枝。

(4)常绿阔叶类 这类灌木生长比较慢,枝叶匀称而紧密,新梢生长均源于顶芽,形成圆顶式的树形。因此,修剪量要小。轻剪在早春生长以前,较重修剪在花开以后。

速生的常绿阔叶灌木,可像落叶灌木一样重剪。观形类以短截为主,促进侧芽萌发,形成丰满的树形,适当疏枝,以保持内膛枝充实。观果的浆果类灌木,修剪可推迟到早春萌芽前进行,尽量发挥其观果的观赏价值。

(5)灌木的更新 灌木更新可分为逐年疏干和一次平茬。逐年疏干即每年从地径以上去掉 1 ~ 2 根老干,促生新干,直至新干已满足树形要求时,将老干全部疏除。一次平茬多应用于萌发力强的树种,一次删除灌木丛所有主枝和主干,促使下部休眠芽萌发后,选留 3 ~ 5 个主干。

4)藤木类的整形修剪

在一般园林绿地中常采用以下修剪方法:

(1)棚架式 卷须类和缠绕类藤本植物常用这种修剪方式。在整形时,先在近地面处重剪,促使发生数枝强壮主蔓,引至棚架上,使侧蔓在架上均匀分布,形成荫棚。

像葡萄等果树需每年短截,选留一定数量的结果母株和预备枝;紫藤等不必年年修剪,隔数年剪除一次老弱病枯枝即可。

（2）凉廊式 常用于卷须类和缠绕类藤本植物，偶尔也用吸附类植物。因凉廊侧面有隔架，勿将主蔓过早引至廊顶，以免空虚。

（3）篱垣式 多用卷须类和缠绕类藤本植物。将侧蔓水平诱引后，对侧枝每年进行短截。葡萄常采用这种整形方式。侧蔓可以为一层，亦可为多层，即将第一层侧蔓水平诱引后，主蔓继续向上，形成第二层水平侧蔓，以至第三层，达到篱垣设计高度为止。

（4）附壁式 多用于墙体等垂直绿化，为避免下部空虚，修剪时应运用轻重结合，予以调整。

（5）直立式 对于一些茎蔓粗壮的藤本，如紫藤等亦可整形成直立式，用于路边或草地中。多用短截，轻重结合。

5）绿篱（特殊造型）的整形修剪

（1）整形 根据篱体形状和修剪程度，可分为自然式和整形式等，自然式绿篱整形修剪程度不高。

①条带状。这是最常用的方式，一般为直线形，根据园林设计要求，亦可采取曲线或几何图形。根据绿篱断面形状，可以是梯形、方形、圆顶形、柱形、球形等。此形式绿篱的整形修剪较简便，应注意防止下部光秃。

绿篱定植后，按规定高度及形状及时修剪，为促使其枝叶的生长，最好将主尖截去 1/3 以上，剪口在规定高度 5~10 cm 以下，这样可以保证粗大的剪口不暴露，最后用大平剪绿篱修剪机修剪表面枝叶，注意绿篱表面（顶部及两侧）必须剪平，修剪时高度一致，整齐划一，篱面与四壁要求平整，棱角分明，适时修剪，缺株应及时补栽，以保证供观赏时已抽出新枝叶，生长丰满。

②拱门式。即将木本植物制作成拱门，一般常用藤本植物，也可用枝条柔软的小乔木，拱门形成后，要经常修剪，保持既有的良好形状，并不影响行人通过。

③伞形树冠式。多栽于庭园四周栅栏式围墙内，先保留一段稍高于栅栏的主干，主枝从主干顶端横生，从而构成伞形树冠，在养护中应经常修剪主干顶端抽生的新枝和主干滋生的旁枝和根蘖。

④雕塑形。选择枝条柔软、侧枝茂密、叶片细小又极耐修剪的树种，通过扭曲和蟠扎，按照一定的物体造型，由主枝和侧枝构成骨架，对细小侧枝通过绳索牵引等方法，使他们紧密抱合，或进行细微的修剪，剪成各种雕塑形状。制作时可用几株同树种不同高度的植株共同构成雕塑造型。在养护时要随时剪除破坏造型的新梢。

⑤图案式。在栽植前，先设立支架或立柱，栽植后保留一根主干，在主干上培养出若干等距离生长均匀的侧枝，通过修剪或辅助措施，制造成各种图案；也可以不设立支架，利用墙面进行制作。

（2）绿篱的修剪时期 绿篱的修剪时期要根据树种来确定。绿篱栽植后，第一年可任其自然生长，使地上部和地下部充分生长。从第二年开始按确定的绿篱高度截顶，对条带状绿篱不论充分木质化的老枝还是幼嫩的新梢，凡超过标准高度的一律整齐剪掉。

常绿针叶树在春末夏初完成第一次修剪；盛夏前多数树种已停止生长，树形可保持较长一段时间；立秋以后，如果水肥充足，会抽生秋梢并旺盛生长，可进行第二次修剪，使秋冬季都保持良好的树形。

大多数阔叶树种生长期新梢都在生长，仅盛夏生长比较缓慢，春、夏、秋 3 季都可以修剪。

花灌木栽植的绿篱最好在花谢后进行,既可防止大量结实和新梢徒长,又可促进花芽分化,为来年或下期开花创造条件。

为了在一年中始终保持规则式绿篱的理想树形,应随时根据生长情况剪去突出于树形以外的新梢,以免扰乱树形,并使内膛小枝充实繁密生长,保持绿篱的体形丰满。

(3)带状绿篱的更新复壮　大部分阔叶树种的萌发和再生能力都很强,当年老变形后,可采用平茬的方法更新,因有强大的根系,一年内就可长成绿篱的雏形,两年后就能恢复原貌;也可以通过老干逐年疏伐更新。大部分常绿针叶树种再生能力较弱,不能采用平茬更新的方法,可以通过间伐,加大株行距,改造成非完全规整式绿篱,否则只能重栽,重新培养。

6) 草本植物的整形修剪

(1)整形　为了满足栽植要求,平衡营养生长与开花结果的矛盾或调整植株结构,需要控制枝条的数量和生长方式,这种对枝条的整理和去舌称整枝。露地栽培植物的整形有以下方式:

①单干式:只留主干或主茎,不留侧枝,一般用于只有主干或主茎的观花和观叶植物,以及用于培养标本菊的菊花、大丽花等。对标本菊则还须摘除所有侧花蕾,使养分集中于顶蕾,充分展现品种的特性。

②多干式:留数支主枝,如盆菊一般留 3~9 个主枝,其他侧枝全部剥去。

③丛式:生长期间进行多次摘心,促使发生多数枝条,全株成低矮的丛生状,开出数朵或数十朵花。

④悬崖式:常用于小菊的悬崖式的整形。

⑤攀援式:多用于蔓性植物,使植物在一定形状的支架上生长。

⑥匍匐式:利用植物枝条的自然匍匐地面的特性,使其覆盖地面。

(2)修剪

①整枝:剪除扰乱株形的多余枝和开花结果后的残枝以及病虫枯枝。对蔓性植物则称为整蔓,如观赏瓜类植物仅留主蔓及副蔓各 1 支,摘除其余所有侧蔓。

②摘心:摘除枝梢顶端,促使分生枝条,早期摘心可使株形低矮紧凑。有时摘心是为了促使枝条生长充实,而并不增加枝条数量。有的瓜类植物在子蔓或孙蔓上开花结果,所以必须早期进行一次或多次摘心,促使早生子蔓、孙蔓,开花结果。

③除芽:剥去过多的腋芽,以减少侧枝的发生,使所留枝条生长充实。

④曲枝:是抑强扶弱的措施。

⑤去蕾:通常指保留主花蕾,摘除侧花蕾,使顶花蕾开花硕大鲜艳。在球根花卉的栽培中,为了获得优良的种球,常摘去花蕾,以减少养分的消耗,对花序硕大的观花观果植物,常常需要疏除一部分花蕾、幼果,使所留花蕾、幼果充分发育,称之为疏花疏果。

⑥压蔓:多用于蔓性植物,使植株向固定方向生长和防止风害,有些植物可促使发生不定根,增强吸收水分养分的能力。

复习思考题

1.是非题(对的画"√",错的画"×",答案写在每题括号内)

（1）短截修剪时间的早晚、修剪量的大小都对树木生长有不同的影响。（　　）

（2）新梢摘心要摘得早、摘得少，摘心的效果就好。（　　）

（3）环状剥皮的效果决定于环剥口的宽度，剥得越宽效果越好。（　　）

（4）折梢是在树木生长期进行的，盘枝是在树木休眠期进行的。（　　）

（5）良好的修剪状态是指剪口芽离剪口越近越好。（　　）

（6）园林树木整形修剪的程序是"一看、二抽、三剪、四查"。（　　）

（7）紫薇耐修剪，枝干柔韧，且枝间形成层极易愈合，故容易造型。（　　）

（8）腊梅为确保其通风透光及优美树姿，应采用灌丛形整形方式。（　　）

（9）山茶花的枝叶茂密，所以需要强修剪。（　　）

（10）月季和梅花均是落叶花灌木，在秋季进行强修剪有利于次年开花。（　　）

（11）绿篱修剪的方式可分为规则式、自然式。（　　）

（12）绿篱都是由常绿灌木或常绿小乔木树种组成的。（　　）

（13）花木树种的短截修剪时间，当年生枝条开花的树种，一般在花后进行，而在二年生枝条上开花的树种，一般应在休眠期进行。（　　）

（14）观叶植物宜多施磷、钾肥。（　　）

（15）观花植物宜多施氮肥。（　　）

（16）树木修剪是在整形的基础上根据某种目的而施行的。（　　）

2.选择题（把正确答案的序号写在每题横线上）

（1）短截修剪有轻、中、重之分，一般轻剪是剪去枝条的_____。

　　A.顶芽　　　　　B.1/3 以内　　　　C.1/2 左右　　　　D.2/3 左右

（2）为减少落花落果，提高坐果率，环状剥皮应在_____进行。

　　A.花芽分化期　　B.开花前　　　　　C.盛花期　　　　　D.落花后

（3）树木落叶后及时修剪，对树木能_____。

　　A.增强长势、减少分枝　　　　　　　B.增强长势、增加分枝

　　C.减弱长势、增加分枝　　　　　　　D.减弱长势、减少分枝

（4）树木发芽后修剪，一般会_____。

　　A.增强长势、减少分枝　　　　　　　B.增强长势、增加分枝

　　C.减弱长势、增加分枝　　　　　　　D.减弱长势、减少分枝

（5）修剪主、侧枝延长枝，剪口芽应选在_____。

　　A.任意方向　　　B.枝条内侧　　　　C.枝条外侧　　　　D.枝条左、右侧

（6）修剪主梢延长枝，应与上年延长枝的主向_____。

　　A.一致　　　　　B.相反　　　　　　C.扭转90°　　　　　D.任意选择

（7）非移植季节移植树木，应对树冠进行强度修剪，但其修剪量应控制在保留原树冠的_____以上。

　　A.1/4　　　　　　B.1/3　　　　　　C.1/2　　　　　　　D.2/3

（8）八仙花的修剪一年需短截二次，第一次在花后将枝剪去，促发新枝，第二次在新枝长_____cm 时再次短截，以利次年长出花枝。

　　A.4～6　　　　　B.8～10　　　　　C.12～15　　　　　D.20

（9）绿篱依高度分为绿墙、高绿篱、中绿篱、矮绿篱4类，其中中绿篱的高度在_____cm。

A. 50～80　　　　B. 50～120　　　　C. 80～120　　　　D. 120～160

(10)绿地中树木施肥应先开环沟,环沟的外径应为树木冠幅的_____。

　　　A. 1/2　　　　　B. 1/3　　　　　C. 相彷　　　　　D. 一倍

(11)园林植物的一般施肥原则是_____。

　　　A. 薄肥少施　　　B. 浓肥少施　　　C. 薄肥勤施　　　D. 浓肥勤施

3. 简答题

(1)摘心有什么作用? 摘心时应注意什么?

(2)怎样选留剪口芽?

(3)一根枝条上着生于不同部位的芽,饱满度是否一致? 为什么? 掌握这一规律有何意义?

(4)简述花灌木修剪的一般原则。

(5)怎样做好树木的养护管理工作?

(6)什么叫整形? 什么叫修剪? 整形修剪有什么作用?

单元实训

实训1　园林树木整形修剪(一)

1)目的要求

了解树体的结构,掌握短截、疏枝、缩剪的方法。

2)材料用具

枝剪、手锯、电工刀、绳索等。

3)主要方法

(1)在现场认识树体的结构,熟悉各种枝条的名称。

(2)确定短截的强度。

(3)掌握疏枝、缩剪的方法。

4)作业

(1)绘图说明短截的强度,简述各强度的适用情况。

(2)完成实习报告。

实训2　园林树木整形修剪(二)

1)目的要求

掌握园林树木辅助修剪的方法。

2)材料用具

枝剪、刀片等。

3）**主要方法**

（1）折裂：防止枝条生长过旺，进行艺术造型。

（2）抹芽：改善留存芽的养分供应状况，增强生长势。

（3）摘心：抑制新梢生长，使养分转移到其他器官。

（4）捻梢：抑制新梢生长。

（5）屈枝：调节生长势，或进行艺术造型。

（6）摘蕾：摘除侧蕾，促进主蕾生长。

（7）环剥：抑制营养生长，促使开花结果。

4）**作业**

完成实习报告。

实训3　园林树木整形修剪（三）

1）**目的要求**

了解各种树木的自然树形、绿篱的基本形态，掌握树木整形修剪的基本方法。

2）**材料用具**

枝剪、手锯、绿篱剪、电工刀、人字梯、绳索等。

3）**主要方法**

（1）自然式整形

圆柱形（龙柏、圆柏）、塔形（雪松、云杉）、圆锥形（落叶松、毛白杨）、卵圆形（圆柏、加杨）、圆球形（元宝枫、黄刺玫）、倒卵形（枫树、刺槐）、丛生形（玫瑰）、伞形（龙爪槐、垂榆）。

（2）人工式整形

绿篱、绿球的整形修剪。

（3）混合式整形

杯形、自然开心形、多领导干形、中央领导干形。

4）**作业**

（1）绘制各种典型的整形树形。

（2）完成实习报告。

6 古树名木的养护管理

[本章导读]

本章主要介绍古树名木的养护管理知识。目的是使学生了解保护古树名木的意义,掌握古树名木的养护管理措施,加深学生对我国园林文化瑰宝的认识。

古树是林木资源中的瑰宝,是珍贵的文化遗产,也是社会文明与历史进步的见证。它具有重要的科研、文化、生态、历史价值。我国的古树分布之广、树种之多、树龄之长、数量之大,均为世界罕见,所以极应保护,加强深入研究,使之永葆青春,为我国园林事业创造更大的价值。

6.1 概 述

古树名木的
养护策略

6.1.1 古树名木的概念

古树:一般情况下,树龄达 100 年的树木即可称为古树。

名木:稀有、珍贵、奇特树木或具有重要历史意义、文化科研价值、纪念意义或其他社会影响的树木。

古树名木是指在人类历史过程中保存下来、年代久远的树木,或在科学研究、文化艺术上具有一定价值、形态奇特或珍稀濒危的树木。古树名木一般包含以下几个含义:

①已列入国家重点保护野生植物名录的珍稀植物。

②天然资源稀少且具有经济价值。

③具有很高的经济价值、历史价值或文化科学艺术价值。

④关键种,在天然生态系统中具有重要作用的种类。

在我国众多的名木古树中,有的以姿态奇特,观赏价值极高而闻名:如黄山的"迎客松"、泰山的"卧龙松"、北京市中山公园的"槐柏合抱"等;有的以历史事件而闻名:例如拉萨大昭寺前的"唐柳",传说是文成公主亲手栽植的,距今已经有 1 000 多年的历史了,可以说是汉藏友谊的"千年见证者"。而南京东南大学梅庵的"六朝松"(桧柏)也见证了南京这个六朝古都的千年风雨。有的以奇闻轶事而闻名,如北京市孔庙的侧柏,传说其枝条曾将权奸魏忠贤的帽子碰掉而大快人心,故后人称之为"除奸柏"。

古树、名木往往一身而二任,当然也有名木不古或古树未名的,都应引起重视,加以保护和研究。

6.1.2　保护和研究古树、名木的意义

①古树名木是历史的见证。我国传说有周柏、秦松、汉槐、隋梅、唐杏(银杏)、唐樟,这些均可以作为历史的见证,当然对这些古树还应进一步考察核实其年代;景山上崇祯皇帝上吊的古槐(目前之槐已非原树)是记载农民起义伟大作用的丰碑;北京颐和园东宫门内有两排古柏,八国联军火烧颐和园时曾被烧烤,靠近建筑物的一面从此没有树皮,它是帝国主义侵华罪行的记录。

②古树名木为文化艺术增添光彩。不少古树名木曾使历代文人、学士为之倾倒,吟咏抒怀。它在文化史上有其独特的作用。例如"扬州八怪"中的李鲤,曾有名画《五大夫松》,是泰山名木的艺术再现。此类为古树而作的诗画,为数极多,都是我国文化艺术宝库中的珍品。

③古树名木是历代陵园、名胜古迹的佳景之一。古树名木苍劲古雅,姿态奇特,使万千中外游客流连忘返,如北京天坛公园的"九龙柏",团城上的"遮阴侯",香山公园的"白松堂",戒台寺的"活动松"等,它们把祖国的山河装点得更加美丽多娇。

又如陕西黄陵"轩辕庙"内有 2 棵古柏:一棵是"黄帝手植柏",柏高近 20 m,下围周长 10 m,是目前我国最大的古柏之一;另一棵是"挂甲柏",枝干斑痕累累,纵横成行,柏液渗出,晶莹夺目,游客无不称奇,相传是汉武帝挂甲所致。这 2 棵古柏虽然年代久远,至今仍枝叶繁茂,郁郁葱葱,毫无老态,此等奇景,堪称世界无双。

④古树名木是研究古自然史的重要资料。古树名木复杂的年轮结构,常能反映过去气候的变化情况,植物学家可以通过古树名木来研究古代自然史和古树存活下来的原因。此外,古树名木中有各种孑遗植物,如银杏、金钱松、鹅掌楸、伯乐树、长柄双花木、杜仲等,这在地史变迁、古气候、古地理、古植物区系等方面有重要研究意义,这在群落结构、植物系统演化中也具有较高的学术价值。

⑤古树对于研究树木生理具有特殊意义。树木的生长周期长,而人的寿命却很短,对它的生长、发育、衰老、死亡的规律我们无法用跟踪的方法加以研究,古树的存在就能把树木生长、发育在时间上展现为空间上的排列,使我们能以处于不同年龄阶段的树木作为研究对象,从中发现该树种从生到死的总规律。

⑥古树对于树种规划,有很大的参考价值。古树多为乡土树种,对当地气候条件和土壤条件有很高的适应性,因此古树是树种规划的最好依据。例如:对于干旱瘠薄的北京市郊区种什么树最合适? 在以前颇有争议:解放初期认为刺槐比较合适,不久证明它虽然耐旱,幼年速生,但它对土壤肥力反应敏感,很快生长出现停滞,最终长不成材;20 世纪 60 年代认为油松最有希望,因为解放初期的油松林当时正处于速成生阶段,山坡上一片葱翠,但到 70 年代也开始平顶分权,生长衰退。这时才发现幼年并不速生的侧柏、桧柏却能稳定生长。北京市的古树中恰以侧柏及桧柏最多,故宫和中山公园都有几百株古侧柏和桧柏,这说明它是经受了历史考验的北

京地区的适生树种。

6.2　古树衰老的原因

任何树木都要经过生长、发育、衰老、死亡等过程,也就是说树木的衰老、死亡是客观规律。但是可以通过人为的措施使衰老以致死亡的阶段延迟到来,使树木最大限度地为人类造福,为此有必要探讨古树衰老原因,以便有效地采取措施。

1)土壤密实度过高

从初步了解古树生长环境的情况看,条件都比较好,它们一般生长在宫、苑、寺、庙或是宅院内、农田旁,一般来说土壤深厚,土质疏松、排水良好,小气候适宜。但是近年来,人口剧增,随着经济的发展,旅游已经成为人们生活中不可缺少的部分,特别是有些古树姿态奇特,或因其具有神奇的传说,招来大量的游客,为此造成土壤环境恶劣变化,致使土壤板结,密实度高,透气性降低,机械阻抗增加,对树木的生长十分不利。

2)树干周围铺装面过大

有些地方为了美观和方便行人行走,用水泥、砖或其他材料铺装,仅留很小的树池,这样就会影响地下部分与地上部分的气体交换,使古树根系处于透气性很差的环境中,不利于古树的生长发育。

3)土壤理化性质恶化

近年来,有不少人在公园古树中搭帐篷开各式各样的展销会、演出会或是其他形式的群众性集会,这不仅使该地土壤密度增高,同时这些人在古树木中乱扔杂物、乱倒污水,有些地方还增设临时厕所而造成土壤的含盐量增加,对古树的生长非常有害。

4)根部的营养不足

有些古树栽在殿基土上,植树时只在树坑中换了好土,树木长大后,根系很难向坚土中生长,由于根活动范围受到限制,营养缺乏,致使树木衰老。

5)人为的损害

由于各种原因,在树下乱堆东西(如水泥、石灰、砂子等),特别是石灰,堆放不久后,树就会受害死亡。更有甚者因为建房、施工、修路、建立交桥等将古树人为砍伐,造成古树的消亡。古树除了遭到恣意砍伐和移植外,很多还正遭遇着焚香烟熏、乱刻乱划、拴绳挂物、乱搭棚架等破坏。

6)病虫害

任何树木都不可避免会有病虫害的发生,但因古树高大防治困难而失管,或因防治失当而造成更大危害,这在古树的生长发育中是很常见的。如洞庭西山有一株古罗汉松,因白蚁危害请房管所防治,结果施用高浓度农药后,古树被药害而死亡。古树中比较常见的虫害有白蚁、蠹蛾、天牛等,其中,受白蚁危害率几乎达到100%。但是由于白蚁防治技术力量不足,大部分古树没有专业队伍为其进行防治。另外,一些新的病虫,如银杏超小卷叶蛾、黄化病等应注意及早防治。

7）自然灾害

雷击电打，雨涝风折，都会大大削弱树势。如苏州文庙的一株明代银杏便因雷击而烧伤半株。台风伴随大雨的危害更为严重，苏州 6214 号台风阵风 12 级以上，过程性降雨 413.9 mm，拙政园百年以上的枫杨被刮倒，许多大树被风折，承德须弥福寿之庙妙高庄严殿前 3 株百年油松，于 1991 年夏被大风吹倒。

诸如以上原因，古树生长的基本条件日渐变坏，不能满足树木对生态环境的要求，树体如再受到破坏摧残，古树就会很快衰老，以致死亡。要保护好古树，就要投入经费和人力做好日常管理、防病灭虫、施肥、复壮等养护管理工作。

6.3 古树名木的养护管理技术

在古树的生长过程中，最重要的工作就是养护管理。养护与管理是一项经常性的工作，即一年四季均要进行，同时又是一项无尽无休的长期性工作。在养护过程中，要根据这些古树的生物学特性，了解其生长发育规律，并结合当地的具体生态条件，制订一套符合实情的科学的养护管理措施，这样能起到事半功倍的效果。

6.3.1 古树名木的调查、登记、存档

古树名木是我国的活文物，是无价之宝，大多数名木古树数量稀少，分布零散或局限于小区域，天然资源有限。各省市应组织专人进行细致的调查，摸清我国的古树资源。

调查内容有：

①分布区的基本情况，包括地理位置、气候条件和小气候环境、土壤类型、生态类型起源。

②群落的特征，包括生态系统类型和群落结构、目的种在群落中的位置、建群种和主要伴生种的组成、目的种的组成结构。

③母树资源情况，包括树种、树龄、树高、树冠、胸径、生长势、开花结实情况。

④资源和利用情况，包括可利用的种子资源、幼树幼苗资源、抽穗资源，或可利用程度。

⑤其他资料：古树名木对观赏及研究的作用、养护措施等。同时还应搜集有关古树的历史资料，如有关古树的诗、画、图片及神话传说等。

总之，只有群策群力，才能建立和健全我国的古树资源档案。

在调查、分级的基础上，要进行分级养护管理，对于生长一般，观赏及研究价值不大的，可视具体条件实施一般的养护管理。对于年代久远，树姿奇特兼有观赏价值和文史等及其他研究价值的，应拨专款、派专人养护，并随时记录备案。

古树的复壮

6.3.2 古树复壮的理论基础

生物体都有其生老病死的生命规律，都有一定的生命期限，在此生命期限中采用各种有效

的措施,使之健康长寿都是符合科学的。古今中外有许多树木长寿的记载,山东莒县浮来山定林寺一株银杏,根据《莒志》记载:春秋鲁隐公八年鲁公与莒子曾会盟于树下;清顺治甲午(公元1654年)莒守陈全国又刻石立碑于树前,碑文中有:"浮来山银杏一株,相传鲁公莒子会盟处,盖至今三千余年。树叶扶苏,繁萌数亩,自干至枝,并无枯朽,可为奇观。"可见该树龄3 000年是可信的。陕西黄帝陵轩辕庙前的"黄帝手植柏""挂甲柏",虽无法确证其是否为黄帝亲手所植,但至少有2 000年树龄。从这些长寿树种的树龄看,树木的寿命是极长的,可以以世纪来计数。目前园林中常见的百年树种,生命潜力正旺。从现象看树木确实是具有长寿的潜力,但从生理上看是否都能长寿呢?

从活性氧防御酶系统的酶活性、非酶类活性氧清除剂含量看,老幼树间的差异并不明显,且能随生长势的增强而增强其活性,说明老树的生理代谢机能依然正常。联系木本植物的生长方式:顶端分生组织、侧生分生组织的分生能力是无限的。即在没有外界伤害的条件下,树木的生长是不会自行停止的。由此启示我们:排除各种干扰,加强养护工作,老树是完全可以复壮的。

6.3.3　古树名木复壮养护管理技术

古树是几百年乃至上千年生长的结果,一旦死亡则无法再现,因此我们应该非常重视古树的复壮与养护管理,避免造成不可挽回的损失与遗憾。

1)地下复壮措施

地下部分复壮目标是促使根系生长,可以做到的措施是土地管理和嫁接新根。一般地下复壮的措施有以下几种:

(1)深耕松土　操作时应注意深耕范围应比树冠大,深度要求在40 cm以上,要重复2次才能达到这一深度。园林假山上不能进行深耕的,要查看根系走向,用松土结合客土覆土保护根系。

(2)埋条法　分放射沟埋条和长沟埋条2种方法:放射沟埋条法是在树冠投影外侧挖放射状沟4~12条,每条沟长120 cm,宽为40~70 cm,深80 cm。沟内先垫放10 cm厚的松土,再把剪好的树枝缚成捆,平铺一层,每捆直径20 cm左右,上撒少量松土,同时施入粉碎的饼肥和尿素,每沟施饼肥1 kg,尿素50 g。为了补充磷肥可加入少量动物骨头和贝壳等物,覆土10 cm后放第二层树枝捆,最后覆土踏平。

如果株行距大,也可以采用长沟埋条。沟宽70~80 cm,深80 cm,长200 cm左右,然后分层埋树条施肥、覆盖踏平。应注意埋条的地方不能低,以免积水。

(3)开挖土壤通气井(孔)　在古树林中,挖深1 m,四壁用砖砌成40 cm×40 cm孔洞,上覆水泥盖,盖上铺浅土植草伪装。各地可根据当地材料就地取材,在天目山和普陀山可利用当地毛竹,取1 m多长的竹筒去节,相隔50 cm埋插一根毛竹。若用有裂缝的旧竹筒,筒壁不需打孔腐烂后可直接做肥料。

(4)地面铺梯形砖和草皮　在地面上铺置上大下小的特制梯形砖,砖与砖之间不勾缝,留有通气道,下面用石灰砂浆衬砌,砂浆用石灰、砂子、锯末配制比例为1∶1∶0.5。同时还可以在埋树条的上面种上花草,并围栏杆禁止游人践踏,或在其上铺带孔或有空花条纹的水泥砖。此法对古树复壮都有良好的作用。

(5)耕锄松土时埋入聚苯乙烯发泡 将废弃的塑料包装撕成乒乓球大小,数量不限,以埋入土中不露出土面为度。聚苯乙烯分子结构稳定,目前没有分解它的微生物,故不会刺激根系。渗入土中后土壤容重减轻,气相比例提高,有利于根系生长。

(6)挖壕沟 一些名山大川上的古树,由于所处地位特殊,不易截留水分,常受旱灾,可以在距树上方 10 m 左右处的缓坡地带挖水平壕,深至风化的岩层,平均为 1.5 m,宽 2~3 m,长 7.5 m,向外沿翻土,筑成截留雨水的土坝,底层填入嫩枝、杂草、树叶等,拌以表土。这种土坝在正常年份可截留雨水,同时待填充物腐烂后,可形成海绵状的土层,更多地蓄积水分,使古树根系长期处于湿润状态,如果遇到这样大旱之年,则可人工浇水到壕沟内,使古树得到水分。

(7)换土 古树几百年甚至上千年生长在一个地方,土壤里肥分有限,常呈现缺肥症状;再加上人为踩实,通气不良,排水也不好,对根系生长极为不利。因此造成古树地上部分日益萎缩的状态。北京市故宫园林科从 1962 年起开始用换土的办法抢救古树,使老树复壮。如 1962 年在皇极门内宁寿门外有一古松,幼芽萎缩,叶子枯黄,好似被火烧焦一般。他们在树冠投影范围内,对大的主根部分进行换土。换土时深挖半米,并随时将暴露出来的根系用浸湿的草袋子盖上,以原来的旧土与沙土、腐叶土、粪肥、锯末、少量化肥混合均匀之后填埋其上。换土半年后,终于死而复生。

(8)施用生物制剂 可对古树施用农抗 120 和稀土制剂灌根,根系生长量明显增加,树势增强。

2)地上部分复壮措施

地上部分的复壮,指对古树树干、枝叶等的保护,并促使其生长,这是整体复壮的重要方面,但不能孤立地不考虑根系的复壮。

(1)抗旱与浇水 古树名木的根系发达,根冠范围较大,根系很深,靠自身发达的根系完全可满足树木生长的要求,无须特殊浇水抗旱。但生长在市区主要干道及烟尘密布、有害气体较多的工厂周围的古树名木,因尘土飞扬,空气中的粉尘密度较大,影响树木的光合作用,在这种情况下,需要定期向树冠喷水,冲洗叶面正反两面的粉尘,利于树木同化作用,制造氧分,复壮树势。浇水时一般要遵循以下原则:

①不同气候和不同埋藏对浇水和排水的要求有所不同。现以北京为例说明这个问题。4—6 月是干旱季节,雨水较少,也是树木发育的旺盛时期,需水量较大,在这个时期一般都需要浇水,浇水次数应根据树种和气候条件决定。此时就应根据条件决定是否浇水,这个时期是由冬春干旱转入少雨时期,树木又是从开始生长逐渐加快达到最旺盛,所以土壤应保持湿润。在江南地区因有梅雨季节,在此期不宜多浇水。7—8 月为北京地区的雨季,本期降水较多,空气湿度大,故不需要多浇水,遇雨水过多时还应排水,但如遇大旱之年,在此期也应浇水。9—10 月是北京的秋季,在秋季应该使树木组织生长更充实,充分木质化,增强抗性准备越冬。因此在一般情况下,不应再浇水。但如过于干旱,也可适量浇水,特别是名贵树种,以避免树木因为过于缺水而萎蔫。11—12 月树木已经停止生长,为了使树木很好越冬,不会因为冬春干旱而受害,所以此期在北京应灌封冻水,特别是在华北地区越冬尚有一定困难的边缘树种,一定要灌封冻水。

②树种不同、年限不同浇水的要求也不同。古树名木数量大,种类多,加上目前园林机械化水平不高,人力不足,全面普遍浇水是不容易做到的。因此应区别对待,例如,观花树种,特别是花灌木的浇水量和浇水次数均比一般的树要多,对于樟子松、锦鸡儿等耐干旱的

树种则浇水量和次数均少。而对于水曲柳、枫杨、亦杨、水松、水杉等喜欢湿润土壤的树种，则应注意浇水。应该了解到耐干旱的树木不一定常干，喜湿者也不一定常湿，应根据四季气候不同，注意经常相应变更。同时我们对于不同树种相反方面的抗性情况也应掌握，如最抗旱的紫穗槐，其耐涝性也很强。而刺槐同样耐旱，但却不耐水湿。总之，应根据树种的习性而浇水。不同栽植年限浇水次数也不同。古树一般在大旱年份才需浇水，一般情况则根据条件而定。

此外，树木是否缺水？需不需要浇水？比较科学的方法是进行土壤含水量的测定，也可根据多年的经验进行目测：例如早晨看树叶上翘或下垂，中午看叶片萎蔫与否及其程度轻重，傍晚看恢复的快慢等。

③根据不同的土壤情况进行浇水。浇水除应根据气候、树种外，还应根据土壤种类、质地、结构以及肥力等情况而浇水。盐碱地，就要"明水大浇""灌耪结合"（即浇水与中耕松土相结合），浇水最好用河水。对沙地生长的树木浇水时，因沙土容易漏水，保水力差，浇水次数应当增加，应小水勤浇，并施有机肥增加保水保肥性。低洼地也要"小水勤浇"，注意不要积水，并应注意排水防碱。黏性较重的土壤保水力强，浇水次数和浇水量应当减少，并施入有机肥和河沙，增加通透性。

④浇水应与施肥、土壤管理等相结合。在全年的栽培和养护工作中，浇水应与其他技术措施密切结合，以便在互相影响下更好地发挥每个措施的积极作用。例如，灌溉与施肥，做到"水肥结合"这是十分重要的，特别是施化肥的前后，应该浇透水，既可避免肥力过大、过猛，影响根系吸收或遭毒害，又可满足树木对水分的正常要求。

此外，浇水应与中耕除草、培土、覆盖等土壤管理措施相结合。因为浇水和保墒是一个问题的两个方面，保墒做得好可以减少土壤水分的消耗，满足树木对水分的要求并减少经常浇水的麻烦。

根据以上原则，名木古树一般在春季和夏季要灌水防旱，秋季和冬季浇水防冻。如遇特殊干旱年份，则需根据树木的长势、立地条件和生活习性等具体情况进行抗旱，要特别注意以下几点：

a.不要紧靠树干开沟浇水，需远离树干，最好至树冠投影外围进行，因吸取水分的根主要是须根，而主根只起支撑树木的作用。

b.浇则浇透，抗旱一定要彻底：可分几次浇，不要一次完成。大多数浇水应令其渗透到80~100 cm深处。适宜的浇水量一般以达到土壤最大持水量的60%~80%为标准。一定要灌饱灌足，切忌表土打湿而底土仍然干燥。

c.抗旱要连续不断，直至旱情解除为止，不要半途而废。

d.坡地要比平地多浇水。因坡地不易保留水分，所以如果古树生长在坡地，要比平地多浇水。

（2）抗台防涝　台风对古树名木危害极大，深圳市中山公园一株110年的凤凰木，因台风吹倒致死。台风前后要组织人力检查，发现树身弯斜或断枝要及时处理，暴雨后及时排涝，以免积水，这是防涝保树的主要措施。特别是对耐水能力差的树种更应抓紧时间及时排水。松柏类、银杏等古树均忌水渍，若积水超过2 d，就会发生危险。忌水的树种有银杏、松柏、腊梅、广玉兰、白玉兰、桂花、枸杞、五针松、绣球、樱花等；忌干的树种有罗汉松、香樟等。

（3）松土施肥　根据树木生物学特性和栽培的要求与条件，其施肥的特点是：第一，古树名木是多年生植物,长期生长在同一地点,从肥料种类来说应以有机肥为主,同时适当施用化学肥料。施肥方式以基肥为主,基肥与追肥兼施。其次,古树名木种类繁多,作用不一,观赏、研究或经济效用互不相同。因此,就反映在施肥种类、用量和方法等方面的差异上。在这方面各地经验颇多,需要系统地分析与总结。另外,名木古树生长地的环境条件也很悬殊,有高山,又有平原肥土,还有水边低湿地及建筑周围等,这样更增加了施肥的困难,应根据栽培环境特点采用不同的施肥方式。同时,对树木施肥时必须注意园容的美观,避免发生恶臭有碍游人的活动,应做到施肥后立即覆土。

古树名木绝大部分生长在游人密集处,丘陵山坡、建筑物或道路旁,地面大多水泥封闭而硬化,立地条件极差,影响古树名木的正常生长发育,加之常年缺乏管理,无人过问,长期处于自生自灭状态,所以有必要对古树名木进行定期松土施肥。首先要拆除水泥封闭的地面,清除混凝土等杂物,换上新土,再铺上草皮和其他地被植物,而游人密集处可用镂空草坪砖铺装地面,增加地面的通透性,有利于根系正常生长。每年冬季要结合施肥松一次土,深度30 cm以上,范围在树冠投影1 m左右。没有条件的在投影一半以上,根系裸露的需覆土保护,地下施肥则以有机肥为主,如饼肥、人粪、动物尸体等,切忌用化肥,如用化肥,浓度掌握不当,反而会伤根。对生长势特别差的古树名木,施肥浓度要稀,切忌过浓,以免发生意外,可先对它们进行叶面施肥,用0.1% ~0.5%尿素和0.1% ~0.3%磷酸二氢钾混合液,于傍晚或雨后进行,以免无效或产生药害。喜肥的树种有香樟、榉树、榆树、广玉兰、白玉兰、鹅掌楸、桂花、银杏等。

在对古树名木的施肥过程中,以下几点事项一定要引起重视:

①掌握树木在不同物候期内需肥的特性。树木在不同物候期需要的营养元素是不同的。树木在整个生长期都需要氮肥,但需要量的多少是有很大不同的。在充足的水分条件下,新梢的生长很大程度取决于氮的供应,其需氮量是从生长初期到生长盛期逐渐提高的。随着新梢生长的结束,植物的需氮量有很大程度的降低,但蛋白质的合成仍在进行。

在新梢缓慢生长期,除需要氮、磷外,也还需要一定数量的钾肥。在此时期内树木的营养器官除进行较弱的生长外,主要是在植物体内进行营养物质的积累。叶片加速老化,为了使这些老叶还能维持较高的生命能力,并使植物及时停止生长和提高抗寒能力,此期间除需要氮、磷外,充分供应钾肥是非常必要的,在保证氮、钾肥供应的情况下,多施磷肥可以促使芽迅速通过各个生长阶段,有利于分化成花芽。

开花、坐果等生殖生长的旺盛时期,植物对各种营养元素的需要都特别迫切,而钾肥的作用更为重要。钾肥能加强植物的生长和促进花芽分化。

树木在春季和夏初需肥多,但在此时期内由于土壤微生物的活动能力较弱,土壤内可供吸收的养分恰处在较少的时期。解决树木在此时期对养分的高度需要和土壤中可给态养分含量较低之间的矛盾,是土壤管理和施肥的任务之一。

②掌握树木吸肥与外界环境的关系。树木吸肥不仅决定于植物的生物学特性,还受外界环境条件(光、热、气、水、土壤反应、土壤溶液的浓度)的影响。光照充足,温度适宜,光合作用强,根系吸肥量就多,如果光合作用减弱,由叶输导到根系的合成物质减少了,则树木从土壤中吸收营养元素的速度也变慢。而当土壤通气不良时或温度不适宜时,同样也会发生类似的现象。

土壤水分含量与发挥肥效有密切关系,土壤水分亏缺,施肥有害无利。由于肥分浓度过高,树木不能吸收利用,而受毒害。积水或多雨地区肥分易淋失,降低肥料利用率。因此,施肥应根据当地土壤水分变化规律或结合灌水施肥。

土壤的酸碱度对植物吸肥影响较大。在酸性反应的条件下,有利于阴离子的吸收,在碱性条件下,有利于阳离子的吸收。在酸性反应的条件下,有利于硝态氮的吸收,而在中性或微碱性条件下,则有利于铵态氮的吸收。土壤的酸碱反应除了对树木的吸肥有直接作用外,还能影响某些物质的溶解度,因而也间接地影响植物对营养物质的吸收。

③掌握肥料的性质。肥料的性质不同,施肥的时期也不同。易流失和易挥发的速效性或施后易被土壤固定的肥料,如碳酸氢铵、过磷酸钙等宜在树木需肥前施入;迟效性肥料,如有机肥料,因需腐烂分解后才能被树木吸收利用,故应提前施用。同一肥料因施用时期不同效果也不一样,因此,肥料应在经济效果最高时期施入。故决定各种肥料的施用时期,应结合树木营养状况、吸肥特点、土壤供肥情况以及气候条件等综合考虑,才能收到较好的效果。

(4)修剪、立支撑　古树由于年代久远,主干或有中空,主枝常有死亡,造成树冠失去均衡,树体倾斜。有些枝条感染了病虫害,有些无用枝过多耗费了营养,需进行合理修剪,达到保护古树的目的。对有些古树结合修剪进行疏花果处理,减少营养的不必要浪费;又因树体衰老,枝条容易下垂,因而需要进行支撑。在复壮时,可修去过密枝条,有利于通风,加强同化作用,且能保持良好树形,对生长势特别衰弱的古树一定要控制树势,减轻重量,台风过后及时检查,修剪断枝,对已弯斜或有明显危险的树要立支撑保护,固定绑扎时要放垫料,以免发生缢束,以后酌情松绑。对某些体形姿态优美或具有一定历史意义的枯古木,过去均一概挖除,这无异于损失不少风景资源。具有积极意义的做法是首先将枯木进行杀虫杀菌和防腐处理,以及必要的加固处理,然后在老干内方边缘适当位置纵刻裂沟,补植幼树并使幼树主干与古木干嵌合,外面用水苔缠好,再加细竹,然后用绳绑紧,如此经过数年,幼树长粗,嵌入部长得很紧,未嵌入部向外增粗遮盖了切刻的痕迹,宛若枯木逢春了。

(5)堵洞、围栏　古树上的树干和骨干枝上,往往因病虫害、冻害、日灼及机械操作等造成伤口,这些伤口如不及时保护、治疗、修补,经过长期雨水浸泡和病菌寄生,易使内部腐烂形成树洞。因此,要及时补好树洞,避免被雨水侵蚀,引发木腐菌等真菌危害,日久形成空洞,甚至导致整个树干被害,具体方法有以下3种:

①填充法:大部分木质部完好的局部空洞用此法。先将空洞杂物扫除,刮除腐烂的木质,铲除虫卵,先涂防水层,可用假漆、煤焦油、木焦油、虫胶、接蜡等,再用1%浓度的甲醛(福尔马林溶液)液消毒,市场售的浓度为35%,需用3~5倍水稀释后使用。也可用1%波尔多液(硫酸铜10 g+生石灰10 g+2 kg水混合而成)或用硫酸铜溶液(硫酸铜10 g+水10 g搅拌溶解后再加10 kg水调和即成)消毒。消毒后再填入木块、砖、混凝土,填满后用水泥将表面封好,洞的宽度较狭时,将其空洞先涂防水层,形成新的组织。填洞这项工作最好在树液停止流动时,即秋季落叶后到翌年早春前进行。此外要注意两点:

一是水泥。涂层要低于树干的周皮层,其边缘要修削平滑,水泥等污染物要冲洗干净,以利生长包裹涂层。

二是树洞要修削平滑,并修削成竖直的梭子形。使周皮层下、韧皮部上的形成层细胞,较易按切线方向分裂,较快地将伤口包被。因此伤口边缘要光滑清洁。

②开放法:树洞不深或树洞过大都可采用此法。如伤孔不深无填充的必要时,可按伤口治疗的方法处理:首先应当用锋利的刀刮净削平四周,使皮层边缘呈弧形,然后用药剂(2%~5%硫酸铜,0.1%的升汞溶液,石硫合剂原液)消毒。修剪造成的伤口,应先将伤口削平然后涂以保护剂,选用的保护剂要求容易涂抹,黏着性好,受热不融化,不透雨水,不腐蚀树体组织,同时

又有防腐消毒的作用,如铅油、接蜡等均可。

如树洞很大,给人以奇特之感,欲留作观赏时可采用此法。方法是将洞内腐烂木质部彻底清除,刮去洞口边缘的死组织,直至露出新的组织为止,用药剂消毒并涂防护剂。同时改变洞形,以利排水,也可以在树洞最下端插入排水管。以后需经常检查防水层和排水情况,防护剂每隔半年左右重涂一次。

③封闭法:树洞经处理消毒后,在洞口表面钉上板条,以油灰和麻刀灰封闭(油灰是用生石灰和熟桐油以 1∶0.35 的比例制成的,也可以直接用安装玻璃的油灰),再涂以白灰乳胶、颜料粉面,以增加美观,还可以在上面压树皮状纹或钉上一层真树皮。

(6)防治病虫害　古树名木因长势衰退,极易发生病虫害,病虫的危害直接影响其观赏价值,同时也影响其正常生长发育。因此要有专人定期检查,做好虫情预测预报,做到治早、治小,把虫口密度控制在允许范围内。主要虫害:松大蚜、红蜘蛛、吉丁虫、黑象甲、天牛等。主要病害:梨桧锈病、白粉病。

(7)装置避雷针　据调查千年古树大部分都受到过雷击,严重影响树势。有的在雷击后未采取补救措施甚至很快死亡。所以,凡没有装备避雷针的古树名木,要及早装置,以免发生雷击损伤古树名木。如果遭受了雷击,应立即将伤口刮平,涂上保护剂。

6.4　常见古树名木养护管理技术

名木古树的养护管理应按照不同树种的习性分别施行,不应一律对待。

6.4.1　银杏

银杏又名白果、公孙树、佛指甲、鸭掌树,是我国特产的单种科树种,属中生代孑遗植物,被誉为"活化石",是国家重点保护植物之一,各地广为栽培。许多名胜古迹都有数百年以至千年以上的银杏树,目前世界上许多国家都有引种栽培,在西欧,一些叶用银杏生产和管理技术已远胜我国。

银杏的养护管理要点:

(1)施肥灌溉　银杏喜温凉湿润,土层深厚,土质肥沃,排水良好的砂质土壤,所以要根据实际情况,每年增施 2~3 次复合肥,施肥后适当灌溉,伏旱最好能喷灌,保证正常生长。

(2)修枝整形　银杏枝条韧性强,枝条分布均匀,修枝以拉枝为主,即把重叠的枝条拉成均匀的水平状,不宜强剪强修。

(3)病虫害防治　银杏的病虫害很少,比较常见的是银杏叶斑病、银杏超小卷蛾、银杏大蚕蛾、种蝇等。防治方法:

①清除病落叶,烧毁。发病初期喷洒波尔多液或多菌灵等药剂控制叶斑病。

②在种蝇幼虫期对苗木灌浇敌百虫等药剂,成虫期喷洒敌百虫或杀螟松等药剂。

③害虫幼虫或若虫期喷洒敌百虫或溴氰菊酯等药剂。

6.4.2　金钱松

金钱松是我国特有的珍贵用材树种,属国家重点保护树种,观赏价值极高,是世界著名庭园树"五木"之一。

金钱松养护管理要点:

(1)定期施肥　金钱松喜欢温暖湿润的气候和深厚、肥沃、排水良好的酸性土或中性山地,不耐干旱瘠薄,也不适应积水的低洼地。因此在养护过程中,应注意给它创造优良的环境条件,每年定期施肥,隔年换土。

(2)防病虫害　金钱松的主要病虫害有立枯病、松梢螟、铜绿丽金龟、黑翅土白蚁等。防治方法:

①灯光诱杀成虫,幼虫期喷洒敌百虫或敌敌畏等药剂。

②寻找土白蚁路、蚁线及蚁巢主道,用杀虫剂烟雾剂毒杀。

6.4.3　广玉兰

广玉兰又名荷花玉兰。树冠端正雄伟,枝叶繁茂,花朵硕大,为常绿阔叶树种所罕见,是适合于暖温带、亚热带栽培的珍贵观赏树种。

养护管理要点:

(1)整形修剪　在不破坏冠形的情况下,要适当疏枝修叶,定标后及时架立支柱。回缩修剪过于水平或下垂的主枝,维持枝间平稳关系。使每轮主枝相互错落,避免上下重叠生长,充分利用空间。随时剪除根部萌蘖条。疏剪冠内过密枝、病虫枝。

(2)病虫害的防治　广玉兰主要病虫害有广玉兰斑点病、煤污病、褐软蚧、考氏白盾蚧等。防治方法:

①清除病落叶,烧毁。发病期喷洒波尔多液或甲基托布津等药剂。

②介壳虫若虫期喷洒氧化乐果、敌敌畏等。

6.4.4　香樟

香樟又名樟树,是我国著名的珍贵乡土树种,在我国有2 000多年的栽培历史。

养护管理要点:

(1)冬季防寒　香樟喜温暖湿润气候,在气候寒冷地区,应注意防寒保暖工作,以免冻害。

(2)防治虫害　香樟主要虫害有樟叶蜂、樟天牛、梨园介壳虫。

樟天牛的防治方法:

①人工捕杀成虫。刮除老树皮及树干涂白,去除树皮内幼虫及防止成虫产卵。

②药剂杀幼虫。在幼虫未钻入木质部前,用钢丝探入,钩杀幼虫,或用小棉团蘸敌敌畏乳油

100 倍液堵塞虫孔,毒杀幼虫。

梨园介壳虫的防治方法:

①结合修剪剪除虫枝。

②保护和利用天敌。

③初孵若虫期喷洒 80% 敌敌畏乳油 1 000~1 500 倍液,或 40% 氧化乐果乳油 1 500 倍液,或 50% 杀螟松乳油 800~1 000 倍液等,冬季可用 3 波美度(相对密度约为 1.02)石硫合剂。

6.4.5 鹅掌楸

鹅掌楸又名马褂木。在新生代有十余种,到第四纪冰期大部分绝灭,现在残存仅有两种,为世界珍贵树种之一。

养护管理要点:

(1)修剪整形 鹅掌楸萌枝力强,极耐修剪。在我国栽培的多是不做任何修剪的自然形,如果在每年冬季进行整形修剪,既能使生长强健,又能造型,提高观赏价值。

(2)适当施用氮肥 鹅掌楸喜欢土壤深厚、湿润、肥沃的地段,并且氮肥对它极为重要,缺氮则生长迟缓。因此,每年在生长期需增施适量氮肥。

(3)防治虫害 鹅掌楸虫害较少,常见的有樗蚕、马褂木卷蛾、疖蝙蛾等。防治方法:

①幼虫期喷洒敌百虫或敌敌畏等药剂。

②用注射器将杀螟松、敌敌畏或敌百虫等药剂注射入疖蝙蛾虫道内素杀幼虫。

6.4.6 大叶榉

大叶榉是我国珍贵硬阔叶用材树种之一,被列为国家二级珍贵树种。

养护管理要点:

(1)修枝 大叶榉是合轴分枝,发枝力强,梢部弯曲,顶芽常不萌发,每年春季由梢部侧芽萌发 3~5 个竞争枝,直干性不强,幼龄时主干较柔软,常下垂,易被风吹倾斜,在自然生长情况下,多形成庞大的树冠,不易生出端直主干。为培育通直主干,每年进行修枝,可培育通直主干。同时还要适当剪除强壮侧枝,连续几年,待主干达预期高度时留养树冠。

(2)纵伤 大叶榉树皮光滑,没有纵裂,紧包着树干,在茎的表皮层下面,韧皮部外面有若干层连续和部分间隔的石细胞,形成一圈有 4~5 或 7~8 层的厚壁细胞层,紧密连接成球,阻碍了形成层的分生作用。通过纵伤,打破了厚壁细胞环,削弱了对内部压力,给树干增粗生长解除障碍。

(3)及时间伐 大叶榉冠幅大,中等喜光,应防植株过密,影响生长。所以应给其创造生长空间,使之更好生长。

复习思考题

简答题

(1)何为名木、古树、古树名木?

(2)古树衰老的原因有哪些?

(3)古树名木地下复壮的措施有哪些?

(4)古树名木地上复壮的措施有哪些?

(5)银杏养护管理要点有哪些?

(6)当地有哪些古树名木,针对实际情况可以对这些树木采取哪些主要的保护措施和养护管理措施?

(7)结合当地实际情况,举例说明造成古树的衰老和死亡的原因。

单元实训

古树名木的养护复壮

1)目的要求

熟悉古树名木资源调查的项目,掌握资源调查的方法;掌握古树名木养护复壮的技术措施。

2)材料器具

皮尺、围尺、测高仪、枝剪、手锯、镐、消毒液、保护剂等。

3)方法步骤

(1)古树名木资源的调查。

调查项目包括位置、树种、树龄、树高、冠幅、胸径、生长势、生长地的环境(土壤气候等情况)以及对观赏及研究的作用、养护措施等。

(2)古树名木的养护复壮。

4)作业

(1)根据调查结果填写古树名木调查表。

(2)对某些长势濒危的古树名木提出抢救措施。

7 各类园林植物的栽培与养护

[本章导读]

本章主要叙述了各类园林植物在其栽培技术和养护管理措施上的共性及个性。在学习其共性的基础上，分门别类地研究和掌握其个性方面的栽培技术和养护管护措施，这对于充分发挥园林植物在园林建设中的作用以及指导生产实践具有重要的意义。

7.1 行道树

栽植和养护管理的要点是行道树距车行道边缘的距离不应少于1 m，树距房屋的距离不宜少于5 m，株间距以6~12 m为宜，对于慢生树种可在其间加植树一株，待适当大小时移走。树池通常约为1.5 m见方，丛植时可稍大些。植树坑中心与地下管道的水平距离应大于1.5 m，与地下煤气管道的距离应大于3 m，树木的枝条与地面上空高压线的距离应在3 m以上。

为保证行道树生长茂盛，应认真做好养护管理工作，及时松土、施肥、灌溉。多施氮肥可使叶木类的行道树枝肥叶绿，冠如华盖。经常修剪既能保持行道树应有的冠形，又能使树冠扩张。

常见行道树主要有以下种类：

7.1.1 毛白杨 *Populus tomentosa* 杨柳科，杨属

（1）形态 落叶乔木，高达40余米。树干通直，树冠卵圆形，树皮幼时青白色，皮孔菱形，老时灰褐色纵裂，叶三角状心形，背面密被白毛，边缘具不规则粗锯齿。花期3月，果实4月成熟，雌雄异株。

（2）分布 北起辽宁、内蒙古，南达江浙，西至甘肃东部，西南至云南等地，黄河中下游为适生区。

（3）习性 喜凉爽湿润气候，耐寒性较差，在早春昼夜温差过大的地区，树皮常发生冻裂，

高温多雨地区易患病虫害,生长较差。喜光,喜深厚、肥沃和湿润的土壤,耐水湿,抗烟,抗有毒气体能力强。

(4)繁殖栽培　以扦插、埋条和嫁接法繁殖。扦插繁殖,于11—12月从健壮母树上剪取粗壮充实的1年生枝条,截成长15~20 cm带2~3个饱满芽的插条,枝条生根率由基部向梢部递减,粗条高于细条。短于15 cm的插条成活率较低。剪截好的插条埋于沙中越冬,翌春扦插前用水浸泡3~7 d,有利于提高成活率。扦插的株距为20~30 cm,行距为50~100 cm。扦插后经常用小水灌溉,灌溉后及时松土,待芽萌发至15~20 cm时。此时根系尚未形成,属假活,应加强供水,保持土壤湿润,使根逐渐形成。从芽萌发至根形成这段时期,是决定苗木存亡的关键时期,应精心管理。6—7月是苗木的速生期,每10~15 d施肥一次,并进行灌溉、抹芽、除蘖和中耕除草等工作。蚜虫、透翅蛾危害甚烈,应及时防治。10月上中旬停止水肥,但可适当施些磷钾肥,使苗木及时木质化。1年生插条苗可达3 m高左右。

埋条繁殖使用的枝条质量,是繁殖能否成功的关键。一般应剪取幼年母树上的1年生枝条或老树的粗壮根蘖枝,大树冠上的枝条生根困难。埋条通常在11月至翌年2月采条,将粗壮充实、芽饱满的枝条剪去梢部和无芽及有病虫害部分,每根埋条长0.5~1 m,30~50根捆成一捆,水平埋于0.8~1 m深的假植沟内,与湿沙分层摆放贮藏越冬。翌春3月下旬至4月中旬,在整好的苗床上开沟,将枝条首尾相接埋于沟内,覆土1~1.5 cm,埋后立即灌水,灌水后如有枝条外露,应覆土盖好,以后保持床土湿润。此外还有点状埋条,即在开沟埋条后,每隔10~15 cm用湿土堆一碗大的土堆,此法产苗量高,但萌芽出土困难,应及时扒开覆土使侧芽外露。埋条萌芽后,当天气干旱地温过高时,新根易干枯使苗木死亡,应结合中耕进行培土和适时灌溉,达到增湿和降温的目的。

嫁接繁殖是在母条缺少的情况下采用。以1年生小叶杨、加杨或美杨的实生苗、扦插苗做砧木,冬季将砧木截成10~12 cm长,接上12~15 cm长的毛白杨接穗,接穗上带4~5个饱满的芽,用切接或劈接法嫁接,嫁接完毕每40~50根捆成一捆,埋于沙床中越冬和愈合,翌春3月上中旬取出扦插,接口应埋入土中,扦插密度为行距70 cm,株距20 cm。芽接应于9月份进行,嫁接部位距地面3~5 cm,翌年秋季苗高3 m左右。

用上述方法繁殖的1年生苗,秋季落叶后高低不齐,应从距地面3~5 cm处截干,促使翌春抽通直的主干。截干后冬季施基肥,6—7月施2~3次追肥,并每半月灌水1次,促其旺长。7月后一般苗高可达2 m,此时应控制侧枝生长,适当疏去主干下部的侧枝,使主干快速向上生长。第3年春季移植,株行距为1.2 m×1.5 m,用大田式育苗,移植时栽植不能过深,否则长势差。移植后及时灌水,以后每隔3~5 d再灌水,2~3次即成活。5月上旬及时去蘖,扶主干抑侧枝,并注意树冠的完整。当靠近主干上端的侧枝过强形成竞争枝时,要及时除去。

为了保证树木高、径的旺盛生长,冬季施基肥;夏季施2~3次追肥,是有益的也是非常必要的。定植初期根系恢复缓慢,树木生长缓慢,可适当施肥,注意灌溉和病虫害防治。

为保持主干直立挺拔,生长期内随时剪去徒长枝,对旺枝和直立枝进行摘心和剪梢,主干同一高度处有2个以上侧枝时应剪去,留1枝即可。当主枝下方侧枝过于强壮,与主枝竞争时,不能一下疏去,以免削弱树势。应于弱芽处短截,使抽生弱枝,削弱枝势,至秋末落叶后或翌春萌芽前将枝条从基部剪除。当枝下高达到要求后,可任其生长,只修剪去密生枝、枯枝和病虫枝等。主要病虫害有毛白杨锈病、破腹病等及白杨透翅蛾为害,应注意防治。

(5)园林用途　毛白杨干直冠展,树形高大广阔,颇具雄伟气概,除作行道树外,也是良好的庭荫树和四旁绿化树种。在广场、干道两侧规则式列植,则气势严整壮观。

7.1.2 垂柳 *Salix babylonica* 杨柳科,柳属

(1)形态 落叶乔木,高达 18 m。树冠倒广卵形。小枝细长下垂。叶狭披针形至线状披针形,长 8 ~ 16 cm,先端渐长法,缘有细锯齿,表面绿色,背面蓝灰绿色。花期 3—4 月,果熟期 4—5 月。

(2)分布 主要分布于长江流域及其以南各省区平原地区,华北、东北亦有栽培。垂直分布在海拔 1 300 m 以上,是平原水边常见树种。亚洲、欧洲及美洲许多国家都有悠久的栽培历史。

(3)习性 喜光,喜温暖湿润气候及潮湿深厚之酸性及中性土壤。较耐寒,特耐水湿,但亦能生于土层深厚的干燥地区。萌芽力强,根系发达。生长迅速,15 年生树高达 13 m,胸径 24 cm。寿命较短,30 年后渐趋衰老。

(4)繁殖栽培 繁殖以扦插为主,亦可用种子繁殖。扦插于早春进行,选择生长快、无病虫害、姿态优美的雄株作为采条母株,剪取 2 ~ 3 年生粗壮枝条,截成 15 ~ 17 cm 长作为插穗。株行距 20 cm×30 cm,直插,插后充分浇水,并经常保持土壤湿润,成活率极高。

(5)栽植 垂柳发芽早,江南适栽期在冬季,北方宜在早春。株距 4 ~ 6 m,用大穴,穴底施基肥后,再铺 20 cm 厚疏松土壤,栽入苗木后分层压实,栽后浇水,成活后每年施以氮为主的肥料 1 ~ 2 次,促其尽快成荫。

垂柳主要有光肩天牛危害树干,被害严重时易遭风折枯死。此外,还有星天牛、柳毒蛾、柳叶甲等为害,应注意及时防治。

(6)园林用途 垂柳枝条细长,柔软下垂,随风飘舞,姿态优美潇洒,植于河岸及湖池边最为理想,是著名的庭园观赏树,也是江南水乡地区、平原、河滩地重要的速生用材树种,亦可用作行道树、庭荫树、固岸护堤树及平原造林树种。此外,垂柳对有毒气体抗性较强,并能吸收二氧化硫,故也适用于工厂区绿化。

7.1.3 鹅掌楸(马褂木) *Liriodendron chinense* 木兰科,鹅掌楸属

(1)形态 乔木,高 40 m,树冠圆锥状。1 年生枝灰色或灰褐色。叶马褂形,长 12 ~ 15 cm,各边 1 裂,向中腰部缩入,老叶背部有白色乳状突点。花黄绿色,聚合果,花期 5—6 月,果 10 月。

(2)分布 浙江、江苏、湖南、湖北、四川、贵州、广西、云南等省区。

(3)习性 自然分布于长江以南各省山区,大体在海拔 500 ~ 1 700 m,与各种阔叶落叶或阔叶常绿树混生。性喜光及温和湿润气候,有一定的耐寒性,可经受 -15 ℃ 低温而完全不受伤害。喜深厚肥沃、适湿而且排水良好的酸性或微酸性土壤(pH 4.5 ~ 6.5),在干旱土地上生长不良,亦忌低湿水涝。生长速度快,本树种对空气中的 SO_2 气体有中等的抗性。

(4)繁殖 以种子繁殖为主,但发芽率较低,为 10% ~ 20%。以在群植的树上采种者为佳,

自然结实能力差。在10月,果实呈褐色时即可采收,先在室内阴干1周,然后在阳光下晒裂,清整种子后行干藏,但最好是采后即播。春播于高床上,覆盖稻草防干,约经20 d可出土,幼苗期最好适当遮阴。当年苗高可在30 cm左右,3年生苗高1.5 m。

(5)扦插繁殖 暖地可于落叶后秋播,较寒冷地区可行春季扦插,以1~2年生枝条做插穗行硬材扦插,成活率可达80%以上。亦可行软材扦插及压条法繁殖。

(6)栽培 本树不耐移植,故移栽后应加强养护。一般不行修剪,如需轻度修剪时,应在晚夏,暖地可在初冬。本树具有一定的萌芽力,可行萌芽更新。

(7)园林用途 树形端正,叶形奇特,是优美的庭荫树和行道树种。花淡黄绿色,美而不艳,最宜植于园林中安静休息区的草坪上。秋叶呈黄色,很美丽,可独栽或群植在江南自然风景区中,可与木荷、山核桃、板栗等行混交林式种植。

7.1.4 悬铃木 *Platanus orientalis* 悬铃木科,悬铃木属

(1)形态 落叶乔木,高达30 m。枝条开展,冠大,遮阴面广,树皮剥落后树干灰绿光滑。叶大,掌状5~7裂。花序头状,黄褐色。多数坚果聚合呈球形,3~6球成一串,果柄长而下垂。花期4—5月;果熟期9—10月。

(2)分布 华东、中南普遍栽培。

(3)习性 性喜光,不耐阴,对土壤适应性强,喜深厚肥沃土壤,根系浅,耐修剪。

(4)繁殖 播种和扦插繁殖均可,以扦插繁殖为主。秋末采1~2年生充实枝条,剪成15~20 cm的插条,沙藏越冬。3月,当插条下切口已愈合时取出,扦插在疏松的苗床上,成活率可达90%以上。如用1年生播种苗的枝干做插条扦插,更易成活。培育杯状形行道树大苗时,扦插的株行距为30 cm×30 cm,1年生苗高1.5 m左右,第2年养树干,初春截干移植,株行距为60 cm×60 cm,当年高达2~3 m,疏除部分二次枝,第3年留床使其继续上长,冬季定干,在树高2.5~4 m处剪去梢部,将分枝点以下主干上的侧枝除去,第4年初春移植,株行距为1.2 m×1.2 m,萌芽后选留3~5个处于分枝点附近,分布均匀,与主干成45°左右夹角的生长粗壮的枝条做主枝,其余分批剪去,冬季对主枝留80~100 cm短截,剪口芽留在侧面,尽量使其处于同一水平面上,第5年春萌发后,选留2个枝条做一级侧枝,其余剪去,冬季将一级侧枝留30~50 cm短截,翌春萌发后各选留2个3级侧枝斜向生长,即形成"3股6杈12枝"的造型。经5~6年培育的大苗,胸径在5 cm以上,已初具杯状形冠型,符合行道树标准,可出圃。

播种繁殖于秋季采种沙藏越冬,翌春播前半月捣碎果球,将种子浸水2~3 h,捞出混沙催芽后播种,播后盖草喷水,约20 d出土,出苗率20%~30%,幼苗需遮阴,在良好的肥水管理下,当年生苗高1 m左右,按扦插苗培育大苗。

(5)栽培 采用树池栽植,树池1.5 m见方,深70~80 cm,穴底施腐熟基肥,当土壤太差时应换土。一般春季裸根栽植,城市干道株距8 m,城郊4 m。栽进后捣实土壤,使土面略低于路面,栽植后立即浇水,立支柱。

杯状形行道树定植后,4~5年内应继续进行修剪,方法与苗期相同,直至树冠具备4~5级侧枝时为止。以后在每年休眠期对1年生枝条留15~20 cm短截,称小回头,使萌条位置逐年提高,当枝条顶端将触及线路时,应行缩剪降低高度,称大回头,大小回头交替进行,使树冠维持

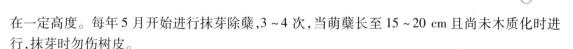

在一定高度。每年5月开始进行抹芽除蘖,3~4次,当萌蘖长至15~20 cm且尚未木质化时进行,抹芽时勿伤树皮。

如果苗木出圃定植时未形成杯状形树冠,栽植后再造型。将定植后的苗木在一定高度截干,待萌发后,于整形带内留3枝分布均匀、生长粗壮的枝条做主枝,冬季短截,以后按上述整形修剪方法进行即可。

在干道不是很宽,上方又无线路通过时,可采用开心形树冠,在栽植定干后,选留4~6根主枝,每年冬季短截后,选留1个略斜且向上方生长的枝条做主枝延长枝,使树冠逐年上升,而冠幅扩张不大,几年后任其生长,即可形成长椭圆形且内膛中空的冠形。修剪时应强枝弱剪,弱枝强剪,使树冠均衡发展。

栽植的行道树,每年需中耕除草,保持树池内土壤疏松,及时灌水与施肥,生长期以氮肥为主,使枝叶生长茂盛。悬铃木虫害较多,主要虫害有星天牛、刺蛾、大袋蛾等,应及时防治。

(6)园林用途 树形雄伟端正,叶大荫浓,树冠广阔,干皮光洁,繁殖容易,具有极强的抗烟、抗尘能力,对城市环境的适应能力极强,有"行道树王"之称。但在实际应用上应注意,由于其幼枝幼苗上具有大量星状毛,如吸入呼吸道会引起肺炎。除做行道树栽植外,还可植为庭荫树、孤植树,效果也很理想。作庭荫树、孤植树栽植时,以自然冠形为宜。

7.1.5 合欢(夜合树、绒花树) *Albizzia julibrissin* 豆科,合欢属

(1)形态 落叶乔木。枝条开展,叶互生,偶数二回羽状复叶,羽片5~15对,小叶镰刀形,无叶柄,表面深绿色有光泽,昼开夜合。花序头状,花期6—7月;花丝粉红色,如绒樱状。荚果,9—10月成熟。

(2)分布 我国华南、西南、华北均有分布。

(3)习性 性喜光,较耐寒,对土壤要求不严,耐干旱瘠薄,怕积水。

(4)繁殖 播种繁殖,春季土壤解冻后播种,因种皮坚硬、透水性差,为促其快速发芽,播前10 d用60~80 ℃热水浸种,边倒热水边搅拌,待自然冷却后,浸泡2~3 d,每日换一次冷水,然后捞出与湿沙1∶1混合,放置背风向阳处催芽,待种子有30%~40%裂嘴时播种,采用高床或大田垄播,播后经常保持土壤湿润,约半月即可出土,随即间苗和定苗。小苗怕积水,否则易脱叶死亡,雨季注意排水,雨季来临前,抓紧追肥,每月2~3次,使苗木快长。当苗高达1 m以上,雨季时不会落叶。秋季当年生苗高达1.5~2 m。本种幼苗主干常倾斜,分枝点低,为培养通直主干和提高分枝点,适应庭荫树、行道树的要求,可用截干、密植养干或与高秆作物间种等方法。用间作方法养干,播种时行距宜大,需60 cm左右,同时应渐次将下部侧枝剪去,使主干延长部分逐年向上生长。一年生苗木在北方应保护越冬,翌春移植时,对主干弯曲、瘦弱的苗木截干,移植株行距为60 cm×100 cm或100 cm×100 cm,再培养2~3年,苗龄达3~4年即可达出圃要求。

(5)栽培 春季当芽刚萌动时,裸根栽植,成活后在主干一定高度处选留3~4个分布均匀的侧枝作主枝,然后在最上部的主枝处定干,冬季对主枝短截,各培养几个侧枝,以扩大树冠,以后任其生长,形成自然开心形的树冠。当树冠外围出现光秃现象时,应进行缩剪更新,并疏去枯死枝。合欢主要病虫害有天牛、溃疡病,应注意防治。

（6）园林用途　合欢叶形雅致,绒花飞舞,有色有香,枝条婀娜,是美丽的庭园观赏树种,常用作庭荫树、行道树、孤植、群植均适宜。

7.1.6　羊蹄甲(洋紫荆、红花紫荆) *Bauhinia variegata* 豆科,羊蹄甲属

（1）形态　半常绿乔木,高 5~8 m。叶革质较厚,圆形至广卵形,宽大于长,长 7~10 cm,叶基圆形至心形,叶端 2 裂,裂片为全长的 1/4~1/3,裂片端浑圆。花大,玫瑰红色,有紫色条纹,芳香;花萼裂成佛焰苞状,先端具 5 小齿;花瓣倒广披针形至倒卵形;荚果扁条形,长 15~25 cm。花期 6 月。

变种白花洋紫荆 var. *caneida*　花白色。

（2）分布　分布于福建、广东、广西、云南等省。越南、印度均有分布。

（3）习性　喜暖热气候,耐干旱,要求酸性土壤,在深厚肥沃土壤上生长良好,干瘠土壤上生长不良。

（4）繁殖　播种、扦插和嫁接法繁殖。播种繁殖时,于 5—6 月夹果呈褐色时采收,采回后堆放 2~3 d,让种子充分成熟,再放在阳光下暴晒,待果荚开裂种子脱出后,可随即播种。也可晒干后干藏至秋季或翌春播种。

红花羊蹄甲以扦插繁殖为主,春季或夏季用硬枝或嫩枝扦插均易于成活。

（5）栽培　广州于冬末春初栽植,选阳光充足地段,带土球穴植。本树种病虫害少,管理简单。

（6）园林用途　羊蹄甲花大色艳,花期长,翠叶顶端开叉如羊蹄,花美叶也美。本种为广州园林中常见观赏树木及优良行道树。

7.1.7　槐(国槐) *Sophora japonica* 豆科,槐属

（1）形态　落叶乔木,高达 25 m。小枝绿色,皮孔明显,奇数羽状复叶,小叶 7~17 枚,背面有白粉及柔毛。花浅黄绿色。荚角串珠状,肉质,10 月成熟。

（2）变种

龙爪槐 var. *pendula*　小枝弯曲下垂,树冠呈伞状,园林中多栽植。

紫花槐 var. *pudescens*　小叶 15~17 枚,叶背有蓝灰色丝状短柔毛,花的翼瓣和龙骨瓣常带紫色。

五色槐(蝴蝶槐) var. *oligophylla*　小叶 3~5 簇生,顶生小叶常 3 裂,侧生小叶下部常有大裂片,叶背有毛。

（3）分布　我国南北方普遍栽培,华北最常见。

（4）习性　性喜光,喜干冷气候,在高温、高湿的华南一带也能生长,要求深厚、肥沃、排水良好的土壤,但石灰性、中性和酸性土壤中均能生长,耐烟尘。

（5）繁殖　播种繁殖,10 月果实成熟后采回,用水浸泡 10 d 左右,搓去果肉即得净种,可秋播,也可干藏或与湿沙混藏越冬,翌春播种。槐树种皮坚硬,透水性差,为促其发芽,于播

前 10 d,用 80~90 ℃热水浸种一昼夜,捞出已膨胀的种子与湿沙堆积催芽,未膨胀的种子再用 60~70 ℃热水浸泡,24 h 后再捞出膨胀种子进行催芽。催芽时种堆不宜过厚,20 cm 左右为宜,上面盖麻袋保湿,催芽期间翻动 1~2 次,待种子有 30%~40% 萌动时即可播种。华北多行大田垅播,垅距宽 70 cm,播幅宽 10~12 cm。种子发芽前如干旱,应侧方灌溉。幼苗出土后喜水喜肥,当苗高 10 cm 后,追施稀薄人粪尿,6 月份生长盛期,每月施肥 2 次,并及时灌水。国槐幼苗密度与生长量关系密切,当苗高 5~6 cm 时,抓紧间苗和定苗,定苗后株距 10~15 cm,在精心的抚育下,秋季苗高可达 1.5 m 左右。槐树苗干弯曲,不易养直,为培养绿化用大苗,需进行养根、养干和养冠。首先于翌春移植养根,株行距 40 cm×60 cm,加强肥水管理,少修剪,以保持多量叶片制造养料,供给根系使其生长强大。养根 1~2 年后转入养干阶段,于秋季落叶后齐地面截干,施足基肥使翌春抽出通直萌条,每株仅留 1~2 个壮枝,至 5 月底选留 1 个做主干,将主干上过强侧枝剪去,在勤肥大水配合下,主干迅速长高,当年秋季苗高可达 2.5 m 以上,粗壮通直。第 4 年春季移植养冠,移植株行距为 1 m×1 m,并于 2~2.5 m 处定干,萌芽后选留 3~4 个分布均匀的壮枝作主枝,并剪去主干上的侧枝与蘖芽,经 5~6 个月的培养,干径可达 4~5 cm,即可出圃做行道树栽植。

(6)栽植　春季裸根栽植,对树冠行重剪,必要时可截去树冠以利成活,待成活后重新养冠。栽植穴宜深,从而使根系舒展,根与土壤密接,栽后浇水 3~5 次,并适当施肥,冬季封冻前灌一次透水以防寒。栽后 2~3 年内要注意调整枝条的主从关系,多余的枝条可疏除。如树木上方有线路通过,应采用自然开心形的树冠。主要的虫害有蚜虫和尺蠖,应注意防治。

(7)园林用途　槐树是良好的行道树,也是园林中优美的庭荫树,树姿优美,浓荫如盖,串串绿珠般的果实,逗人喜爱。龙爪槐是中国庭院绿化的传统树种之一,富于民族特色的情调,常成对配置门前或庭院中,又宜植于建筑前或草坪边缘。

7.1.8　火炬树(鹿角漆) *Rhus typhina* 漆树科,漆树属

(1)形态　落叶小乔木,高达 8 m 左右。分枝少,小枝粗壮,密生和长绒毛。羽状复叶,雌雄异株,顶生圆锥花序,密生有毛。核果深红色,密生绒毛,密集成火炬形。花期 6—7 月,果8—9 月成熟。

(2)分布　原产北美洲,现欧洲、亚洲及大洋洲许多国家都有栽培。中国自 1959 年引入栽培,目前已推广到华北、西北等许多省市栽培。

(3)习性　喜光,适应性强,抗寒,抗旱,耐盐碱。根系发达,萌蘖力特强。生长快,但寿命短,约 15 年后开始衰老。

(4)繁殖栽培　通常用播种繁殖,种子播前用 90 ℃热水浸烫,除去蜡质再催芽,可使出苗整齐。此外,也可用分蘖或埋根法繁殖。管理得当,1 年生苗可高达 1 m 以上,即可用于造林或绿化种植。火炬树寿命虽短,但自然根蘖更新非常容易,只需稍加抚育,就可恢复林相。

(5)园林用途　本种因雌花序和果序均红色且形似火炬而得名,即使在冬季落叶后,在雌株上仍可见到满树"火炬",颇为奇特。秋季叶色红艳或橙黄,是著名的秋色叶树种。宜植于园林用来观赏,或用以点缀山林秋色。近年在华北、西北山地推广作水土保持及固沙树种。

7.1.9　七叶树(梭椤树) *Aesculus chinensis* 七叶树科、七叶树属

(1)形态　落叶乔木,高达25 m。树皮灰褐色,片状剥落。小枝粗壮,栗褐色,光滑无毛;冬芽大,具树脂。小叶5~7,倒卵状长椭圆形至长椭圆状倒披针形,长8~16 cm,先端渐尖,基部楔形,缘具细锯齿。花小,白色。蒴果球形或倒卵形,径3~4 cm,黄褐色,内含1~2粒种子,形如板栗,种脐大,占种子1/2以上。花期5月;果9—10月成熟。

(2)分布　中国黄河流域及东部各省均有栽培,自然分布在海拔700 m以下的山地。

(3)习性　喜光,稍耐阴;喜温暖气候,也耐寒;喜深厚、肥沃、湿润且排水良好的土壤。

(4)繁殖　繁殖主要用播种法,扦插、高压也可。种子不耐贮藏,一般在种子成熟后及时采下,随即播种。因种子粒大(10~15粒/g),多用点播,株行距15 cm×20 cm,播种时要注意种脐向下,覆土厚3~4 cm。幼苗出土能力弱,覆土不宜过厚,出苗前切勿灌水,以免表土板结。幼苗怕晒,需适当遮阴。在北方冬季需对幼苗采取如用稻草包干等防寒措施。春季在温床内根插,容易成活;也可在夏季用软枝在沙箱内扦插。高压宜在春季4月中旬进行,并进行环状剥皮处理,秋季发根,入冬即可剪下培养。七叶树生长较慢,主根深而侧根少,不耐移栽,在苗圃培养期间要尽量减少移栽次数。

(5)栽培　为保证绿化定植成活率高,栽植需带土球,栽植坑要挖得深些,多施基肥。栽后还要用草绳卷干,以防树皮受日灼之害。移栽时间应在深秋落叶后至翌春发芽前进行。注意旱时浇水,适当施肥,可促使植株生长旺盛。因树皮薄,易受日灼,故在深秋及早春要在树干上刷白。常有天牛、吉丁虫等幼虫蛀食树干,应注意及时防治。

(6)园林用途　本种树干耸直,树冠开阔,树姿优美,叶大而形美,遮阴效果好,初夏又有白花开放,是世界著名的观赏树种之一,最宜栽作庭荫树及行道树用。在建筑前对植、路边列植或孤植、丛植于草坪、山坡都很合适。为防止树干遭受日灼之害,可与其他树种配植。

7.1.10　栾树 *Koelreuteria paniculata* 无患子科、栾树属

(1)形态　落叶乔木,高达15 m。树皮灰褐色,细纵裂。小枝稍有棱,无顶芽,皮孔明显。奇数羽状复叶,长达40 cm,小叶7~15,卵形或卵状椭圆形,缘有不规则粗齿,近基部常有深裂片,背面沿脉有毛。花小,金黄色,顶生圆锥花序,宽而疏散。蒴果三角状卵形,长4~5 cm,顶端尖,成熟时红褐色或橘红色。花期6—7月;果9—10月成熟。

(2)分布　产于中国北部及中部,北自东北南部,南到长江流域及福建,西到甘肃东南部及四川中部,而华北较为常见;日本、朝鲜亦产。多分布于海拔1 500 m以下的低山及平原,最高海拔可达2 600 m。

(3)习性　喜光,耐半阴,耐寒,耐干旱、瘠薄,喜生于石灰质土壤,也能耐盐渍及短期水涝。深根性,萌蘖力强。生长速度中等,幼树生长较慢,以后渐快。有较强的抗烟尘能力。

(4)繁殖　繁殖以播种为主,分蘖、根插也可。因种皮坚硬不易透水,如不经处理第二年春播,常不发芽或发芽率很低。故最好当年秋季播种,经过一冬后第二年春天发芽整齐。也可用

湿沙层积埋藏越冬春播。冬季苗木落叶后即可掘起入沟假植,翌年春季分栽。

(5)栽培　由于栾树树干往往不易长直,栽后可采用平茬养干的方法养直苗干。苗木在苗圃中一般要经 2~3 次移植,每次移植时适当剪短主根及粗侧根,这样可以促进多发须根,使苗木出圃定植后容易成活。栾树适应性强,病虫害少,对干旱、水湿及风雪都有一定的抵抗能力,故栽培管理较为简单。

(6)园林用途　本种树形端正,枝叶茂密而秀丽,春季嫩叶多为红色,入秋叶色变黄,夏季开花,满树金黄,是理想的绿化、观赏树种。宜作庭荫树、行道树及园景树。

7.1.11　木棉(攀枝花) *Gossampinus malabarica* 木棉科，木棉属

(1)形态　落叶大乔木,高达 40 m。树干粗大端直,大枝轮生,平展;幼树树干及枝条具圆锥形皮刺。掌状复叶互生,小叶 5~7 枚。花红色,径约 10 cm,簇生枝端;花萼厚,杯状,花瓣 5。蒴果长椭球形,长 10~15 cm,木质,5 瓣裂,内有棉毛。花期 2—3 月,先叶开放;果 6—7 月成熟。

(2)分布　云南、贵州、广西、广东、四川等省区南部均有分布。多生于干热河谷或低山丘陵次生林中,也常散生于村边路旁,开花时是最美丽、最显著树种之一。

(3)习性　喜光,喜暖热气候,很不耐寒,较耐干旱。深根性,萌芽性强,生长迅速。树皮厚,耐火烧。

(4)繁殖栽培　可用播种、分蘖、扦插等法繁殖。蒴果成熟后曝裂,种子易随棉絮飞散,故要在果开裂前采收,置阳光下晒裂,在处理棉絮纤维时拣出种子。种子贮藏时间不宜过长,一般在当年雨季播种。

(5)园林用途　本种树形高大雄伟,多呈伞形,早春先叶开花,如火如荼,十分红艳美丽。在华南各城市常栽作行道树、庭荫树及庭园观赏树。木棉是广州的市花,也是华南干热地区重要造林树种。

7.1.12　梧桐(青桐) *Firmiana simplex* 梧桐科，梧桐属

(1)形态　落叶乔木,高 15~20 m。树干端直,树皮灰绿色,通常不裂;侧枝每年阶状轮生;小枝粗壮,翠绿色。单叶 3~5 掌状裂;叶柄约与叶片等长。花萼裂片条形,长约 1 cm,淡黄绿色,开展或反卷,外面密被淡黄色短柔毛。花后心皮分离成 5 蓇葖果,远在成熟前即开裂呈舟形;种子棕黄色。花期 6—7 月;果 9—10 月成熟。

(2)分布　原产中国及日本。华北至华南、西南各省区广泛栽培。尤以长江流域为多。

(3)习性　喜光,喜温暖湿润气候,耐寒性不强,在北京栽培幼枝常因干冻而枯死。喜肥沃、湿润、深厚且排水良好的土壤,在酸性、中性及钙质土上均能生长,但不宜在积水洼地或盐碱地栽种,又不耐草荒。积水易烂根,通常在平原、丘陵、山沟及山谷生长较好。深根性,直根粗壮。萌芽力强,一般不宜修剪。生长尚快,寿命较长,能活百年以上。发叶较晚,而秋天落叶早。对多种有毒气体都有较强抗性。

（4）繁殖　通常用播种法繁殖，扦插、分根也可。秋季果熟时采收，晒干脱粒后当年秋播，也可干藏或沙藏至翌年春播。一年生苗高可达 50 cm 以上，第二年春季分栽培养，3 年生苗木即可出圃定植。

（5）栽培　梧桐栽培容易，管理简单，一般不需要特殊修剪。病虫害常有梧桐木虱、霜天蛾、刺蛾等食叶害虫，要注意及早防治。在北方，冬季对幼树要包草防寒。如条件许可，每年入冬前和早春各施肥、灌水一次。

（6）园林用途　梧桐树干端直，树皮青翠，叶大而形美，绿荫浓密，洁净可爱。梧桐很早就被植为庭园观赏树。我国长江流域各省栽培尤多，因其枝叶繁茂，夏日可得浓荫。入秋则叶凋落最早，适于草坪、庭院、宅前、坡地、湖畔孤植或丛植。在园林中与棕榈、修竹、芭蕉等配植尤感和谐，且颇具我国民族风味。梧桐也可栽作行道树及居民区、工厂区绿化树种。

7.1.13　白蜡树(白荆树) *Fraxinus chinensis* 木犀科，白蜡树属

（1）形态　落叶乔木，高 15 m。树皮黄褐色。小枝光滑无毛。小叶通常 7 枚，卵圆形或卵状椭圆形，长 3 ~ 10 cm，先端渐尖，基部狭，不对称。圆锥花序侧生或顶生于当年生小枝上，花萼钟状，无花瓣。叶前开花，果翅披针形。花期 3—5 月，果 10 月成熟。

（2）分布　我国东北、西北、华北至长江下游以北多有引种栽培。

（3）习性　喜光，颇耐寒，耐水湿，也稍耐干旱。对土壤要求不严，碱性、中性、酸性土壤上均能生长。萌芽、萌蘖力均强，耐修剪，生长快，寿命较长。

（4）繁殖栽培　播种或扦插繁殖。

①播种繁殖：翅果于 10 月成熟，剪取果枝，晒干去翅后即可秋播或沙藏。翌年春播，播前用温水浸泡 24 h 或用冷水泡 4 ~ 5 d，也可混以湿沙于室内催芽。当年苗高 30 ~ 40 cm。

②扦插繁殖：于早春芽膨大时，剪取粗细一致的健壮枝条，随采随插，经 1 月左右即可生根发芽。

幼苗移后生长缓慢，不宜每年移植，4 ~ 5 年可出圃。

（5）园林用途　白蜡树形体端正，树干通直，枝叶繁茂，叶色深绿而有光泽，秋叶橙黄，是城市绿化的优良树种，常植作行道树和遮阴树。

7.2　庭荫树

庭荫树一般以自然式树形为宜，除对过密枝、枯枝和病虫枝修剪外，不做过多修剪。庭荫树以枝叶为主，可多施氮肥，促其枝叶浓密、冠大。同时也应注意松土和灌溉等各项管理工作。

习用的庭荫树主要有以下种类：

7.2.1　罗汉松(罗汉杉、土杉) *Podocarpus macrophyllus* 罗汉松科，罗汉松属

（1）形态　常绿乔木，高达 20 m，胸径达 60 cm。树冠广卵形，树皮灰色，浅裂，呈薄鳞片状

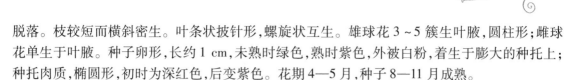

脱落。枝较短而横斜密生。叶条状披针形,螺旋状互生。雄球花 3 ~ 5 簇生叶腋,圆柱形;雌球花单生于叶腋。种子卵形,长约 1 cm,未熟时绿色,熟时紫色,外被白粉,着生于膨大的种托上;种托肉质,椭圆形,初时为深红色,后变紫色。花期 4—5 月,种子 8—11 月成熟。

(2)分布　产于江苏、浙江、福建、安徽、江西、湖南、四川、云南、贵州、广西、广东等省区,在长江以南各省均有栽培。日本亦有分布。

(3)变种、变型

①狭叶罗汉松 var. *angustifolius*:叶长 5 ~ 9 cm,宽 3 ~ 6 mm,叶端渐狭成长尖头,叶基楔形。产于四川、贵州、江西等省,广东、江苏有栽培。日本亦有分布。

②小罗汉松 var. *maki*:小乔木或灌木,枝直上着生。叶密生,长 2 ~ 7 cm,较窄,两端略钝圆。原产日本,在我国江南各地园林中常有栽培。朝鲜、日本、印度亦多栽培。

③短叶罗汉松 var. *mak*:叶特短小。江、浙有栽培。

(4)习性　较耐阴,为半阴性树。喜排水良好而湿润的砂质土壤,又耐潮风,在海边也能生长良好。耐寒性较弱,在华北只能盆栽,培养土可用砂和腐质土等量配合。本种抗病虫害能力较强。对多种有毒气体抗性较强。寿命很长。

(5)繁殖　可用播种及扦插法繁殖。种子发芽率80% ~ 90%。扦插时以在梅雨中施行为好,易生根。斑叶品种如"银斑"罗汉松等,可用切接法繁殖。

(6)栽培　定植时,如是壮龄以上的大树,须在梅雨季带土球移植。罗汉松较耐阴,故下枝繁茂,亦很耐修剪。

(7)园林用途　树形优美,绿色的种子下有比其大 10 倍的红色种托,好似许多披着红色袈裟正在打坐参禅的罗汉,故得名。满树上紫红点点,颇富奇趣。宜孤植作庭荫或对植、散植于厅、堂之前。罗汉松耐修剪及适应海岸环境,故特别适宜于海岸边植作美化及防风高篱工厂绿化等用。短叶小罗汉松因叶小枝密,作盆栽或一般绿篱用,很是美观。

7.2.2　榕树(细叶榕) *Ficus microcarpa* 桑科,榕属

(1)形态　常绿乔木,高20 ~ 30 m。树冠广卵形或球形,枝上具须状气生根,下垂入地即生根,又形成一干,形似支柱。叶椭圆形至倒卵形,先端钝尖,基部楔形,革质互生,全缘或浅波状,表面深绿色。春季开花,7—8月果实成熟。

(2)分布　分布于我国华南及印度、菲律宾等地。

(3)习性　性喜温暖多雨气候,要求酸性土壤。

(4)繁殖　用播种、扦插和分蘖法繁殖。播种繁殖的苗木,根部易结块,外形奇特,观赏价值高,但因果实内含有抑制发芽物质,如带果肉随采随播,发芽率和成苗率均低。为提高种子发芽率,可用 2 种方法消除抑制剂:一是将成熟果实于播种前捣碎,放入清水中充分漂洗 3 ~ 4 次,然后捞出阴干,播于苗床上,发芽率达94%;二是将果实干燥一段时间,使抑制剂消除。榕树种子很小,发芽时要求较高的湿度,采用保湿浅播,即先将苗床浇透水,然后撒种,播后覆一层薄土,最后罩塑料薄膜保湿,经常用细眼喷壶喷水,25 ℃气温下,约半个月后即发芽。幼苗下胚轴细长、柔软、怕干旱和积水,若管理不当幼苗大部分死亡。在幼苗出土后 1 个月内,第二片真叶出现时,带土移植。浇水时避免水力太大冲击折断幼苗,一次浇水量不能太多,防止过湿引起病

害。待长出 5~6 片真叶后,才能进入一般管理。幼苗生长较慢,培育大苗需多年。

扦插繁殖,于 4 月用硬枝插,剪取生长粗壮的一年生枝条,截成 10~15 cm,插在疏松土壤中,插后浇水并搭棚遮阴,经常保湿,一个月左右即可生根成活。为培育大苗,大枝扦插也易成活。

(5)栽植　最佳栽植时期为冬末春初,一般于 2—3 月带土球栽植,成活后注意松土、施肥和浇水,并严防摇动。榕树萌芽力很强,当枝叶过密时及时修剪。如任其生长不加破坏,数年即可成荫。

(6)园林用途　榕树冠大枝密,为华南地区良好的庭荫树和行道树。在其他地区只能温室盆栽或制作盆景。

7.2.3　印度胶榕(印度橡皮树) *Ficus elastica* 桑科,榕属

(1)形态　常绿乔木,高达45 m,含乳汁,全体无毛。叶厚革质,有光泽,长椭圆形,长 10~30 cm,全缘,中脉显著,羽状侧脉多而细,平行且直伸。托叶大,淡红色,包顶芽。

(2)分布　原产印度、缅甸,中国华南有分布。

(3)习性　喜暖湿气候,不耐寒。

(4)繁殖　扦插、压条均易成活。

(5)园林用途　我国长江流域及北方各大城市多作盆栽观赏,温室越冬。华南暖地可露地栽培,作庭荫树及观赏树。有各种斑叶的观赏品种,颇为美观,更受人们喜爱。

7.2.4　玉兰(白玉兰、望春花) *Magnolia denudata* 木兰科,木兰属

(1)形态　落叶乔木,高达 15 m。树冠卵球形或近球形。幼枝及芽均有毛。叶倒卵状长椭圆形,长 10~15 cm,先端突尖而短钝,基部广楔形或近圆形,幼时背面有毛。花大,径 12~15 cm,纯白色,芳香,花萼、花瓣相似,共 9 片。花于 3—4 月,叶前开放,花期 8~10 d;果 9—10 月成熟。

(2)分布　原产中国中部山野中,现国内外庭园常见栽培。

(3)习性　喜光,稍耐阴,颇耐寒,北京地区于背风向阳处能露地越冬。喜肥沃适当湿润而排水良好的弱酸性土壤(pH 5~6),但亦能生长于碱性(pH 7~8)土壤中。根肉质,畏水淹。生长速度较慢。

(4)繁殖　可用播种、扦插、压条及嫁接等法繁殖。

①播种法:由于外种皮含油质易霉坏,不宜久藏,故以采后即播为佳,或除去外种皮后行沙藏,于次春播种。幼苗喜略遮阴,在北方于冬季需壅土防寒。

②扦插法:可在夏季用软材扦插法,约经 2 个月生根,成活率不高。在国外多用踵状插,并加底温措施以促进生根;用一般的硬材插很难生根。

③嫁接法:通常用木兰作砧木。靠接法较切接法的成活率高,但生长势不如切接者旺盛。可在 4—7 月行之,而以 4 月为佳,约经 50 d 可与母株切离,但以时间较长为可靠。在国外也常

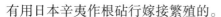

有用日本辛夷作根砧行嫁接繁殖的。

④压条法:母株培养成低矮灌木者可在春季就地压条,经1~2年后始可与母株分离。在南方气候潮湿处亦可采用高压法。

(5)栽培　成活的苗木在苗圃培养4~5年后即可出圃。玉兰不耐移植,在北方更不宜在晚秋或冬季移植。一般以在春季开花前或花谢而刚展叶时进行为佳,秋季则以仲秋为宜,过迟则根系伤口愈合缓慢。移栽时应带土团,并适当疏芽或剪叶,以免蒸腾过盛,剪叶时应留叶柄以便保护幼芽。对已定植的玉兰,欲使其花大香浓,应当在开花前及花后施以速效液肥,并在秋季落叶后施基肥。因玉兰的愈伤能力差,故一般不行修剪,如必须修剪时,应在花谢而叶芽开始伸展时进行。此外,玉兰尚易于进行促成栽培供观赏。

(6)园林用途　玉兰花大,洁白而芳香,是我国著名的早春花木,最宜列植堂前、点缀中庭。民间传统的宅院配植中讲究"玉棠春富贵",其意为吉祥如意、富有和权势。所谓玉即玉兰、棠即海棠、春即迎春、富为牡丹、贵乃桂花。玉兰盛开之际有"莹洁清丽,恍疑冰雪"之赞。如配植于纪念性建筑之前则有"玉洁冰清",象征着品格的高尚和具有崇高理想、脱离世俗之意。如丛植于草坪或针叶树丛之前,则能形成春光明媚的景境,给人以青春、喜悦和充满生气的感染力。此外玉兰亦可用于室内瓶插观赏。

7.2.5　樟树(香樟) *Cinnamomum camphora* 樟科, 樟属

(1)形态　常绿乔木,一般高20~30 m,最高可达50余m。树皮幼时绿色、光滑,老时灰褐色。叶革质、卵形,基出3脉,叶背面微有白粉。5—6月开花,浆果球形,10月成熟时黑色。树冠发展为广卵形。

(2)分布　我国台湾、福建、广东、广西及浙江等省区均有分布。

(3)习性　性喜光,较耐阴,喜温暖湿润,不耐严寒,绝对最低温度-10 ℃时即遭冻害,适生于年平均气温在16 ℃以上的区域。主根发达,侧根少,对土壤要求较严格,只宜在土层深厚、肥沃和湿润的土壤上生长,中性至酸性皆可。

(4)繁殖　播种繁殖,10月下旬从健壮母树上采收成熟的果实,由于浆果易发热霉烂,故采回立即处理。用清水泡2~3 d,搓去果肉,将种子与草木灰混拌脱脂12~24 h,然后洗净,阴干,与湿度为30%的沙子混合贮藏。翌春惊蛰前播种,过迟苗木生长差。播种前将种子用0.5%的高锰酸钾溶液浸2 h灭菌,然后用50 ℃温水间歇浸种催芽,可提前10~13 d发芽,发芽后立即遮阴,及时进行中耕除草和水肥管理。6—7月是苗木生长盛期,每半个月施肥1次,秋季苗高可达70~100 cm。冬季堆土防寒。翌春裸根移植,将主根留10~15 cm短截,并将枝叶剪去1/3~1/2,移植的株行距为40 cm×60 cm,培养3~4年后进行第2次移植。在春季3—4月或秋季进行,移植时带土球,将枝叶剪去1/2,以减少蒸腾,移植株行距为1.5 m×2.0 m,再培育3~4年,当树干直径达5 cm左右时,才能出圃。苗木期间为培养主干,应及时剪去对顶梢生长有威胁的侧枝,充分发挥顶端优势。当中心主枝生长较弱时,剪去顶梢,培养其下方一个强壮侧枝代替主枝延长生长。主干下部的侧枝分层保留,每层留2~3个枝条,随着主干的伸长,每年在上部选留2~3个主枝,同时疏去主干下部的主枝2~3个,使分枝点逐年上移,当主干枝下高达4 m以上时,即可停止修剪,任其生长。

（5）栽培　樟树大苗栽植必须带完整土球，栽植适期以春季芽刚要萌发时为宜。江南一带在清明前后，广东等地在冬季1—3月均可，栽后不仅成活率高，而且幼树能提前生长。

樟树应栽在土层深厚肥沃的道路两侧，如土壤过差要换土。栽植穴应大，内施一层基肥，再覆土20 cm后栽入苗木，填土捣实。为保证樟树成活，习惯上将小枝尽量剪去，只保留很小一部分树冠，这样虽易成活，但对树势的尽快恢复有影响。最好在定植后适当疏去冠内轮生枝1～2根，其余枝条缩到主枝延长方向的2次枝上，既可保留较大的树冠，又能抑制其生长，利于成活。

栽植完毕，立即浇透水，并于下风方向立支柱。栽后如发现叶片萎蔫、落叶焦边，应继续剪枝和喷水，成活后任其生长，只将过密的内膛枝、徒长枝、病枯枝剪去。每年施肥1～2次，干旱时浇水。在土壤pH值较高时，叶片易缺铁黄化，严重的逐渐死亡，故应每年喷施硫酸亚铁或柠檬酸水溶液2～3次，以补充铁元素的不足。樟树主要病虫害有香樟巢蛾、红蜡介壳虫等，应及时防治。

（6）园林用途　樟树姿态雄伟，冠如华盖，有香气，是城市优良的绿化树种，广泛用于庭荫树、行道树及风景林。

7.2.6　枫香(枫树) *Liquidambar Formosana* 金缕梅科，枫香属

（1）形态　乔木，高可达40 m，胸径1.5 m。树冠广卵形或略扁平。树皮灰色，浅纵裂，老时不规则深裂。叶常为掌状3裂(萌芽枝的叶常为5～7裂)，长6～12 cm，基部心形或截形，裂片先端尖，缘有锯齿。花期3—4月，果10月成熟。

（2）分布　产于中国长江流域及其以南地区，西至四川、贵州，南至广东，东到台湾。日本亦有分布。一般垂直分布在海拔1 000 m以下的丘陵及平原。

（3）习性　喜光，幼树稍耐阴，喜温暖湿润气候及深厚湿润土壤，也能耐干旱瘠薄，但较不耐水湿。深根性，主根粗长，抗风力强。幼年生长较慢，入壮年后生长转快。对二氧化硫、氯气等有较强抗性。

（4）繁殖　主要用播种繁殖，扦插亦可。10月当果变青褐色时即采收，过晚种子易散落。果实采回摊开暴晒，筛出种子干藏，至翌年春季2、3月间播种。播前用清水浸种，一般采用宽幅条播，行距25 cm，每公顷播种量15～22.5 kg。筛土覆盖，以不见种子为度。播后盖草，约3周后可出苗，发芽率约50%。幼苗怕烈日晒，应搭稀疏荫棚遮光。1年生苗木高30～40 cm。枫香直根较深，在育苗期间要多移几次，促生须根。

（5）栽培　移栽大苗时最好采用预先断根措施，否则不易成功。移栽时间在秋季落叶后或春季萌芽前。

（6）园林用途　枫香树高干直，气势雄伟，深秋叶色红艳，美丽壮观，是南方著名的秋色叶树种。在我国南方低山、丘陵地区营造风景林很合适。亦可在园林中栽作庭荫树，于草地孤植、丛植或于山坡、池畔与其他树木混植。倘与常绿树丛配合种植，秋季红绿相衬，会显得格外美丽。但因不耐修剪，大树移植又较困难，故一般不宜作行道树。

7.2.7 元宝枫(平基槭) *Acer truncatum* 槭树科,槭树属

(1)形态 落叶小乔木,高达 10 ~ 13 m。干皮灰黄色,浅纵裂;小枝浅土黄色,光滑无毛。叶掌状 5 裂,长 5 ~ 10 cm,有时中裂片又 3 裂,裂片先端渐尖,叶基通常截形。花黄绿色,成顶生伞房花序。翅果扁平,两翅展开约成直角,翅较宽,其长度等于或略长于果核。花期 4 月,叶前或稍前于叶开放;果 10 月成熟。

(2)分布 主产于黄河中、下游各省,东北南部及江苏北部,安徽南部也有分布。

(3)习性 弱阳性,喜侧方庇阴,喜生于阴坡及山谷;喜湿凉气候及肥沃、湿润而排水良好之土壤,在酸性、中性及钙质土壤中均能生长;有一定的耐旱力,但不耐涝,土壤太湿易烂根。萌蘖性强,深根性,有抗风雪能力。不耐干热及强烈日晒,能耐烟尘及有害气体,对城市环境适应性强。

(4)繁殖 主要用播种法繁殖,秋天当翅果由绿变黄褐色时即可采收。晒干后风选净种。种子干藏越冬,第二年春天播前用 40 ~ 50 ℃温水浸 2 h,捞出洗净后用粗沙两倍掺拌均匀,堆置室内催芽,其上用湿润草帘覆盖,每隔 2 ~ 3 d 翻倒一次,约 15 d,待种子有 1/3 开始发芽时即可播种。幼苗易遭象鼻虫、刺蛾幼虫和蚜虫等危害,要注意及时防治。幼苗出土后 3 周即可间苗,雨季要注意排涝。1 年生苗木高可达 1 m 左右。在北京地区因冬季干冷,枝梢易受冻伤,需在秋季落叶后把苗木挖起入假植沟越冬。

(5)栽培 春季移栽后要注意主干的培养,及时修去侧枝,使主干达到要求高度后再培养树冠,一般要 4 ~ 5 年生苗才可出圃定植。此外,为了保持某些单株秋季红叶的特性,可采用软枝扦插繁殖。硬枝扦插生根较难。

(6)园林用途 本种冠大荫浓,树姿优美,春天满树黄花,嫩叶红色,秋季叶又变成橙黄色或红色,是北方重要的秋色叶树种。华北各省广泛栽作庭荫树和行道树,在堤岸、湖边、草地及建筑附近配植皆甚雅致,也可在荒山造林或营造风景林中作伴生树种。春天叶前满树开黄绿色花朵,颇为美观。

7.2.8 珙桐(鸽子树) *Davidia involucrata* 蓝果树科,珙桐属

(1)形态 落叶乔木,高 20 m。树冠呈圆锥形;树皮深灰褐色,呈不规则薄片状脱落。单叶互生,广卵形,长 7 ~ 16 cm,先端渐长尖,基部心形,缘有粗尖锯齿,背面密生绒毛;叶柄长 4 ~ 5 cm。花杂性同株,由多数雄花和 1 朵两性花组成顶生头状花序,花序下有 2 片大形白色苞片,苞片卵状椭圆形,长 8 ~ 15 cm,中上部有疏浅齿,常下垂,花后脱落。花瓣退化或无。核果椭球形,长 3 ~ 4 cm,紫绿色,锈色皮孔显著,内含 3 ~ 5 核。花期 4—5 月;果 10 月成熟。

(2)变种 光叶珙桐 var. *vilmorimiana* Hemsl. 叶仅背面脉腋有毛,其余无毛。

(3)分布 中国特产,产于湖北西部、四川、贵州及云南北部,生于海拔 1 300 ~ 2 500 m 的山地林中。

(4)习性 喜半阴和温凉湿润气候,略耐寒。喜深厚、肥沃、湿润排水良好的酸性或中性土

壤,忌碱性和干燥土壤。不耐炎热和阳光暴晒。在自然界常与木荷、连香树、槭等混生。

（5）繁殖栽培　用种子繁殖,在播前应将果肉除去,并行催芽处理,否则常需至第二年才能发芽。幼苗期应设荫棚,否则易受日灼之害。

（6）园林用途　珙桐为世界著名的珍贵观赏树,树形高大端整,开花时白色的苞片远观似许多白色的鸽子栖息树端,蔚为奇观,故有"鸽子树"之称。宜植于温暖地带的较高海拔地区的庭院、山坡、休疗养所、宾馆、展览馆前,作庭荫树,并有象征和平的含意。

7.3　独赏树

独赏树一般采取单独种植的方式,但有时也用 2~3 株合栽成一个整体树冠。定植的地点以在大草坪上最佳,或植于花坛的中心、道路弯曲的两端、机关厂矿大门入口处、建筑物两侧或斜植于湖畔侧。在独赏树的周围应有开阔的空间,最佳的位置是以草坪为基底、以天空为背景的地段。

在管理上应注意保持自然树冠的完整。

习用的独赏树主要有以下种类。

7.3.1　银杏(白果、公孙树) *Ginkgo biloba* 银杏科, 银杏属

（1）形态　落叶乔木,高 40 m 以上。枝斜出开展,具长短枝。叶革质扇形,有 2 叉叶脉,顶端常 2 裂,有长柄,在长枝上互生,短枝上簇生。雌雄异株。花期 4—5 月,10 月果实成熟,外果皮肉质有恶臭味,种子白色可食。

（2）分布　我国广州以北,沈阳以南均有栽培,以江南最盛。

（3）习性　性喜光,较耐寒,喜湿润、肥沃土壤,在酸性、石灰性(pH 8.0)土壤中均能生长,怕积水。

（4）繁殖　播种和嫁接法繁殖。播种繁殖于 9—10 月采种,将果实铺在地上,覆稻草,或堆于阴湿处,厚约 30 cm,4~5 d 后肉质外种皮腐烂,用水淘洗出种子,摊晒 2~3 h 后,即可冬播或湿沙贮藏。春播在 2 月下旬至 3 月上旬进行,行距 25~30 cm,点播株距 10 cm,播后复土 3~4 cm,稍镇压,发芽率 85% 以上。每亩播种量 20~22 kg。苗期易生茎腐病,喷波尔多液预防。经常松土除草,保持土壤疏松通气,6—7 月追肥 2~3 次,8 月后停止水肥。秋季当年生苗高 20~30 cm。翌春移植,株行距 40 cm×60 cm,以后每隔 2~3 年移植一次,当苗高达 2~3 m 时出圃。

嫁接繁殖结实早,用干径达 4~5 cm 粗的实生苗做砧木,2~3 年生长 20~25 cm,具 5~7 个短枝的枝条做接穗、用插皮接嫁接,砧木于 1.7~2 m 处断砧,每砧木上接 2~3 个接穗,接后用塑料袋于接口下方扎紧,内装湿润土壤,露出接穗 6~7 cm,成活率达 95% 左右。嫁接时期以清明前 15 d,清明后 5 d 为宜,成活率最高。

银杏根颈部易萌生大量根蘗,取高 1 m 左右带细根的萌条,移入苗圃可用以繁殖。

（5）栽植　早春萌动前裸根栽植。若根系过长,栽时适当修剪,株距 6~8 m。定植后每年春秋各施肥一次。银杏主干发达,应保护好顶芽,不需修剪,任其生长。银杏怕积水,当积水深

15 cm,10 余天即死亡,雨季应及时排水,以免影响生长。

（6）园林用途　银杏雄伟挺拔,古朴清幽,叶形如扇,秋叶金黄,临风如金蝶飞舞,别具风韵。寿命长、病虫害少,是理想的独赏树、庭荫树和行道树,也是制作盆景的好材料。

7.3.2　南洋杉 *Araucaria cunninghamii* 南洋杉科，南洋杉属

（1）形态　常绿乔木。幼树呈端正尖塔形,老树成平顶状,分枝规则,轮生,水平展开,小枝平伸或下垂。叶二型,侧枝和幼枝上的叶多呈针状,生于老枝上的叶则紧密,卵状或三角状锥形。雌雄异株,球果直立。

（2）分布　原产南美洲、大洋洲、新几内亚等热带、亚热带和温带地区。我国广东、福建、海南岛等地有栽培。

（3）习性　性喜温暖湿润,不耐寒冷干燥,喜在肥沃湿润和排水良好的土壤上生长,生长快,萌蘖力强。

（4）繁殖　播种、扦插和压条法繁殖均可。播种繁殖时,秋季当球果呈褐色时即采收,摊成单层在木板上干燥,经常翻动,几天后球果开裂时取出种子。因种子寿命短,采后 1 个月内播种,如不及时播,应低温、湿润、密封贮藏。用塑料袋贮藏效果很好,贮藏的种子取出后,生命力仅保持 1 周,应即播,不需处理。春季播种后需覆一层锯末,在 21 ~ 29 ℃湿润条件下,约 10 d 发芽,发芽后立即遮阴。当75%的苗木高达 15 ~ 23 cm 时,移入营养钵栽植,移时尽量少伤根,继续遮阴,培育 2 年出圃。出圃前一个月逐渐使苗木接受全光照。成活率50% ~ 60%。

扦插繁殖为我国南洋杉的主要繁殖方法。将幼树截顶后,使其侧芽抽成新梢,将新梢剪下扦插,在 13 ~ 16 ℃条件下很快生根。但用侧枝扦插,长成的植株多斜生,选用主干式徒长枝扦插较好。

（5）栽植　春季带土球栽植,栽后应经常保持土壤湿润,成活后适当施肥,并经常保持空气湿润。在较寒冷的地区栽植,冬季应注意防寒。栽后不修剪,保持其端正秀丽的树形。我国中部及北方各城市,多行盆栽观赏。冬季入温室越冬,越冬温度要求在 5 ℃以上。北方地区气候干燥,夏季应置于荫棚架下,并经常喷水增湿。

（6）园林用途　南洋杉以高大挺直、冠形匀称、端庄秀美,净干少枝而著称于世,与雪松、巨杉、金钱松、日本金松同为世界著名五大观赏树种,孤植、列植、群植均宜。广州庭园中多见种植。

7.3.3　金松(伞松、日本金松) *Sciadopitys verticillata* 松科，金松属

（1）形态　常绿乔木,在原产地高达40 m,胸径 3 m。枝近轮生,水平开展,树冠无论幼年或老年期均为尖圆塔形。叶有 2 种:一种形小、膜质、散生于嫩枝上,呈鳞片状,称鳞状叶;另一种聚簇枝梢,呈轮生状,称完全叶。雌雄同株,球果卵状长圆形。

（2）分布　原产日本,中国青岛、庐山、南京、上海、杭州、武汉等地有栽培。

（3）习性　阴性树,有一定的抗寒能力,在庐山、青岛及华北等地均可露地过冬。喜生于肥

沃深厚土壤上,不适于过湿及石灰质土壤。在阳光过强、土地板结、养分不足处生长极差,叶易发黄。日本金松生长缓慢,但达10年生以上可略快,至40年生为生长最速期。本树在原产地海拔600~1 200 m处有纯林,或与日本花柏、日本扁柏等混生。

(4)繁殖　可用种子、扦插或分株法,但种子发芽率极低。

(5)栽培　日本金松移栽成活较易,病虫害也较少。

(6)园林用途　为世界五大公园树之一,是名贵的观赏树种,又是著名的防火树,日本常于防火道旁列植作为防火带。

7.3.4　雪松 *Cedrus deodara* 松科,雪松属

(1)形态　常绿乔木,高达50~72 m。树冠塔形,树皮深灰色,大枝不规则轮生,小枝微下垂,具长短枝。针叶长3~5 cm,幼时有白粉,簇生于短枝端,在长枝上螺旋式排列。雌雄异株,稀同株。球果长7~10 cm,种子三角形,花期10—11月,球果翌年9—10月成熟。

(2)分布　原产喜马拉雅山西部,自阿富汗至印度,现长江流域各大城市均有栽培。

(3)习性　性喜光,稍耐阴,喜温暖、湿润气候,要求在深厚、肥沃和排水良好的土壤上生长,怕积水,耐旱力较强,抗烟尘和二氧化硫等有害气体能力差。

(4)繁殖　用播种和扦插繁殖。雪松雌雄异株,并且花期不遇,自然结实困难,南京、青岛等地多行人工辅助授粉取得种子。春季用干藏的种子播种时,需浸水1~2 d,高床条播,行距12~15 cm,株距4~5 cm,播后覆土盖草,约半月开始发芽,及时遮阴,每10~15 d施肥一次,及时中耕除草和浇水,当年秋季苗高约20 cm,冬季留床,翌春移植,株行距为15 cm×20 cm,2年生苗高达40 cm。培育大苗应再移植一次,培育7~8年后可出圃。幼苗期其顶梢柔软下垂,应立一木杆将主梢松松缚住,使主梢向上直立生长,当主梢下端出现强壮侧枝与其竞争时,应及时剪去,防止形成双杆苗。当主梢受损后及时扶立其下方紧靠主梢的侧枝做主枝,使其直立向上生长,以代替主梢。雪松幼苗易患立枯病,发芽后应及时喷药防治。

扦插繁殖于春、夏和秋均可进行,唯母树年龄对插条成活率的高低有决定性的影响。母树年龄越小,插条切口分化根的能力越强。因实生母树和幼龄扦插母树上的1年生枝条中,薄壁细胞含量多,激素量也多,抑制生根物质少,故易于生根。一般从10年生以内的母树上采条扦插,成活率较高。春插于2—3月树木萌发前进行,夏插在5—6月新梢较老熟后进行,秋插用当年生枝条于8—9月进行。插条长15 cm左右,剪去2次枝,把插入土壤部分的针叶摘除,插前用500×10^{-6}的萘乙酸溶液浸插条基部数秒钟,然后扦插,入土深3~5 cm,扦插后立即喷水并搭荫棚遮阴,每天早晚各喷水一次,但土壤不宜过湿,否则插条腐烂。成活后留床1年,翌春移植,经2~3次移植后即可出圃。

培育大苗期间,应经常修剪去过密枝、弱枝、病枯枝和双权枝,使枝条分布匀称,主干下部枝条保留不剪,使自下而上树形丰满。

(5)栽植　春季萌芽前带土球栽植,栽植地点的土壤必须疏松,湿润不积水。土质过差因行换土栽植。定植后适当疏剪枝条,使主干上侧枝间距拉长,过长枝应短截,成活后任其自然生长。栽后视天气情况酌情浇水,成活后任其自然生长。成活后施些稀肥,每年除施肥、浇水外,经常中耕松土,保持土壤疏松,则生长旺盛。

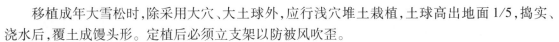

移植成年大雪松时,除采用大穴、大土球外,应行浅穴堆土栽植,土球高出地面1/5,捣实、浇水后,覆土成馒头形。定植后必须立支架以防被风吹歪。

(6)园林用途　雪松树形优美,高大如塔,是世界著名观赏树种之一,适宜孤植观赏,也可植为行道树、庭荫树。

7.3.5　白皮松(虎皮松、白骨松、蛇皮松) *Pinus bungeana* 松科,松属

(1)形态　乔木,高达30 m,胸径1 m余。树冠阔圆锥形、卵形或圆头形。树皮淡灰绿色或粉白色,呈不规则鳞片状剥落。针叶3针1束,长5~10 cm,边缘有细锯齿。花期4—5月;果次年9—11月成熟。

(2)分布　为中国特产,是东亚唯一的三针松。在陕西蓝田有成片纯林,山东、山西、河北、陕西、河南、四川、湖北、甘肃等省均有分布,生于海拔500~1 800 m地带。

(3)习性　阳性树,稍耐阴,幼树略耐半阴,耐寒性不如油松,喜生于排水良好而又适当湿润的土壤上,对土壤要求不严,在中性、酸性及石灰性土壤上均能生长,可生长在pH=8的土壤上。也能耐干旱土地,耐干旱能力较油松为强。

白皮松是深根性树种,较抗风,生长速度中等,在初期不如油松,但在后期较油松快,20年生的高可达4 m。

白皮松寿命很长,是有千余年的古树。在常绿针叶树中,白皮松对SO_2气体及烟尘均有较强的抗性。其抗性较油松强。

(4)繁殖　用种子繁殖。每百千克松果约可得种子5~8 kg,发芽率60%。播前应行浸种催芽,适当早播,可减少立枯病的发生。播种覆土后可盖塑料薄膜或喷土面增温剂。幼苗出土后需注意防鸟类、鼠为害,因为松属幼苗是带壳出土,大约20 d壳脱落后即可避免鸟类啄食了。当年苗高仅3~4 cm,冬初应埋土防寒过冬,次年春应除土灌水,当年可发生多数侧芽;2年生苗高10 cm左右,应进行第一次裸根移植,株行距30 cm×50 cm;四五年生苗高30~50 cm,可行第二次移植,应带土团,株行距60 cm×120 cm;10年生苗高可达1 m以上,可带土团再移植一次,以培养大苗,供城市园林绿化用。如行荒山绿化造林时,则用2年生苗即可。

(5)栽培　白皮松之主根长,侧根稀少,故移植时应少伤根。白皮松对病虫害的抗性较强,较易管理。对主干较高的植株,需注意避免干皮受日灼伤害。

(6)园林用途　白皮松是特产中国的珍贵树种,自古以来即用于配植宫廷、寺院以及名园之中。其树干皮呈斑驳状的乳白色,且随着其年龄增长,白色越来越显著,衬以青翠的树冠,可谓独具奇观。宜孤植,亦宜团植成林或列植成行或对植堂前。

7.3.6　巨杉(世界爷、北美世杉) *Sequoiadendron gigantea* 杉科,巨杉属

(1)形态　常绿巨乔木,在原产地高达100 m,胸径达10 m,干基部有垛柱膨大物。树皮深纵裂,厚30~60 cm,呈海绵质;树冠阔圆锥形。冬芽小而裸露;小枝初现绿色,后变淡褐色;叶鳞状钻形,螺旋状排列。雌雄同株。球果椭圆形,次年成熟。

（2）分布　原产美国加州。我国杭州等地引种栽培。

（3）习性　阳性树,生长快,树龄极长。

（4）繁殖　播种繁殖,但幼苗易生病害。

（5）园林用途　为世界著名树种,可作园景树用。

7.3.7　竹柏(大叶沙木、猪油木) *Podocarpus nagi* 罗汉松科, 罗汉松属

（1）形态　常绿乔木,高 20 m。树冠圆锥形。叶对生,革质,形状与大小很似竹叶,故名。花期 3—5 月。种子 10 月成熟。

（2）分布　产于浙江、福建、江西、四川、广东、广西、湖南等省。

（3）习性　性喜温热湿润气候。大抵分布于年平均气温 18～26 ℃,极端最低气温达-7 ℃,但 1 月平均气温在 6～20 ℃,年雨量在 1 200～1 800 mm 的地区。竹柏为阴性树种,对土壤要求较严,在排水好而湿润,富含腐殖质的深厚呈酸性的沙壤或轻黏壤上生长良好。有良好的自然更新能力,在竹柏林中和其他阔叶林下常可见到自然播种的幼苗。幼苗初期生长较慢,至四五年后可逐渐变快。一般 10 年生的可高 5 m 余,胸径 8～10 cm。10 年生左右可开始开花结实。

（4）繁殖栽培　用播种及扦插法繁殖。种子千粒重约 500 g。种子含油多,不宜久藏,最好采后即播,发芽率可达 90% 以上;又应切忌暴晒,在强光下仅晒 3 d 即可完全丧失发芽能力。一般每 666 m² 需种子 15 kg,约能产苗 2 万株。幼苗期应设荫棚,当年苗高可达 25 cm。竹柏不耐修剪。

（5）园林用途　竹柏的枝叶青翠而有光泽,树冠浓郁,树形美观,是南方良好的庭荫树和园林中的行道树,亦是城乡四旁绿化用的优秀树种。

7.3.8　广玉兰(荷花玉兰) *Magnolia grandiflora* 木兰科, 木兰属

（1）形态　常绿乔木。小枝、芽和叶背有锈毛,叶革质,叶表有光泽,长椭圆形,长 10～20 cm,叶缘微反卷。花期 5—6 月,花大,白色,芳香,杯状形,生于枝顶。果实 10 月成熟。

（2）分布　长江流域以南地区广为栽培。

（3）习性　性喜光,幼时能耐阴,喜温暖湿润气候,亦有一定的耐寒力,能经受短期的-19 ℃低温而叶部无显著损害。要求肥沃深厚的酸性或中性土壤,抗烟尘和二氧化硫等有害气体能力强,抗病虫能力强。

（4）繁殖　用播种、嫁接、扦插和压条法繁殖。播种繁殖时,于秋季采种,随采随播,也可沙藏至翌春播种,发芽率高。幼苗生长缓慢,定苗稍密些,翌春移植。培育 2～3 年后再扩大株行距移植一次,经 1～2 次移植后,干径达 4～5 cm 时即可出圃。但实生苗叶背无锈毛。

嫁接繁殖于 4 月芽尚未萌发时进行,砧木用广玉兰、白玉兰、紫玉兰的实生苗、扦插苗或分株、压条苗,砧木要求一二年生,粗 1～2 cm 为宜。用粗壮的一年生广玉兰枝条做接穗,长 10～15 cm,带 2～3 个芽,切接或舌接在砧木上,然后堆土盖住接穗顶部,干旱时浇水,一月后接穗萌

芽出土,分次扒开土堆,使幼芽顺利向上生长。及时剪蘖和松绑。当幼苗长至30 cm 时,在苗木旁立枝杆防风倒。生长期内每月施肥1~2 次,按时浇水和松土除草。如发现花芽,要摘去,不使其开花,以保证养料供苗木生长,当年生苗高可达60~100 cm,翌春移植,培养数年后,再移植1 次,当干径达绿化大苗规格时即可出圃。

(5)栽植 春季3—4月根开始萌动后,带土球栽植,为利于成活,在不破坏树形的原则下,适当剪稀枝叶,留下的侧枝应上下相互错落着生在主干上,切忌上下层枝重叠生长。广玉兰枝条脆而易折,抗风力弱,栽后应及时立支杆。成活后生长期施肥1~2 次,并根据需要定枝下高。此树萌芽力不强,对保留的侧枝不要随便疏去或短截,只对密枝、弱枝、病虫枝等适当疏剪,任其自然生长。

长江以北各地冬季较冷,栽植后头几年应卷干防寒,4~5 年后逐渐撤除。

(6)园林用途 广玉兰枝浓叶茂,花、叶兼美,为阔叶树类中少见的优美观赏树种,可孤植观赏,也可列植为行道树或丛植于开阔之草坪。

7.3.9 垂丝海棠 *Malus halliana* 蔷薇科，苹果属

(1)形态 小乔木,高5 m。树冠疏散。枝开展,幼时紫色。叶卵形至长卵形,质较厚实,表面有光泽;叶柄及中肋常带紫红色。花4~7 朵簇生于小枝端,鲜玫瑰红色,径3~3.5 cm。花柱4~5,花萼紫色,萼片比萼筒短而端纯;花梗细长下垂,紫色。花期4月,果熟期9—10月。

(2)分布 产于江苏、浙江、安徽、陕西、四川、云南等省,各地广泛栽培。

(3)习性 喜温暖湿润气候,不耐寒冷、干燥,在北京良好的小气候条件下勉强能露地栽植。

(4)繁殖栽培 繁殖多用湖北海棠为砧木进行嫁接,栽培容易。

(5)园林用途 本种花繁色艳,朵朵下垂,是著名的庭园观赏花木。在江南庭园中尤为常见;在北方常盆栽观赏。

7.3.10 紫叶李(红叶李) *Prunus cerasifera* Ehrhar f. 蔷薇科，梅属

(1)形态 落叶小乔木,高达8 m。小枝光滑。叶卵形至倒卵形,长3~4.5 cm,端尖,基圆形,重锯齿尖细,紫红色,背面中脉基部有柔毛。花淡粉红色,径约2.5 cm,常单生,花梗长1.5~2 cm。果球形,暗酒红色。花期4—5月。红叶李是其观赏变型。

(2)习性 性喜温暖湿润气候。

(3)繁殖栽培 繁殖可以桃、李、梅或山桃为砧木进行嫁接。在北京背风向阳之小气候良好处可露地越冬。

(4)园林用途 此树整个生长季叶都为紫红色,宜于建筑物前及园路旁或草坪角隅处栽植,唯须慎选背景之色泽,方可充分衬托出它的色彩美。

7.3.11 凤凰木 *Delonix regia* 豆科，凤凰木属

（1）形态 落叶乔木，高达 20 m。树冠开展如伞状。复叶具羽状 10 ~ 24 对，对生，小叶 20 ~ 40 对，对生，近矩圆形，长 5 ~ 8 mm，宽 2 ~ 3 mm，先端钝圆，基部歪斜，两面均有毛。花萼绿色，花冠鲜红色，上部的花瓣有黄色条纹。荚果木质。花期 5—8 月。

（2）分布 原产马达加斯加岛及热带非洲，现广植于热带各地；台湾、福建南部、广东、广西、云南均有栽培。

（3）习性 性喜光，热带树种不耐寒，生长迅速，根系发达。抗风力强，要求排水良好土壤。耐烟尘性差。

（4）繁殖 用播种法繁殖。

（5）栽培 移植易活。

（6）园林用途 本树树冠宽阔，叶形如鸟羽，有轻柔之感，花大而色艳，初夏开放，满树如火，与绿叶相映更为美丽。用作热带地区优美的庭园观赏树及行道树。

7.3.12 鸡蛋花(缅栀子、蛋黄花、大季花) *Plumeria rubra* cv. Acutifolia 夹竹桃科，鸡蛋花属

（1）形态 落叶小乔木，高 5 ~ 8 m，全株无毛。枝粗壮肉质。叶互生，常聚集于枝端，长圆状倒披针形或长椭圆形，长 20 ~ 40 cm，顶端短渐尖，基部狭楔形，全缘。聚伞花序顶生；花萼裂片小，不张开而压紧花冠筒；花冠漏斗形，外面白色，内面黄色，芳香。蓇葖果双生。花期 5—10 月。

（2）分布 原产墨西哥。我国广东、广西、云南、福建等省区有栽培，长江流域及其以北地区常温室盆栽。

（3）习性 性喜光，喜湿热气候，耐干旱，喜生于石灰岩山地。

（4）繁殖 扦插或压条繁殖，极易成活。

（5）园林用途 鸡蛋花树形美观，叶大深绿，花色素雅而具芳香，常植于庭园中观赏。

其原种红鸡蛋花 *Plumeria rubra* L. 花冠深红色，花期 3—9 月。我国华南也有栽培，但数量较少。

7.4 花灌木

本类植物在园林中具有巨大作用，应用极广，具有多种用途。有些可作独赏树兼庭荫树，有些可作行道树，有些可作花篱。在配置应用的方式上亦是多种多样的，可以独植、对植、丛植、列植。本种在园林中不但能独立成景，而且可与各种地形及设施物相配合而起到烘托、对比、陪衬等作用，如植于路旁、坡面、道路转角、座椅旁、岩石旁或与建筑相配作基础种植用，或配植湖边、岛边形成水中倒影。花木又可依其特色布置成各种专类花园，也可依花色的不同配置成具有各

种色调的景区,还可依开花季节的异同配置成各季花园,同时可集各种香花于一堂布置成各种芳香园。总之,将观花树种称为园林树木中之宠儿并不为过。

本类植物在养护管理上要求精细,花前、花后要勤施肥,多浇水,才能花繁叶茂,姹紫嫣红。而修剪是促进花木类多开花的方法之一,由于各种花木开花时期不同,花朵着生的枝条年龄不同,故修剪时期也有差别。春花植物一般在开花之后的春末夏初进行修剪,因为春花植物的花芽着生在头年生的枝条上,越冬后翌春开花。夏秋花植物则应在落叶后至春季发芽前修剪,因其花芽着生在春季萌发的当年生枝条上,夏秋开花。一年多次抽梢多次开花的植物,则每次花后修剪。只有正确的修剪才能使花木年年繁花不断。如不根据植物开花习性修剪,必然将大量花枝剪掉,造成花量减少。

本类植物种类繁多,习见园林栽培的主要有以下种类。

7.4.1 苏铁(凤尾蕉、凤尾松、避火蕉、铁树) *Cycas revoluta* 苏铁科,苏铁属

(1)形态 常绿棕榈状木本植物,茎高 5 m。叶羽状,长达 0.5 ~ 1.5 m,厚革质而坚硬,羽片条形,长达 18 cm,边缘显著反卷。雄球花长圆柱形,小孢子叶木质,密被黄褐色绒毛;雌球花略呈扁球形,大孢子呈宽卵形,密被黄褐色绵毛。种子卵形而微扁,长 2 ~ 4 cm。花期 6—8 月,种子 10 月成熟,熟时红色。

(2)分布 原产中国南部,在福建、台湾、广东各省均有分布。

(3)习性 喜暖热湿润气候,不耐寒,在温度低于 0 ℃时即受害。生长速度缓慢,寿命可达2 000 余年。

(4)繁殖栽培 可用播种、分蘖、埋插等法繁殖。播种法为在秋末采种贮藏,于春季稀疏点播。在高温处颇易发芽。培养 2 ~ 3 年后可行移植。分蘖法为自根际割下小蘖芽栽植培养。如蘖芽不易发芽时,可罩以花盆于其上,使其不见阳光,则易发叶。待叶发出后,再去除花盆,置荫棚下,以后逐渐使受充足阳光。埋插法为将苏铁茎干切成厚 10 ~ 15 cm 的厚片,埋于砂壤中,待四周发生新芽,即另行分栽,用此法时应注意勿浇大水,否则易腐烂。

因苏铁性喜暖热,如当地冬季气温较低,易导致叶色变黄凋萎,可用稻草将茎叶全体自下向上扎缚,至春暖解缚后,待新叶萌发时乃将枯叶剪除。盆栽时忌用黏质土壤,亦忌浇水过多,否则易烂根。一般不需施肥,但如欲使叶色浓绿而有光泽,则可施用油粕饼。移植以在 5 月以后气温较高时为宜。

(5)园林用途 苏铁体形优美,有反映热带风光的观赏效果,常布置于花坛的中心或盆栽布置大型会场内供装饰用,也可作园景树及桩景等。

7.4.2 牡丹(木芍药、洛阳花、富贵花、天香国色) *Paeonia suffruticosa* 毛茛科,芍药属

(1)形态 落叶灌木。茎高 1 ~ 2 m,枝粗壮,叶互生,为重出羽状复叶,小叶形不规则。嫩叶紫色,老叶淡绿色或灰绿色,平滑无毛。根肥大肉质。4—5 月开花。花大,直径 10 ~ 30 cm,单瓣或重瓣,有紫、红、粉红、黄、白、墨紫、豆绿等色。

（2）品种　牡丹品种甚多，传统习惯按花色分为8类，现在多按形态进化规律分为：单瓣类、复瓣类和平瓣类、楼子类。各类又包括多种花型，如莲花型、托桂型、绣球型等。

（3）习性　原产我国西北。性喜温凉，喜干燥，怕水湿，要求阳光充足，但不耐高温，过于炎热则叶早落半休眠，稍耐阴，在花期稍阴可延长花期。耐寒力较强，在冬季极端低温不低于-18℃地区，可安全越冬。而-20℃以下的华北、西北和东北地区，冬季需覆土防寒。根粗长多汁，要求在地势高燥、土层深厚肥沃、排水良好的砂质土壤上生长。

（4）繁殖　牡丹可用分株、播种、嫁接及压条法进行繁殖，以分株法为主。

用播种法于8—9月果实成熟时随采随播，也可贮藏至翌春播种。因牡丹种子其胚中含有抑制生根物质，如贮藏后播种发芽困难。当种子变黄即生理成熟时，立即采种和播种最好。在苗床、花盆内播种，覆土宜薄，并注意保湿，夏季烈日应遮阴，秋播者当年发根，翌春出土，发芽率可达80%～90%。播后3年移植再培养2年即可开花。

珍贵品种可采用嫁接法繁殖。于8—9月进行。砧木可用芍药或牡丹的实生苗（本砧）。芍药作砧木，木质柔软，易于嫁接，成活后初期生长旺盛。牡丹做砧木，木质较硬，难嫁接，成活后初期生长缓慢，但寿命较长，分枝多。可用腹接法或掘接法嫁接。掘接时，将芍药根或牡丹根于国庆前后挖出，放在阴凉处阴干2～3 d，使其变软。接穗用当年生枝，长8～10 cm，粗0.5～1 cm，用利刀削成三角棱形，长1.5～2 cm，然后将接穗插入砧木裂缝中，用塑料带扎紧，涂以泥浆或接蜡，开沟种植，务使接口与地表齐平，然后封土越冬。翌春发芽生长。

据菏泽地区经验，如白色品种接穗嫁接在白色砧木上，则易活，而其色更洁白；如接于红色砧木上，则白色花瓣基部产生红晕。如红色品种接于红色砧木时，则红色更浓；接在白色砧木上时，则在白色砧木上时，红色变淡。

分株繁殖在8—10月进行，一般每隔4年分株一次。将植株挖起，因根脆易断，挖掘时应注意。挖出后除去泥土放阴凉处2～3 d，待根变软后用手分开或用刀切割。植株小的将其一分为二，大株可分成3～4株。但枝干数与根部应相称。为了防止切口腐烂，分割后阴干2～3 d再栽，或用1%硫酸铜溶液进行消毒。

一般老根切开易腐烂，细根是新生的，带一点老根切开较宜。

（5）栽植　牡丹系深根性花卉，应选土层深厚处栽植，如在土层厚度不适宜或排水不甚理想处，应筑台栽植。深度应保持原深度，过深则不开花，栽后浇水使根系与土壤紧密结合。

牡丹的栽植与分株同时进行，不可过早，以免导致秋季发新梢，遭受冻害。栽植不宜过密，以叶接而枝不相接为宜，使通风透光好而又不磨损花芽。

牡丹施肥一般每年2～3次。第一次在清明前后，其时正是牡丹发叶不久，花蕾发育增大期，以促使枝叶花蕾生长发育良好。第二次在开花后，对枝叶生长和花芽分化有利。第三次在冬季土壤冻结之前进行。肥料以腐熟的有机肥为宜，如施人粪尿，土壤则疏松。用沟施、环施。北方干燥，雨季之前可结合施肥浇水2～3次。雨季要注意及时排水，保证排水流畅。此外，要及时进行松土除草，保证土壤疏松通气。

整形修剪是牡丹栽培中的重要措施，对保持株形、开花数量及质量至关重要。牡丹在春季抽梢的顶部开花，花后应剪去残花，不使其结籽，减少养料消耗。植株基部易发生萌蘖使枝条过密，春季应及时除蘖，每株留5～8个主枝。过少花稀，过多则养分不足，影响花朵的形与色。枝条应分布均匀使株形饱满，主枝间高度不宜相差过多，过高者短剪，用侧芽代替。主枝不足或冠形不完整者，应酌留侧枝。梢部枝条一般不充实，有"长一尺退七寸"之说，冬季常枯梢。应在7

月之前花芽未分化时,适当短剪,使枝条生长粗壮充实,集中养料供花芽分化,又可获得低矮的株形,塑春花大花多,疏剪或短剪也可于落叶后进行。

牡丹枝条很脆,花朵太大,初开时易被折断枝干或被风吹折,可用细秆立于植株旁来固定花枝,为了美观,支秆可漆成绿色。

盆栽牡丹,一定要选用深盆,并填入疏松培养土,多施肥水,满足根系伸长和生长的需要,才能开花。

(6)病虫害　根颈部易腐烂,叶片易患黑斑病、叶斑病与花叶病,可于发芽后每2周喷等量波尔多液进行预防。如已发病,可喷施1 000倍的代森锌,并将受害部位剪除烧掉。牡丹虫害以介壳虫为主,可用500倍的氟乙酰胺防治。

如欲春节室内观花,可在11月挖苗上盆并移入温室进行加温处理。适宜促成栽培的品种有胡红、赵粉、墨魁等。

(7)园林用途　牡丹为我国特产的名贵花卉,一向被誉为"花王",也是世界著名的花卉,各国均有栽培,在园林中占有重要地位。常以多种布局植于庭园中,并为之砌台、配湖石,无论群植、丛植、孤植,或搜集著名品种开辟专类花园均甚适宜。

7.4.3　南天竹 *Nandina domestica* 小檗科,南天竹属

(1)形态　常绿灌木,高达2 m。干直立,丛生而少分枝。2~3回羽状复叶,互生,中轴有关节,小叶椭圆状披针形,长3~10 cm,先端渐尖,基部楔形,全缘,两面无毛。花小而白色,成顶生圆锥花序,花期5—7月。浆果球形,鲜红色,果9—10月成熟。

(2)分布　原产中国及日本。江苏、浙江、安徽、江西、湖北、四川、陕西、河北、山东等省均有分布。现国内外庭园广泛栽培。

(3)习性　喜半阴,但在强光下亦能生长,唯叶色常发红。喜温暖气候及肥沃、湿润而排水良好的土壤,较耐寒性,对水分要求不严。生长较慢。

(4)繁殖栽培　可用播种、扦插、分株等法。播种于秋季果熟后采下即播,或层积沙藏至次春3月播种,播后一般要3个月才能出苗,幼苗需设棚遮阴。幼苗生长缓慢,第一年高3~6 cm,3~4年后高约50 cm,始能开花结果。扦插用1~2年生枝顶部,长15~20 cm,于3月上旬或7—8月雨季进行均可。分株多于春季3月芽萌动时结合移栽或换盆时进行,秋季也可。

(5)园林用途　南天竹茎干丛生,枝叶扶疏,秋冬叶色变红,更有累累红果,经久不落,实为赏叶观果佳品。长江流域及其以南地区可露地栽培,宜丛植于庭院房前、草地边缘或园路转角处。北方寒地多盆栽观赏。又可剪取枝叶和果序瓶插,供室内装饰用。

7.4.4　含笑花(含笑梅、山节子) *Michelia figo* 木兰科,含笑属

(1)形态　常绿灌木或小乔木,高2~5 m。分枝紧密,小枝有锈褐色茸毛。叶革质,倒卵状椭圆形,长4~10 cm,宽2~4 cm;叶柄极短,长仅4 mm,密被粗毛。花直立,淡黄色而瓣缘常晕紫,香味似香蕉味,花径2~3 cm。菁葵果卵圆形,先端呈鸟咀状,外有疣点。花期4—6月,9月

果熟。

(2)分布　原产华南山坡杂木林中。现在,从华南至长江流域各省均有栽培。

(3)习性　喜弱阴,不耐暴晒和干燥,否则叶易变黄。喜暖热多湿气候及酸性土壤,不耐石灰质土壤,不耐瘠薄。有一定耐寒力,在-13 ℃左右之低温下虽然会掉落叶子,但却不会冻死。

(4)繁殖栽培　可用播种、分株、压条和扦插法繁殖。

(5)园林用途　本种亦为著名芳香花木,适于在小游园、花园、公园或街道上成丛种植,也可配植于草坪边缘或稀疏林丛之下,使游人在休息之中常得芳香气味的享受。

7.4.5　腊梅(黄梅、香梅) *Chimonanthus praecox* 腊梅科,腊梅属

(1)形态　落叶灌木,高2~4 m。树皮黄褐色,气孔明显。叶对生,长椭圆形,全缘,表面绿色而粗糙。花单生于枝条两侧,12月至翌年3月开放,蜡黄色,浓香。7—8月果实成熟。

(2)品种　常见栽培的品种有素心腊梅、磬口腊梅、红心腊梅等。

(3)分布　原产我国中部地区,四川、湖北及陕西均有分布。

(4)习性　喜阳光,略耐阴,有一定的耐寒能力,但怕风,在北京以南地区可露地越冬。耐旱力强,素有"旱不死的腊梅"之说,怕水湿,要求土壤深厚肥沃,在黏土和碱土上生长不良。发枝力强,根颈处易萌蘖,很耐修剪,有"腊梅不缺枝"的谚语。长枝着花少,50 cm以下枝条着花较多,尤以5~10 cm的短枝上花最多。寿命长,可达百年以上。

(5)繁殖　以嫁接为主,播种也可,但苗木易退化。嫁接繁殖用4~5年生的实生苗或分株的"狗蝇腊梅"经培养2~3年后做砧木,用切接法或靠接法,以切接法为宜,苗木长势旺。嫁接的最佳时期是当接穗上芽萌动如麦粒大小时为宜,成活率最高。因腊梅嫁接的适宜时期仅1周左右,为延长嫁接时期,于春季萌芽前将母树枝条上的芽抹去,1周后又长出新芽,用新芽嫁接的成活率常比老芽高。切接时削接穗不宜过深,微露木质部即可。嫁接后埋土,深度应超过接穗顶部。当年苗高达70~100 cm,秋季或翌春留适当高度将主干上部剪去,使发侧枝。

播种繁殖,后代分离较大,但也可获得较好的品种,如南京中山植物园、花神庙等地的品种,用素心腊梅的种子播种,可从实生苗中获得部分素心腊梅。故播种繁殖除用作砧木外,还可用来选择优良品种。一般春播,将干藏的种子播前用温水浸种12 h,可促进发芽,生长良好的实生苗3~4年可以开花。

分株繁殖多在3—4月,将株丛较大的腊梅的四周土扒开,用利锹切下一部分移栽,留下2~3条粗大健壮枝条。分株苗经2~3年培养可出圃,狗蝇腊梅可再行分株,提供砧木。

(6)栽培

①地栽。选择土层深厚肥沃、排水良好而又背风处栽植,通常于冬、春进行。苗木一定要带土球,栽植成活以后管理比较简单,过分干旱时适当浇水。雨季要做好排水工作,防止过分水湿而烂根。每年冬春开花前,如树上叶片尚未凋落,应进行摘叶,减少养料的消耗。开花之后、发叶之前进行重剪,将头年生枝留20~30 cm短剪,并结合施以重肥。以有机肥为主,这样可促使春季多抽枝条,生长粗壮充实,利于花芽分化,冬季开花多。如果要培养高大的腊梅树,在修剪初期应注意保留顶芽,当主枝长到需要的高度,才适当剪去主枝顶部,以促进分枝,让它自然生长形成树冠,之后再修剪和整形。

为了冬季室内观花,可在 12 月把腊梅从地里挖出,带土团栽入盆中。入盆前为保证成活,把土团沾上泥浆后再栽入盆内。不用上基肥,也不用追肥,干时稍浇水。等花谢之后,脱盆栽回地里,以便恢复树势。

②盆栽。北方寒冷地区腊梅多做盆栽观赏,应经常浇水,保持土壤有一定的湿度,但不宜过湿。春季发芽后稍施一些肥水,供枝叶生长。6—7 月花芽开始分化时多浇一些肥水,以腐熟饼肥水为好。8—9 月花芽已经形成并开始孕蕾,肥水应逐渐减少。盆栽腊梅应当较重修剪,花后对头年生枝条重短剪,可以萌发多量新枝且多开花,并经常剪去密枝、枯枝及徒长枝,以保持树形,花后摘去残花,不使其结果,可节省养料。并注意老枝的更新复壮,用根际萌蘖枝代替老枝或将老枝回缩,发新枝复壮,每 2 ~ 3 年换盆一次,于春季发芽前开花后进行。结合换盆将老根、枯根剪去,以利发生新根。如株丛过大,可行分株。生长期将盆放在阳光充足处,冬季越冬在 0 ℃左右为宜。欲在元旦、春节开花,可将盆花提前 25 d 置于 20 ℃的温暖处催花,春节开花香满室,花后放在低温处使其休眠。

腊梅枝条长而柔软,可通过铅丝、绳索等绑扎造型,造型时间以 3—4 月为宜。此时芽刚刚萌动,如过早会影响发芽,过迟芽已过大,操作时腊梅易被碰掉,如疙瘩式梅式、扇形式和独身式等。

(7)园林用途   腊梅是我国园林重点花卉之一,在冰天雪地开放,色香俱佳,为冬季最好的观花树种之一。露地栽植,为冬季清冷的庭园增添生气,深受群众喜爱。

7.4.6   八仙花(绣球花) *Hydrangea macrophylla* 虎耳草科,八仙花属

(1)形态   灌木,高达 3 ~ 4 m。小枝粗壮,无毛,皮孔明显。叶对生,大而有光泽,倒卵形至椭圆形,长 7 ~ 15(20) cm,缘有粗锯齿。顶生伞房花近球形,径可达 20 cm,几乎全部为不育花,萼片 4,卵圆形,全缘,粉红色、蓝色或白色,极美丽。花期 6—7 月。

(2)分布   产于中国及日本。中国湖北、四川、浙江、江西、广东、云南等省区都有分布。各地庭园常见栽培。

(3)习性   喜阴,喜温暖气候,耐寒性不强,华北地区只能盆栽,于温室越冬。喜湿润、富含腐殖质而排水良好之酸性土壤。土壤酸碱度对花色影响很大。性颇健壮,少病虫害。

(4)繁殖栽培   可用扦插、压条、分株等法繁殖。扦插于初夏用嫩枝插很易生根。压条春季或夏季均可进行。八仙花为肉质根,盆栽时不宜浇水过多,以防烂根。雨季时要防盆内积水,冬季只维持土壤有三成湿即可。由于每年开花都有新枝顶端,一般在花后进行短剪,以促生新枝,待新枝长出 8 ~ 10 cm 时,行第二次短剪,使侧芽充实,以利于次年长出花枝。八仙花之花色因土壤酸碱度的变化而变化,一般在 pH 4 ~ 6 时为蓝色,pH 值在 7 以上时则为红色。如培养得当,花期可由七八月直至下霜时节。

(5)园林用途   本种花球大而美丽,且有许多园艺品种,耐阴性较强,是极好的观赏花木。在暖地可配植于林下、路缘、棚架边及建筑物之北面。盆栽八仙花则常作室内布置用,是窗台绿化和家庭养花的好材料。

7.4.7　太平花(京山梅花) *Philadelphus pekinensis* 虎耳草科，山梅花属

(1)形态　落叶丛生灌木，高达2 m。树皮栗褐色，薄片状剥落。小枝光滑无毛，常带紫褐色。叶卵状椭圆形，长3～6 cm，基部广楔形或近圆形，通常两面无毛，有时背面脉腋有簇毛，叶柄带紫色。花5～9朵成总状花序，花乳黄色，径2～3 cm，微有香气，萼外面无毛，里面沿边有短毛。蒴果陀螺形。花期6月，9—10月果熟。

(2)变种

①毛太平花(var. *brachybotrys*)：又称"宝仙"，小枝及叶两面均有硬毛，叶柄通常绿色。花序通常具5朵花，短而密集，产于陕西华山。

②毛萼太平花(var. *dascalyx*)：花托及萼片外有斜展毛，产山西及河南西部。

(3)分布　产于中国华北部及西部，北京山地有野生；朝鲜亦有分布。各地庭园常有栽培。

(4)习性　喜光，耐寒，多生于肥沃、湿润之山谷或溪沟两侧排水良好处，亦能生长在向阳的干瘠土地上，不耐积水。

(5)繁殖栽培　可用播种、分株、压条，扦插等法繁殖。扦插可用硬材或软材，而以5月下旬至6月上旬用软材插最易生根，需在保持相当湿度的荫棚下、冷床或扦插箱内进行。硬材插以及压条、分株都在春季芽萌动前进行。播种法于10月采果，日晒开裂后，筛出种子密封贮藏，至翌年3月播种。因种子细小，一般采用盆播或箱播，覆土以不见种子为度，务须保持湿润并需遮阴，灌水最好用盆浸法，数日即可发芽。苗高10 cm左右即可分苗，移入荫棚下苗床培育。实生苗3～4年生即可开花，营养繁殖苗可提早开花。太平花宜栽植于向阳而排水良好之处。春季发芽前施以适量腐熟堆肥可促使开花茂盛。花谢后如不留种，应及时将花序剪除，以节省养料。修剪时应注意保留新枝，仅剪除枯枝、病枝和过密枝。

(6)园林用途　本种枝叶茂密，花乳黄而有清香，多朵聚集，花期较久，颇为美丽。宜丛植于草地、林缘、园路拐角和建筑物前，亦可作自然式花篱或大型花坛中心的栽植材料。在古典园林中于假山石旁点缀，尤为得体。

7.4.8　檵木(檵花) *Loropetalum chinense* 金缕梅科，檵木属

(1)形态　常绿灌木或小乔木，高4～9(12) m。小枝、嫩叶及花萼均有锈色星状短柔毛。叶卵形或椭圆形，长2～5 cm，基部歪圆形，先端锐尖，全缘，背面密生星状柔毛。花瓣带状线形，浅黄白色，长1～2 cm，苞片线形；花3～8朵簇生于小枝端。蒴果褐色，近卵形，长约1 cm，有星状毛。花期5月；果8月成熟。

(2)分布　产于长江中下游及其以南、北回归线以北地区；印度北部亦有分布。

(3)习性　耐半阴，喜温暖气候及酸性土壤，适应性较强。

(4)繁殖　可用播种或嫁接法(可嫁接在金缕梅属植物上)繁殖。

(5)园林用途　本种花繁密而显著，初夏开花如覆雪，颇为美丽。丛植于草地、林缘或与石山相配合都很合适，亦可用作风景林之下木。其变种红檵木叶暗紫，花亦紫红色，更宜植于庭园观赏。

7.4.9　月季花(长春花、月月花) *Rosa chinensis* 蔷薇科，蔷薇属

(1)形态　常绿或半常绿灌木。枝上有倒钩皮刺,叶柄及叶轴上亦常散生皮刺。奇数羽状复叶,小叶 3~7 枚,边缘有锯齿,表面暗绿色,无毛。叶脉上具小刺。花期很长,几乎四季开放。花色有大红、粉红、白、绿、黄、橙、紫等,单生或簇生于枝顶。

(2)分布　全国各地普遍栽培。

(3)品种　月季品种繁多,全世界已约有 1 万种以上,其花色几乎包括整个光谱颜色。有直立型、蔓生型和微型,有四季健花种和一、二季开花种。

目前,园林上广为栽培的现代月季为杂交香水月季,品种逾千种。

(4)习性　喜光耐寒,对土壤要求不严,在微酸、微碱性土壤上均能正常生长,但在土层深厚肥沃,排水良好处生长最好,萌芽力强,耐修剪。

(5)繁殖　用播种、扦插、嫁接等法繁殖。

播种繁殖时,秋播或春播均可,因实生苗退化,一般多用育种培育砧木。

扦插繁殖在有喷雾设施时一年四季都可进行。一般在 5—9 月用半木质化枝条扦插,生根时间短。秋、冬季用木质化枝条在保护地扦插,但生根时期较长。在第一次开花后,即 5—6 月,剪取当年生嫩枝,每枝插条上留 1~2 片半叶,扦插在疏松的基质上,如砂、珍珠岩、蛭石等。行距 10 cm,株距 3~5 cm,用塑料棚密封扦插,棚上适当遮阴,保持插床湿度,每天喷水一次,隔天浇水一次,20 余天即开始生根,50 d 后可移栽。夏季在有喷雾苗床上扦插,更易成活。秋、冬季结合修剪用木质化枝扦插,用塑料棚或温室保温,翌春生根。如少量扦插,可用水插。水插是将带 2~3 片半叶的嫩枝插条插入有水的瓶内,基部入水 1 cm。将瓶放在阳光下,每周换水一次,20 余天生根,但根脆嫩,易折断,栽时须小心。根据试验,月季品种不同,生根难易程度差别较大,如黄色月季,插条皮部不易形成不定根,只能由愈合组织分化生根,生根时间长而困难,这类品种应以嫁接繁殖为主。

嫁接成活率较高,苗木生长快,如冬季嫁接,5—6 月即开花,一般用枝接或芽接。芽接在 5 月中旬至 10 月中旬砧木树皮易剥离时,用"T"字形芽接法嫁接。嫁接部位尽量降低,在根颈处最好,成活后栽植,将接口埋于土内。枝接可在露地或室内进行,露地枝接在 2 月芽萌动前进行。江南一带和河南于冬季在室内枝接或根接,接穗带 2~3 个芽,种条缺乏时带 1 个芽也行。用切接或避接法将接穗接在砧木根颈上或根段上,然后将苗埋在砂床内假植,接口应埋入砂土内。假植期间保持床土湿润,促使接口愈合,翌春芽将萌动时栽植。冬季嫁接,可利用冬季剪下的枝条,此时枝条粗壮充实,含营养物质多,嫁接后易于成活,翌春时长势好。常州一带花农,春季扦插以野蔷薇作砧木,于 12 月在苗床上嫁接,然后用土将接口埋上,再用塑料棚保温防寒,翌春 1—2 月嫁接苗成活后去掉塑料棚。由于砧木未经挖掘,根系未受伤,没有缓苗期,翌春生长很快,5 月即进入花期。

(6)栽植　在休眠期栽植,可用裸根苗或沾泥浆苗,但根系应较完整,侧根不得短于 20 cm,在向阳、排水良好、肥沃的土壤上挖穴,用厩肥等有机肥做基肥,再覆土 5~10 cm 盖住基肥,以免灼根。栽植时将地上枝条适当强剪,修去长根、裂根。栽后将土踏紧实,保证根系舒展,与土壤结合紧密。其他季节栽植均要带土球,但夏季不宜移植,定植后的管理主要是施肥水和修剪。

施肥对月季的生长、开花影响很大,月季枝条生长很旺,一年内可多次抽梢,即春梢、夏梢与秋梢,每次抽梢后都可在枝顶形成花芽开花。由于抽枝多,开花次数和开花量多,需要消耗大量的养料,因此及时补充肥料是月季生长、开花的重要措施。除冬季施一次基肥外,在5—6月第一次盛花期后,用含氮磷钾的腐熟豆饼水追肥,保证满足夏、秋梢的生长及夏、秋季开花的需要。如条件许可,夏花后再施一次肥料,这样国庆节开花既大又美。但秋季施肥不能过迟,防止秋梢生长过旺,既影响开花,又不能及时木质化,不利越冬。如早春施肥,当月季新梢叶发紫时,表明根系已大量生长,而且幼嫩,不能施浓肥,以防烧伤根系。

(7)修剪　修剪是促使月季不断开花的措施之一,修剪方法如下:

①休眠期修剪。在月季落叶后萌芽前进行,北方2—3月在需堆土防寒的地区宜早剪。江南1—2月,对当年生枝条进行短剪或回缩强枝,枝上留芽10个左右,修剪量不能超过年生长量,修剪过强,枝条损失过多,叶片面积数量减少大,光合作用削弱,降低体内碳水化合物的水平,春季发枝少,树冠不能迅速形成;修剪过弱,枝条年年向上生长,开花部位逐年上升,影响观赏和管理。同时把交叉枝、病虫枝、并生枝、弱枝及内膛过密枝剪去。北方寒冷地区,月季易受冻害,可行强剪,将当年生枝条长度的4/5剪去,保留3~4个主枝,其余枝条从基部剪除。必要时进行埋土防寒。

作母本的植株,为了年年采集大量的穗条,冬季也应行重剪,春季才能担出量多质好的枝条供繁殖使用。

当月季树龄偏大,生长衰弱时,可行更新修剪,将多年生枝条回缩,由根颈萌蘖强壮的徒长枝代替,回缩更新的效果与水肥管理关系密切。

②生长期修剪。月季花朵开在枝条顶部,每抽新梢一次,可于枝顶重开花,利用这个特性,一年内可多次修剪促其多次开花,不是为满足留种或育种工作需要,花后不使结实,故应立即在新梢饱满芽位短剪。修剪通常在花梗下方第2~3芽处。剪口芽很快萌发抽梢,形成花蕾开花,花谢后再剪,如此重复。每年可开花3~4次。从剪梢到开花需40d左右。生产上常用修剪法控制花期,如欲国庆节参加评展,应于7月中旬剪梢,配合肥水管理,届时肥葩怒放。

杂交香水月季,当花蕾过多时会影响花色与花朵大小,应及时摘去过多的侧蕾,保留顶部一个蕾,对健花品种可适当多留,易萌蘖的品种应及时除蘖。如黄和平易从根部萌发粗壮徒长枝,不开花且消耗大量营养物质,对植株生长极为不利,发现病虫枝、枯枝、伤残枝后即可剪去。

③树状月季的修剪。月季属于灌木或藤本植物,树状月季是通过整形修剪或者高枝嫁接而形成的。将月季整形修剪成独干式树形,称为月季树或树状月季,开花时,圆球形的树冠上,花团锦簇,美不胜收,别具一格。月季树需要经过几年的修剪培养才能成形,具体方法如下:

选择枝条粗壮、生长势强,植株直立高大的品种,如壮花月季,选留一粗壮的从基部萌发的强枝作主枝,其余枝条全部剪去,使营养物质全部集中供应给留下的枝条使其进行加长和增粗生长,待枝条长至1~1.5cm时短截,于靠近顶端留3~5个侧芽,使其萌发成侧枝,第二年春季将侧枝留30cm短剪,每枝各留3个侧芽,其余芽抹掉,这样就可长出9根侧枝,形成"3股9顶"的头状树形。以后反复对侧枝摘心和疏剪,多年之后,树膛内部枝条不断增加,使树形饱满美观。

如果要将树整修成下垂如伞的树状月季,应选择粗壮的藤本月季,按上法培养主干,但要用木杆支撑主干,不使倾斜,当主干达到规定的高度时,剪去枝顶,保留5个侧芽并使其萌发成侧枝,然后任其生长,使抽生出众多很长的下垂枝,这些枝条若不垂至地面一般不短截,以使下垂的枝条上挂满花朵。

为了在一棵树状月季上开出各种颜色的花朵,需借助嫁接来完成。一般在早春萌芽前或夏末秋初,用高枝切接或芽接的方法,将不同花色品种的月季接穗,接在同一株树状月季上即可。这种十样锦的月季树具有很高的观赏价值。

(8)盆栽　盆栽用土宜疏松肥沃,肥水管理比地栽要勤,每半月施肥一次,以鱼腥水催花效果最好。丰花品种花蕾过多时应剥蕾,每枝顶留 1 个花蕾开花大,花后及时对枝条进行短剪,留饱满芽作剪口芽,才能多抽壮梢多开花。盆花冬季修剪比地栽为重,一般将当年生枝留 2 ~ 3 个芽短剪,并疏去病虫枝、弱枝、交叉枝等。越冬盆花应放在 0 ℃ 左右处,防止温度过高而提早萌芽,影响植株长势和第二年开花。

(9)催花　要求月季冬季不休眠继续开花,应在气温降低前移入 10 ℃ 以上温室,可照常开花不断。要求国庆节开花,应于开花前 40 d 对夏梢短剪,剪口芽应饱满,并加强肥水管理,使很快抽出新枝孕蕾开花。

(10)园林用途　月季花色艳丽,花期长,是布置园林的好材料。宜作花坛、花境及基础栽植用,在草坪、园路角隅、庭院、假山等处配植也很合适。

7.4.10　玫瑰(刺玫花) *Rosa rugosa* 蔷薇科,蔷薇属

(1)形态　落叶直立丛生灌木。枝上多刺和刚毛,奇数羽状复叶,小叶 5 ~ 9 枚。小叶表面皱折,灰绿色,背面有刺毛,叶缘有钝齿。花单生或数朵簇生于枝顶,紫红色或白色,花径 7 ~ 9 cm,花期5—6月。果实红色,球形或扁球形。

(2)分布　原产我国华北、西北,现各地均有栽培。

(3)品种　变种有白玫瑰、重瓣白玫瑰、重瓣紫玫瑰、重瓣红玫瑰。

(4)生态习性　喜光,在阴地生长不良,耐寒、耐旱,稍耐涝,萌蘖力很强,根系浅,对土壤要求不严,但在肥沃、排水良好的土壤上生长良好。

(5)繁殖　以分株、扦插、压条、播种法繁殖。

分株法,是主要的繁殖方法,春、秋两季都可进行。秋季分株在落叶后,11—12 月。春季在芽刚萌动之时。将母株周围的萌蘖枝分开栽植。玫瑰有越分越旺的特点,一般 4 ~ 5 年可分一次。

扦插时,于落叶后或发芽前用头年生枝扦插,也可在 7—8 月用嫩枝扦插。插条长 15 ~ 20 cm,入土1/3,不必遮阴。要保持插床不干不湿。以疏松的砂或其他疏松材料做扦插基质较好。扦插后一个多月长根,先在芽节处生根,之后在愈合组织处生根。用根扦插更易成活。结合起苗时,选择粗0.5 cm 以上的根,剪成根段,插入土中即可。

此外,也可用播种法、埋条法和压条法繁殖。单瓣品种一般用播种法,种子成熟后秋播或贮藏至翌春播。秋播的第 2 年春季发芽,8 月有的就开花了。埋条法在山东使用较多,在休眠期将新枝或老枝齐地面剪下,首尾相接埋于苗床沟内,上面覆土厚 10 cm 以上,再盖草保温保湿。沟底事先放过磷酸钙做基肥,能促进生根。

栽植,定植前须整地,施基肥。穴深 18 ~ 20 cm,穴直径略大,穴距 50 ~ 70 cm。每穴沿穴周共栽 4 株,以后发出的根蘖就能布满全穴。栽后覆土,不浇水,再将上面枝条齐地面剪去,以利

成活。当年可长至 50~70 cm 高,并能开花,第二年盛花。栽培中需注意老枝更新,一般栽植 6~7 年后需剪除老枝,利用萌蘖枝更新,或者全部挖起,再行分株栽植。若花前花后各施肥一次,则花更繁茂。

(6)园林用途　玫瑰色艳花香,适应性强,最宜作花篱、花镜、花坛及在坡地栽植材料。

7.4.11　贴梗海棠(铁角海棠、贴梗木瓜、皱皮木瓜) *Chaenomeles speciosa* 蔷薇科,木瓜属

(1)形态　落叶灌木,高达 2 m。枝开展,无毛,有刺。叶卵形至椭圆形,长 3~8 cm,表面无毛,有光泽,背面无毛或脉上稍有毛;托叶大,肾形或半圆形,缘有尖锐重锯齿。花 3~5 朵簇生于 2 年生老枝上,朱红、粉红或白色,径 3~5 cm,花期 3—4 月,先叶开放;果熟期 9—10 月。

(2)分布　产于我国陕西、甘肃、四川、贵州、云南、广东等省区,缅甸也有分布。

(3)习性　喜光,有一定耐寒能力,对土壤要求不严,但喜排水良好的肥厚土壤,不宜在低洼积水处栽植。

(4)繁殖栽培　主要用分株、扦插和压条法繁殖;播种也可,但很少采用。分株在秋季或早春将母株掘起分割,每株 2~3 个枝干,栽后 3 年又可再行分株。一般在秋季分株后假植,以促使伤口愈合,翌年春天定植。硬枝扦插与分株时间相同,在生长季中进行嫩枝扦插,较易生根。压条也在春、秋两季进行,约一个多月即可生根,至秋后或翌春可分割移栽。管理比较简单,可在 9—10 月掘取合适植株上盆,入冬后移入温室,温度不要过高,经常在枝上喷水,这样在元旦前后即可开花。催花后等天气转暖再回栽露地,经一二年充分恢复后可再行催花。

(5)园林用途　本种早春叶前开花,簇生枝间,鲜艳美丽,且有重瓣及半重瓣品种,秋天又有黄色、芳香硕果,是一种很好的观花、观果灌木。宜于草坪、庭院或花坛内丛植、孤植,又可作为绿篱及基础种植材料,同时还是盆栽和切花的好材料。

7.4.12　梅(春梅) *Prunus mume* 蔷薇科,梅属

(1)形态　落叶小乔木或灌木。树干褐紫色至灰褐色,新梢鲜绿色或稍带红色,无毛。叶互生,广卵形至卵形,先端渐尖,基部阔楔形或圆形,叶缘有锯齿,叶面有绒毛,背面粗糙。花单生或 2~3 朵簇生,于早春 2—3 月先叶开放,有红、粉、白、绿白等色,具香气,盛开季节,香逸数里,落英缤纷,宛如积雪,故有"香雪海"之称。果实球形,被黄、青色毛,味酸,可供食用。梅树寿命长,越长越显得苍劲古朴,故有"老梅花,少牡丹"之说。

(2)品种　梅花因栽培历史久远,故品种类型甚多,且分类方法也有多种。除俊渝教授按枝条生长的直立、下垂或扭曲等姿态将其分为直枝梅类、垂枝梅类、游龙梅类和杏梅类等。每类又有单瓣、重瓣、半重瓣等多个品种。按枝条新生木质部和花色可分为红梅和绿梅。凡木质部或花朵为红色者,称为红梅;花朵绿白色者称为绿梅。其中每一类又包括众多的品种。

(3)分布　原产我国西南,以四川、湖南、湖北最多。

(4)习性　性喜温暖,不惧寒冷,要求阳光充足。抗性较强,喜疏松肥沃深厚的砂质壤土,黏重湿冷土壤不宜。

黄河以南各省可露地栽植越冬,黄河以北地区越冬困难,应选择避风向阳干燥处栽植,但北方多行盆栽观赏。梅花对气温很敏感,故全国各地花期差异较大。

(5)繁殖 多用嫁接法,其次为扦插法、压条法,最少用的是播种法。

嫁接繁殖,春季2~3月用切接或掘接。秋季用芽接均易成活。砧木用1~2年生的山桃、毛桃、杏或实生梅。以杏和实生梅作砧木,嫁接苗虽早期生长缓慢,但寿命长,而且病虫害较少。用山桃、毛桃做砧木,初期生长快,开花早,但植株易罹病虫害,寿命短。接穗于落叶后剪取,在0~5℃低温下贮藏,春季嫁接时随用随取,利于成活。苏州、扬州一带为制作老梅桩,采用靠接繁殖,具体做法是将品种梅接在果梅老根上,于6—8月进行。

播种繁殖的实生苗3~4年开花,但易退化,一般只在作砧木或培育新品种时采用。5月梅子成熟变黄,将果实采下搓去果肉,放通风处阴干,用湿沙贮藏。一般秋播。行距25~30 cm,株距5~10 cm。播种后覆土2~3 cm,并盖草保湿防寒,翌春发芽,管理1~2年,茎粗1~2 cm,可作砧木使用。

扦插繁殖梅花,宜用嫩枝喷雾扦插法,大部分品种成活率可达60%左右,但有一些品种不易成活。据武汉植物园经验,梅花扦插成活率除与品种有关外,还与树龄大小、枝条着生位置及健壮程度有关。绿萼、宫粉等成活率较高。梅花扦插适期,以11月较好。扦插条用1年生枝条,从大树树冠外围采取。幼树上枝条只要粗壮、充实、无病虫害都可使用。将枝条剪成10~15 cm,用萘乙酸1 000~2 000 mg/kg浸几秒钟,扦插在疏松的土壤内,只露1个顶芽即可,插后喷水一次,以后经常保持土壤湿润。因梅花怕湿,不宜用水灌床后扦插,扦插后也不宜大水灌溉,否则因床土过湿,引起霉烂。为了保湿保温,用塑料棚密封扦插。梅花扦插后,当年愈合,翌春生根。

压条于2—3月进行,选生长粗壮的1~3年生长枝,在母株旁挖一沟,将枝条弯曲处的下方用刀将树皮浅刻2~3条伤口,然后埋土,用带杈的枝条插在埋条处,以固定压条,防止弹起。生根后切离母体栽植。当需繁殖大苗时,采用高压,于梅雨季节在母树上选粗壮枝条,在压条部刻伤或环割,用塑料布包疏松土壤,套在压条部位,两头扎紧,保持湿度,生根后剪下栽植。

(6)栽植 地栽应选向阳、土层深厚肥沃,表土疏松、心土略黏重处栽植,此地处植株生长较好。春季用1~2年生小苗裸根栽植易于成活;3年以上的梅花大苗,必须带土球栽植。穴底先施基肥,栽后浇一次透水,使根系与土壤紧密结合。梅花可孤植、对植或群植,也可散生于松林、竹丛之间。梅花喜肥,每年冬季在树冠投影圈内挖沟施肥,花后再追施一次以氮为主的肥料,促使枝条生长充实粗壮。6月开始植株转入生殖生长阶段。6—8月是梅花花芽分化时期,树体营养状况对花芽分化影响甚大,此时应施以磷钾为主的追肥,保证花芽分化顺利进行。梅花忌水湿,夏季多雨时应注意排水,如土壤过湿根系易腐烂。整形修剪是促进梅花多开花和保持树形的重要措施。由于梅花是在春季抽的当年生枝条上形成花芽,翌春开花,因此每年花后一周内,对枝条进行轻短剪,促发较多的侧枝使第二年多开花。梅花的树形以疏为美,不过分强调分枝的方向与距离,应修剪成自然开心形,枝条分布均匀,略显稀疏为好。冬季将病虫枝、枯枝、弱枝、徒长枝、交叉枝和密生枝疏剪去,使树冠通风透光。梅花修剪宜轻,过重会导致徒长,影响第二年开花。

梅花应年年修剪,若多年不修剪,则会使梅株满树梅钉(刺状枝)、长势衰弱、早衰,开花很少或者不开花。

老枝或老树应在适当部位回缩,刺激休眠芽萌发,进行更新和复壮。但重剪之后,必须结合及时的肥水管理和精心养护,才能使其尽快恢复长势,继续开花。

垂枝梅类修剪时,剪口芽应选留外芽或侧芽,切不可留向内生长的内芽,否则长出的枝条向里拱垂,会搅乱树形。对于枝条扭曲的龙游梅类,发现有直立性的枝条应当剪去。

(7)盆栽　在休眠期将露地栽植的 1~2 年生梅苗上盆栽植,盆土应选用肥沃、疏松的土壤,盆底施基肥。根据经验,梅苗上盆后,不宜用清水浇灌,要用腐熟并过滤过的浓粪水灌满盆口,使粪水湿透盆土,这样能促使梅株生长良好。花盆应放在通风向阳处培养,盆间距离以树冠互不遮阴为度,既通风透光,又利于操作。盆梅浇水是关键,既不能太湿,又不宜过干。夏季往往因浇水不当造成生长期落叶。梅花怕涝,下大雨时应侧盆倒水,雨过天晴,应及时扶正。入秋后,浇水量减少,隔天一次。为了促进梅花 6—8 月及时进行花芽分化,通常采用"扣水"的办法,控制植株营养生长,促进花芽分化。当 6 月初枝条抽长 20 cm 左右时不进行正常浇水,当枝条上叶片出现萎蔫下垂时,再浇水恢复,如此反复几次,通过减少浇水量结合摘心、捻梢等措施使枝条的生长受到抑制或停止生长,这样营养物质可集中供应花芽分化,花芽分化量多质好。盆栽梅花施肥很重要,既不能过而引起徒长,又要保证生长开花需要。除基肥外,在 6 月前施 1~2 次追肥,保证满足枝叶生长所需的养料。6 月初控制氮肥,施 1~2 次磷钾肥,对花芽分化、保持花色和开花有利。盛夏应停止施肥。从花蕾逐渐膨大至开花,这一时期内适当施肥和适当浇水,保证水分的供应。盛花期少浇水,略偏干,可延长花期。

梅花苗上盆后,为了整形,应根据需要,在枝干适当部位剪去梢顶,使抽出较多的侧枝,当新梢长出 4~5 片叶子时,在 2~3 片叶处摘心,促使形成更多的开花小枝,以提高着花量和观赏效果。花谢之后,对枝条短剪,依枝势可轻可重,一般将开花枝留 2~3 个芽短剪。对枯枝、病虫枝、密生枝必须疏去,保持树形疏和透。盆梅一般 3 年左右换盆一次。如果作桩景栽植,还应辅以剪扎,用铅丝缠绕造型。

盆梅多行室内观赏,为提早于春节开放,可在花蕾形成后,在室内加温培养,开花后出房放在向阳处生长。

梅花易患白粉病和煤烟病,应及早防治,以免引起植株提早落叶。虫害常见的有蚜虫、红蜘蛛、卷叶蛾等。在防治害虫时,不能使用乐果喷杀,乐果易引起梅花生理落叶,使树势衰弱。另外,梅花在排水不良处,易发生根腐病,轻者将植株挖出暴晒,重新栽植,重者则挖出后将根部患处刮除,暴晒 1~2 h 后,再用 2% 硫酸铜溶液浸后栽回。

(8)园林用途　梅花是我国十大名花之首,它以清香宜人,凛寒而放,浓而不艳,历来受群众喜爱。在配植上,梅花最宜植于庭院、草坪、低山丘陵,可孤植、丛植及群植。传统的用法常是以松、竹、梅为"岁寒三友"配植成景色的。

7.4.13　东京樱花(日本樱花、江户樱花) *Prunus yedoensis* 蔷薇科,梅属

(1)形态　落叶乔木,高可达 16 m。树皮暗褐色,平滑;小枝幼时有毛。叶卵状椭圆至倒卵形,叶缘有细尖重锯齿。花白色至粉红色,径 2~3 cm,微香。花期 4 月,叶前或与叶同时开放。

(2)分布　原产日本,中国多有栽培,尤以华北及长江流域各城市为多。

(3)习性　性喜光,较耐寒,生长快但树龄较短,盛花期在 20~30 龄,至 50~60 龄则进入衰老期。

（4）繁殖　用嫁接法，砧木可选用樱桃、山樱桃及桃、杏等实生苗。

（5）栽培　樱花的适应性较强，苗木移植易成活，裸根或带土球均可，管理较简单。

（6）园林用途　著名观花树种，花期早，花时满树灿烂，甚为壮观。宜于山坡、庭园、建筑物前及路旁种植。并可以用常绿树作背景，对比鲜明。

7.4.14　榆叶梅 *Prunus triloba* 蔷薇科，蔷薇属

（1）形态　落叶灌木或小乔木。叶片倒卵形，先端渐尖有 3 裂，叶橡有粗重锯齿，表面粗糙有毛。花期 4 月。花腋生，先叶开放，粉红色，花柄短。

（2）品种　变种很多，常见的有单瓣、重瓣和弯枝（小枝及花全紫红色）。

（3）分布　原产我国，分布在黑龙江、河北、山东、浙江、江苏等地。

（4）习性　耐寒，喜光，不耐阴，耐旱，怕水湿，能在碱性土上生长。在向阳、疏松肥沃土壤上生长良好。

（5）繁殖　可用播种和嫁接法繁殖。

播种繁殖于 6 月种子成熟时采收，贮藏至秋播或春播。播种苗易退化，只在培育新品种时采用。

嫁接的砧木用榆叶梅实生苗或山桃、毛桃。以秋季芽接为主，也可春季枝接，易于成活。如欲培养成高干榆叶梅，可选用有主干的桃砧，在离地 2 m 处断砧行高接。一般培养成低干的自然开心形树形。

（6）栽植　早春带土球栽植。榆叶梅生长旺盛，枝条密集，栽培中应注意修剪，每年抽枝一次，为促使开花旺盛，于开花后将枝条适当短剪，并对密枝、弱枝、病虫枝等疏剪，保持树冠匀称，翌年开花多。对砧木萌蘖枝及时剪除，以免搅乱树形，消耗养料。干旱时浇水，有条件时在花前、花后各施肥一次，使枝条生长健壮及多孕花。西北地区宜在背风向阳处栽植。榆叶梅也可盆栽。

（7）催花　为使榆叶梅提早开花，应选生长健壮无病害植株，于 11 月下旬带土球挖起上盆，放室外经低温，需观花前 30～40 d 移入 10～15 ℃室内放向阳处，每天向枝条喷水，并保持盆土湿润。花蕾长至 3～6 mm 时，室内加温至 18～22 ℃，待花蕾露色时，移入 3～5 ℃低温室内备用。

（8）园林用途　北方园林中最宜大量应用，以反映春光明媚、花团锦簇的欣欣向荣景象。在园林或庭院中最好以苍松翠柏作背景丛植或与连翘配植。

7.4.15　紫荆（满条红） *Cercis chinensis* 豆科，紫荆属

（1）形态　落叶灌木成小乔木，高达 15 m，胸径 50 cm。树皮暗褐色，但在栽培情况下多呈灌木状。叶近圆形，长 6～14 cm，叶端急尖，叶基心形，全缘，两面无毛。花紫红色，4～10 朵簇生于老枝上。荚果长 5～14 cm，沿腹缝线有窄翅。花期 4 月，叶前开放；果 10 月成熟。

（2）变型　白花紫荆 f. *alba*，花纯白色。

（3）分布　湖北西部、辽宁南部、河北、陕西、河南、甘肃、广东、云南、四川等省。

（4）习性　性喜光，有一定耐寒性，好生于向阳肥沃、排水良好土壤，不耐淹。萌蘖性强，耐修剪。

（5）繁殖　用播种、分株、扦插、压条等法，而以播种为主。播前将种子进行 80 d 左右的层积处理，春播后出芽很快。亦可在播前用温水浸种一昼夜，播后约 1 个月可出芽。在华北一年生幼苗应覆土防寒过冬，第二年冬仍需适当保护。实生苗一般 3 年后可以开花。

（6）栽培　移栽一般在春季芽未萌动前或秋季落叶后，需适当带土球，以保证成活。

（7）园林用途　早春叶前开花，枝、干都布满紫花，宜丛植于庭院、建筑物前及草坪边缘。因开花时叶尚未发出，故宜与常绿之松柏配植为前景或植于浅色的物体前面，如白粉墙之前或岩石旁。

7.4.16　山麻杆(桂圆树、百年红) *Alchornea davdii* 大戟科，山麻杆属

（1）形态　落叶灌木，高 2 ~ 3 cm。幼枝细短，密被茸毛，当年生枝绿色，老枝棕色。叶互生，阔卵形至扁圆形，长 7 ~ 13 cm，宽 9 ~ 17 cm，叶缘具粗锯齿，基出三脉，春季发叶后幼叶红色或紫色，逐渐变为绿色。花小，紫色，单性。

（2）分布　原产我国河南、陕西、江苏、浙江及其以南地区。

（3）习性　为暖温带树种，有一定的耐寒性，喜光也耐阴，对土壤要求不严，在湿润肥沃的土壤上生长最好，分蘖能力很强。

（4）繁殖　用分株、扦插和分根法繁殖，分株宜在秋季落叶后和春季发芽前，将根部扒开，切取根蘖枝栽植。春季用头年生木质化枝条扦插，成活率达 80% 左右。分根繁殖于秋季结合起苗时进行，选粗壮根段埋入疏松土壤中即能成活。

（5）栽植　选水滨路旁或山麓栽植，秋季落叶后至春季发芽前定植。春季发芽前追肥一次，供给枝条萌发和新叶生长所需养料，一般不需要修剪，当过密时适当疏枝。

（6）园林用途　山麻杆嫩叶鲜红，艳丽无比，是优良的观叶植物。可丛植于庭前、路边、草坪或山石旁，均为适宜。

7.4.17　木芙蓉(芙蓉花) *Hibiscus mutabilis* 锦葵科，木槿属

（1）形态　落叶灌木或小乔木，高 2 ~ 5 m。茎具星状毛及短柔毛。叶广卵形，宽 7 ~ 15 cm，掌状 3 ~ 5(7) 裂，基部心形，缘有浅钝齿，两面均有星状毛。花大，径约 8 cm，单生枝端叶腋；花冠通常为淡红色。后变深红色。花期 9—10 月，果 10—11 月成熟。

（2）品种　木芙蓉除最常见的单瓣桃红色花外，还有大红重瓣、白重瓣、半白半桃红重瓣以及清晨开白花，中午转桃红，傍晚变深红的"醉芙蓉"等品种。

（3）分布　原产中国，黄河流域至华南均有栽培，尤以四川成都一带为盛，故成都有"蓉城"之称。

（4）习性　喜光，稍耐阴；喜肥沃、湿润而排水良好之中性或微酸性沙质壤土；喜温暖气候，

不耐寒。生长较快,萌蘖性强。对二氧化硫抗性特强,对氯气、氯化氢也有一定抗性。

(5)繁殖　常用扦插和压条法繁殖,分株、播种也可进行。长江流域及其以北地区在秋季落叶后,结合修剪选取粗壮当年生枝条,剪成长 15 cm 左右的扦条,分级捆扎沙藏越冬,第二年春季取出扦插,株行距为 8 cm×25 cm,插前应先打孔,以免伤条。当年苗高可达 1 m 以上,秋季把扦插苗挖起假植越冬,翌春即可用于绿化栽植,秋季便可开花。压条多于初秋进行,约 1 个月后即可与母株切离。分株在春季进行,先在基部以上 10 cm 处截干,然后分株栽植。

(6)栽培　木芙蓉栽培养护简易,移植栽种成活率高。因性畏寒,在长江流域及其以北地区应选择背风向阳处栽植,每年入冬前将地上部分全部剪去,并适当壅土防寒,春暖后扒开壅土,即会自根部抽发新枝,这样能使秋季开花整齐。在华南暖地则可作小乔木栽培。

(7)园林用途　木芙蓉秋季开花,花大而美丽,其花色、花型随品种不同有丰富变化,是一种很好的观花树种。由于性喜近水,种在池旁水畔最为适宜。植于庭院、坡地、路边、林缘及建筑前或栽作花篱,都很合适。在寒冷的北方也可盆栽观赏。

7.4.18　紫薇(痒痒树、百日红) *Lagerstroemia indica* 千屈菜科,紫薇属

(1)形态　落叶灌木或小乔木。树皮薄片状剥落后,干灰绿色或灰褐色,光滑。小枝四棱,并有窄翅。叶互生或对生,椭圆形无柄,表面光滑。圆锥花序顶生。花瓣 6 枚,边缘皱缩,基部有爪,玫瑰红色。花期 6—9 月,蒴果椭圆状球形,9 月开始陆续成熟。

(2)品种　紫薇品种很多,有红薇、翠薇和银薇。

(3)分布　产于长江流域,现各地多有栽培。

(4)习性　喜光、较耐寒、耐旱、怕水湿,在石灰土上生长较好,在湿润肥沃的土壤上生长茂盛。萌发力强,寿命较长。

(5)繁殖　用扦插、播种和压条法均可,春季用硬枝扦插或夏季用嫩枝扦插都易成活。播种繁殖时,以春播为宜,幼苗初期应适当遮阴,部分生长健壮者当年即能开花。播种苗第二年开花时,应按花色分别集中栽植在一起。华北地区播种苗当年越冬时应覆土埋干进行保护。

(6)修剪　紫薇在园林中栽培,以高干圆头形树冠为主,几个势力大致均等的主枝向四周展开。整形工作一般在苗圃内完成。繁殖出的 1 年生苗,于冬季将主枝顶梢短截,将位于主干下部的侧枝疏除,只留 3～4 个位于主干上部的侧枝,翌春发芽后,选留 1 枝位于剪口下方的粗壮枝作主干延长枝,其余侧枝短截。冬季 2 年生苗高度已达 2 m 以上,可根据需要定干,一般 1.7～2 m,将主干枝梢剪去,并适当疏去主干下部的侧枝,春季萌发后,选留 3～4 个近顶端的壮枝作主枝,其余逐渐疏去。冬季将已 3 年生苗的主枝短截,春季萌发出数个侧枝,秋季落叶后,每主枝留 2 个侧枝重短截,其余侧枝从基部截去,至此即完成树冠造型,苗木可出圃。

(7)栽植　选排水良好处栽植,黏土上生长较差,干旱季节适当灌水。每年冬季或春季萌动前,施腐熟有机肥,夏季开花旺。紫薇很耐修剪,除剪成高干乔木和低干圆头树形外,还可将枝条编扎造型修剪,多在幼年期进行,花后应将枝条短剪,促使饱满的剪口芽萌发再次开花,每短截一次,可延长花期 20 d 左右。冬季至春季萌芽前,对当年生枝条留 5～6 cm,其余部分全部剪去,为保持树形优美,各枝条长短交错,不可齐平。适当保留部分低矮枝条分布在四周,使花朵在树冠上能均匀开放,形成花球。老树可利用基部萌蘖枝更新复壮,还可通过修剪促成紫薇

在国庆节开花。

（8）园林用途　紫薇树姿优美，树干光滑洁净，花色艳丽，开花时正当夏秋少花季节，花期极长，由6月可开至9月，故有"百日红"之称。此花最宜种在庭院及建筑前，也宜栽在池畔、路边及草坪上。

7.4.19　石榴(安石榴、海榴) *Punica granatum* 石榴科，石榴属

（1）形态　落叶灌木或小乔木，高5~7 m。树冠常不整齐；小枝有角棱，无毛，端常成刺状。叶倒卵状长椭圆形，长2~8 cm，无毛而有光泽，在长枝上对生，在短枝上簇生。花朱红色，径约3 cm；花萼钟形，紫红色，质厚。浆果近球形，径6~8 cm，古铜黄色或古铜红色，具宿存花萼；种子多数，有肉质外种皮。花期5—6月，果9—10月成熟。

（2）变种

①白石榴 var. *albescens*：花白色，单瓣。

②黄石榴 var. *flavescens*：花黄色。

③玛瑙石榴 var. *legrellei*：花重瓣，红色，有黄白色条纹。

④重瓣白石榴 var. *multiplex*：花白色，重瓣。

⑤月季石榴 var. *nana*：植株矮小，枝条细密而上升，叶、花皆小，重瓣或单瓣，花期长，5—7月陆续开花不绝，故又称"四季石榴"。

⑥墨石榴 var. *nigra*：枝细柔，叶狭小；花也小，多单瓣，果熟时呈紫黑色，果皮薄，外种皮味酸不堪食。

⑦重瓣红石榴 var. *pleniflora*：花红色，重瓣。

除上述观赏变种外，尚有许多优良食用品种。

（3）分布　原产伊朗和阿富汗；汉代张骞通西域时引入我国，黄河流域及其以南地区均有栽培，已有2 000余年的栽培历史。

（4）习性　喜光，喜温暖气候，有一定耐寒能力，在北京地区可于背风向阳处露地栽植，但经-20 ℃左右的低温则枝干冻死；喜肥沃温润而排水良好的石灰质土壤，但可适应于pH 4.5~8.2，有一定的耐旱能力，在平地和山坡均可生长。生长速度中等，寿命较长，可达200年以上。石榴在气候温暖的江南一带，一年有2~3次生长，春梢开花结实率最高；夏梢和秋梢在营养条件较好时也可着花，从而使石榴之花期大为延长。但由于生长季的限制，夏梢和秋梢花朵的结实率极低，因此在花谢后应及时摘除，以节约养分。生长停止早而发育壮实的春梢及夏梢常形成结果母枝，一般均不太长，次年由其顶芽或近顶端的腋芽抽生新梢（即结果枝），在新梢上着生1~5朵花，其中顶生的花最易结果，因此修剪时切不可短截结果母枝。

（5）繁殖栽培　可用播种、扦插、压条、分株等法繁殖。

①播种法：将果实贮藏至次年3—4月时再取出播种；也可将吃时吐出的种子洗净后阴干，用沙层积贮藏到春天播种。

②扦插法：用本法很易成活。在早春发芽前约1个月时可用硬木插法；可在夏季剪截20~30 cm长的半成熟枝行扦插；可在秋季8—9月时将当年生枝条带一部分老枝剪下插于室内。

③压条法：在培养桩景时可用粗枝压条法进行繁殖，亦易生根。

④分株法:传统上多用此法,即选优良品种植株的根蘖苗进行分栽。

实生苗需 5~10 年才能开花结实,用扦插繁殖者约经 4 年即可开花结实,用压条法及分株法繁殖的 3 年即可开花结实。

石榴为喜肥树种,为使花、果丰盛,应在秋末冬初施基肥,夏季 6—7 月施追肥,如要专门培养硕大果实,可适当疏果。石榴多采用开心的自然杯状整枝,即在幼树定植后,留约 1 m 高剪去主干,留 3~4 新梢作主枝,其余新梢均剪除,两主枝间高低距离约 20 cm 即可。对当年生长过旺的新梢应行摘心使之生长充实,至冬季将各主枝剪去全长的 1/3~1/2。次年在各主枝先端留延长枝,并在主枝下部留 1~2 新梢作副主枝,其余的则作侧枝处理,对过密的枝条应行疏剪。此外应随时注意将干、根上的萌蘖剪除。如此 2~3 年即形成树冠骨架并开始开花结果。以后即可任其自然生长,不必施行精细的修剪,仅注意使树冠逐年适当扩大,除去萌蘖、徒长枝、过密枝及衰老、枯枝。石榴的隐芽萌发力极强,一经重剪很易受刺激发成长枝,故衰老枝干的更新较为容易。石榴具对生芽,故为避免发枝过密时,可将成对的枝剪去一方而保留另一方,用此法来调整和控制树形,效果很好。石榴树如管理良好可连续结果达七八十年。

(6)园林用途 石榴树姿优美,叶碧绿而有光泽,花色艳丽如火而花期极长,又正值花少的夏季,所以更加引人注目,最宜成丛配植于茶室、露天舞池、剧场及游廊外或民族形式建筑所形成的庭院中。又可大量配植于自然风景区,在秋季则果实变红黄色,点点朱金悬于碧枝之间,衬着青山绿水,真是一片大好景色。石榴又宜盆栽观赏,亦宜做成各种桩景或瓶养插花供观赏。

7.4.20 黄栌 *Cotinus coggygria* 漆树科,黄栌属

(1)形态 落叶灌木或小乔木,高达 5~8 m。树冠圆形;树皮暗灰褐色。小枝紫褐色,被蜡粉。单叶互生,通常倒卵形,长 3~8 cm,先端圆或微凹,花小,杂性,黄绿色;成顶生圆锥花序。果序长 5~20 cm,有多数不育花的紫绿色羽毛状细长花梗宿存,花期 4—5 月,果 6—7 月成熟。

(2)变种

①毛黄栌(var. *pubescens*):小枝有短柔毛,叶近圆形,两面脉上密生灰白色绢状短柔毛。

②垂枝黄栌(var. *pendula*):枝条下垂,树冠伞形。

③紫口黄栌(var. *purpurens*):叶紫色,花序有暗紫色毛。

(3)分布 产于中国西南、华北和浙江;南欧、叙利亚、伊朗、巴基斯坦及印度北部亦产。多生于海拔 500~1 500 m,向阳的山林中。

(4)习性 喜光,也耐半阴;耐寒,耐干旱瘠薄和碱性土壤,但不耐水湿。在深厚、肥沃而排水良好之砂质土壤生长最好。生长快;根系发达。萌蘖性强,砍伐后易形成次生林。对二氧化硫有较强抗性,对氯化物抗性较差。

(5)繁殖 繁殖以播种为主,压条、根插、分株也可。种子成熟早,6—7 月即可采收,采回沙藏于沟内,至 8—9 月间播种;如不沙藏,则在播种前浸种 2 d,捞出后晾干即可播种。播前灌足底水,覆土 1.5~2 cm。每亩播种量约 12.5 kg。幼苗生长迅速,当年苗高可达 1 m 左右,3 年后即可出圃定植。

(6)栽培 黄栌苗木须根较少,移栽时应对枝进行强修剪,以保持树势平衡。栽培粗放,不需精细管理。夏秋季雨水多时,易生霉病,可用波尔多液或 0.4 度的石灰硫磺合剂喷布防治。

（7）园林用途　黄栌叶子秋季变红，鲜艳夺目，著名的北京香山红叶即为本种。每值深秋，层林尽染，游人云集。初夏花后有淡紫色羽毛状的伸长花梗宿存树梢很久，成片栽植时，远望宛如万缕罗纱缭绕林间，故英文名有"烟树"（Smoke-tree）之称。在园林中宜丛植于草坪、土丘或山坡，亦可混植于其他树群尤其是常绿树群中，能为园林增添秋色。

7.4.21　八角金盘 *Fatsia japonica* 五加科，八角金盘属

（1）形态　常绿灌木。茎高 4~5 m，常成丛生状。叶掌状 7~9 裂，径 20~40 cm，基部心形或截形，裂片卵状长椭圆形，缘有齿；表面有光泽；叶柄长 10~30 cm。基部膨大，花小，白色。夏秋间开花，翌年 5 月果熟。

（2）分布　原产日本，中国南方庭园中有栽培。

（3）习性　性喜阴，喜温暖湿润气候，不耐干旱，耐寒性不强，长江以南城市可露地栽培，北方常在温室盆栽供观赏。

（4）繁殖　常用扦插法繁殖，扦插时间为 2—3 月或梅雨季均可，要注意遮阴和保持土壤湿润，成活率较高。

（5）栽培　移栽须带土球，时间以春季为宜。

（6）园林用途　本种叶大光亮而常绿，是良好的观叶树种，对有害气体具有较强抗性，是江南暖地公园、庭院、街道及工厂绿地的合适种植材料。北方常盆栽，供室内绿化观赏。

7.4.22　四照花 *Cornus kousa* var. *chinensis* 山茱萸科，四照花属

（1）形态　落叶灌木至小乔木，高可达 9 m。小枝细、绿色，后变褐色，光滑。单叶对生，卵状椭圆形或卵形，长 6~12 cm，叶端渐尖，叶基圆形或广楔形。头状花序近球形；基部有 4 枚白色花瓣状总苞片，椭圆状卵形，长 5~6 cm。花期 5—6 月；果 9—10 月成熟。

（2）分布　产于长江流域及河南、山西、陕西、甘肃。

（3）习性　性喜光，稍耐阴，喜温暖湿润气候，有一定耐寒力，常生于海拔 800~1 600 m 的林中及山谷溪流旁。在北京小气候良好处可露地过冬，并能正常开花，喜湿润而排水良好的沙质土壤。

（4）繁殖　常用分蘖及扦插法繁殖；也可用种子繁殖，但因为大多种子是硬粒种子，播后 2 年始能发芽，故应进行种子处理。处理的要点是将种子浸泡后碾除油皮，再加沙碾去蜡皮，然后沙藏。在播前 20 余日再用温水浸泡催芽。

（5）园林用途　本种树形整齐，初夏开花，白色总苞覆盖满树，光彩耀目，将叶变红色或红褐色，是一种美丽的庭园观花树种。配植时可以常绿树为背景而丛植于草坪、路边、林缘、池畔，能使人产生明丽清新之感。

7.4.23 杜鹃（映山红、照山红、野山红）*Rhododendron simsii* 杜鹃科，杜鹃属

（1）形态　常绿或落叶灌木，高 2 m。多分枝，枝细而直，有亮棕色或褐色扁平糙伏毛。叶纸质，叶两面具灰白色毛。花 2～6 朵簇生枝端，有白、粉红、鲜红、深红和单瓣、重瓣等各种品种。花期 4—6 月；果 10 月成熟。

（2）分布　广布于长江流域及珠江流域各省，东至台湾，西至四川、云南。

（3）变种

①白花杜鹃 var. *vittatum*：花白色或浅粉红色。

②紫斑杜鹃 var. *mesembrinum*：花较小，白色而有紫色斑点。

③彩纹杜鹃 var. *vittatum*：花有白色或紫色条纹。

（4）习性

我国的各种杜鹃按其分布及生态习性大体分为下述几类。

①北方耐寒类：主要分布于东北、西北及华北北部。多生于山林中或山脊上。冬季有的为雪所覆盖，有的则挺立于寒风中，均极耐寒，有的在早春冰雪未尽时即可见花。其中落叶类有大字杜鹃（*R. schlippenbachii*）、迎红杜鹃（*R. mucronulatum*）；半常绿的有兴安杜鹃（*R. dauricum*）；常绿的有照山白（*R. micrathum*）、小叶杜鹃（*R. parvifolium*）、头花杜鹃（*R. captatum*）及牛皮茶（*R. chrysanthum*）等。

②温暖地带低山丘陵、中山地区类：主要分布于中纬度的温暖地带，耐热性较强，亦较耐旱，多生于丘陵、山坡疏林中，如杜鹃、满山红、羊踯躅、白杜鹃、马银花。

③亚热带山地、高原杜鹃类：主要分布于我国西南部较低纬度地区。

（5）繁殖栽培　杜鹃类可用播种、扦插、压条及嫁接等法繁殖。

①播种法：杜鹃杂交容易，为提高结实率可行人工辅助授粉。常绿杜鹃类最好随采随播，落叶杜鹃可将种子贮存至翌年再行春播。杜鹃属的种子均很细小，但保存能力相当强。由于种子细小，故多用盆播。在浅盆内先填入 1/3 碎瓦片和木炭屑以利排水，然后放入一层碎苔藓或落叶以免细土下漏，再放入经过蒸汽消毒的泥炭土或养兰花用的山泥，或用筛过的细腐叶土混加细砂土，略加压平后即可播种。播前，用盆浸法浸湿盆土，播种时宁稀勿密，播后略筛一层细砂，或不覆土而盖上一层玻璃并覆以报纸，避免日光直射。保持 10～20 ℃，经 2～3 周即可发芽。此后逐渐去掉报纸及玻璃，但仍勿使日光直射，并注意适当通风，待长出 3 片叶时，可移入小盆培养，当年苗可高达 3 cm 左右。在此期间万勿施肥，否则易枯死。次年苗高 6～10 cm，第三年高 20 cm 左右，第四年即可开花。

播种后可不必再覆盖苔藓，但如在气候干燥处则盖上玻璃以保持较高温度为好，但应注意每天进行通风。在幼苗期应注意喷雾工作，每日喷 1～2 次雾。移幼苗时需注意勿使叶片与土面接触，勿沾上泥点，否则易致腐烂。

②扦插法：用此法繁殖能早日获得大苗，但优良品种成活率较低。如用去年的枝则难于生根。插穗以选节间短者为好，基部用刀削平滑，长 3～5 cm。插时仅留顶端 3～5 叶，并视情况将叶片再剪去一半。插后保持 25～30 ℃的室温，注意遮阴，1 个月后即可生根。第二年上盆，第三年开花。此外，亦可于春季行软材扦插，1～2 个月后可生根。

③嫁接法:由于杜鹃枝条脆硬,故多用靠接。落叶性杜鹃可在3—4月进行,常绿性杜鹃可在落花后进行。嫁接后1年即可分离。砧木选用易于插活且枝条粗壮的品种,如毛白杜鹃等较好。

④压条法:适宜于扦插不易成活的种类。杜鹃枝脆,故常用壅土压法,入土部分应行刻伤,一般约半年可生根。

⑤分株法:丛生的大株可行分株。

杜鹃是典型的酸性土植物,故无论露地种植或盆栽均应特别注意土质,最忌碱性及黏质土,土壤以pH 4.5~6.5为佳,但亦视种类而有变化。盆栽时,可用腐殖质土、苔屑、山泥以2∶1∶7的比例混合应用。盆栽管理上需注意排水、浇水、喷雾等工作,施肥时应注意宜淡不宜浓,因为杜鹃根极纤细,施浓肥易烂根。开花后的生长发枝期要求氮肥适当增多。在夏季酷暑期应适当遮阴,暴雨前应放倒盆或雨后立即将盆中积水倾出。

杜鹃类的催花要求因种类而不同。以杜鹃($R.\ simsii$)而言,用40~50 d的短日照处理会很好地促进花芽形成,此期间的适温则因品种而异。在入秋后,植株的芽已进入休眠期,休眠期的长短和深度则依品种而有不同。为了打破芽的休眠,必需经受一个低温期,这个低温的范围大抵为5~10 ℃,有些品种在15 ℃左右下也能打破休眠。此外,用1 000~1 500 mg/kg的赤霉素亦可打破休眠。此后,在16~20 ℃的温度下即可促进成花,在25 ℃时开花速度虽可加快但不如在20 ℃以下时的花色鲜艳和花朵丰硕。

(6)园林用途　杜鹃是我国的传统名花,杜鹃类最宜成丛配植于林下、溪旁、池畔、岩边、缓坡、陡壁形成自然美,又宜在庭院或与园林建筑相配植,如洞门前、阶石旁、粉墙前。又如设计成杜鹃专类园一定会形成令人流连忘返的景境。

7.4.24　连翘(黄寿丹、黄花杆) *Forsythia suspensa* 木犀科,连翘属

(1)形态　落叶灌木,高可达3 m。干丛生,直立;枝细长开展呈拱形,小枝黄褐色,稍四棱,皮孔明显,髓中空。单叶或有时为3小叶,对生、卵形、宽卵形或椭圆状卵形,长3~10 cm,无毛,端锐尖,基圆形至宽楔形,缘有粗锯齿。花先叶开放,通常单生,稀3朵腋生,花冠黄色,裂片4,倒卵状椭圆形,花期4—5月。

(2)分布　产于我国北部、中部及东北各省;现各地有栽培。

(3)习性　喜光,稍耐阴,耐寒,耐干旱瘠薄,怕涝,不择土壤,抗病虫能力强。

连翘有2种花,一种花的雌蕊长于雄蕊,另一种花的雄蕊长于雌蕊,两种花不在同一植株上生长,连翘有自花授粉不亲和的现象,而且不与同一类型的花受精。

(4)繁殖栽培　用扦插、压条、分株、播种法繁殖,以扦插为主。以硬枝或嫩枝扦插均可,于节处剪下,插后易于生根。

花后修剪,去枯弱枝,无需其他特殊管理。

(5)园林用途　连翘枝条拱形开展,早春花先叶开放,满枝金黄,艳丽可爱,是北方常见的优良早春观花灌木,宜丛植于草坪、角隅、岩石假山下、路缘、转角处、阶前、篱下及作基础种植或作花篱等用;以常绿树作背景,与榆叶梅、绣线菊等配植,更能显出金黄夺目之色彩;大面积群植于向阳坡地、森林公园,则效果也佳;其根系发达,有护堤岸之作用。

7.4.25   桂花(木犀、九里香、岩桂) *Osmanthus fragrans* 木犀科，木犀属

（1）形态   常绿灌木或小乔木。叶对生，革质有光泽，椭圆形至卵状椭圆形，叶缘稀疏锯齿或全缘。花簇生叶腋，呈聚伞花序，花小，黄白色，极香，花期9月下旬至10月初。

（2）品种   常见栽培的品种有丹桂、四季桂、金桂和银桂。

（3）分布   原产我国西南部；现广泛栽培于长江流域各省区，华北多行盆栽。

（4）习性   喜温暖、湿润气候，不耐严寒和干旱，喜光，要求土壤疏松、肥沃、排水良好，怕积水，怕烟尘。

（5）繁殖   多用压条、扦插、嫁接和播种繁殖。

压条一年四季都可进行，高压或低压，以春季萌芽前较好。枝条行环状剥皮或刻伤2~3 cm，压入土壤，压后保持土壤湿润，秋季或翌春与母株分离栽植。

扦插繁殖以梅雨季节用嫩枝扦插易成活。插条长10 cm左右，带半叶，插在疏松土壤或基质中，搭塑料棚保温保湿，另加帘遮阴，一个月后插条基部产生愈合组织，两个月后即生根。生根后拆去塑料棚，使其多接受阳光照射，翌春移植。

嫁接繁殖用小叶女贞、流苏等作砧木，于夏季行靠接或腹接，也可在春季芽未萌动前进行切接。

播种繁殖开花迟，但易得大量苗木。秋季种子成熟后，贮藏至翌春播，也可随采随播，但也得到翌春发芽，固苗木品质变劣，故少采用播种育苗。

（6）栽植   选阳光充足，排水良好，表土深厚肥沃而又少烟尘地段栽植。植穴要大，多施基肥。大苗应带土球栽植，春季芽未萌动前栽植成活率较高。成活的幼树应每年施一次基肥，7—8月再施1~2次以磷、钾为主的水肥，可保证枝叶生长旺盛，开花繁茂，但生长在烟尘较大的路边的植株，叶片滞尘太多，不易开花，应每年用水冲洗1~2次。桂花枝条萌发力较差，一般不进行修剪，只修剪过密枝、病枯枝等。嫁接植株应修去砧木的萌蘗枝。

北方地区多行盆栽，盆土要选用疏松肥沃的培养土。盆栽桂花应放置在阳光下，浇水要适当，干透浇透。每年施2~3次追肥，以满足枝叶和花生长的需要。冬季入温室越冬，室温5~10 ℃为宜，放在无烟尘处，控制浇水，保持盆土略湿即可。春季出房不可太早，以免新梢受冻，当昼夜平均气温稳定在10 ℃以上才出房。发芽后追施肥料，使生长旺盛。6—8月是花芽分化期，应施些磷、钾肥，以保证花芽正常分化，发育良好。

（7）园林用途   桂花树干端直，树冠圆周整，四季常青，花期正值仲秋，香飘数里，是我国人民喜爱的传统园林花木。园林中常将桂花植于道路两侧，假山、草坪、院落等地多有栽植。如大面积栽植，秋末浓香四溢，香飘十里，也是极好的景观。与秋色树种同植，有色有香，是点缀秋景的极好材料。

7.4.26   茉莉(茉莉花) *Jasminum sambac* 木犀科，茉莉属

（1）形态   常绿灌木，枝细长呈藤木状，高0.5~3 m。幼枝有短柔毛。单叶对生，薄纸质，

椭圆形或宽卵形,长 3~8 cm,端急尖或钝圆,基圆形,全缘,仅背面脉腋有簇毛。聚伞花序,通常有花 3 朵,有时多朵;花萼裂片 8~9,线形;花冠白色,浓香,常见栽培有重瓣类型。花后常不结实。花期 5—11 月,以 7~8 月开花最盛。

(2)分布　原产印度、伊朗、阿拉伯。我国多在广东、福建及长江流域、江苏、湖南、湖北、四川栽培。

(3)习性　喜光,稍耐阴。夏季高温潮湿,光照强,则开花最多、最香;若光照不足,则叶大,节细,花小。喜温暖气候,不耐寒,经不起低温冷冻,在 0 ℃ 或轻微霜冻时叶受害,月平均温 9.9 ℃时,大部分脱落,-3 ℃时枝条冻害,25~35 ℃是最适宜的生长温度。生长期要有充足的水分和潮湿的气候,空气相对湿度以 80%~90% 为好,不耐干旱,但也怕渍涝。喜肥,以肥沃、疏松的沙壤及壤土为宜,pH 5.5~7.0。

(4)繁殖栽培　扦插、压条、分株均可。扦插在气温 20 ℃以上的任何时间都可进行,20 多天即可生根。压条在 5—6 月进行,压后 10 余天生根,40 多天自母株切离,当年开花。

北方盆栽茉莉,容易产生叶子发黄的问题。轻者叶萎黄而生长不良,开花不好;重者则逐渐衰弱死去。主要原因是盆土持续潮湿而烂根或盆土用水偏碱或营养不良等。针对上述原因,采取严格控制浇水或施用稀矾肥水或换盆施肥等法,即可使叶色正常。

(5)园林用途　茉莉株形玲珑,枝叶繁茂,叶色如翡翠,花朵似玉铃,且花多期长,是著名的香花之一。华南、西双版纳露地栽培,可作树丛、树群之下木,也可作花篱植于路旁,效果极好。长江流域及以北地区多盆栽观赏。花朵常作襟花佩戴,也作花篮、花圈装饰用。

7.4.27　栀子(黄栀子、山栀) Gardenia jasminoides 茜草科,栀子属

(1)形态　常绿灌木,高 1~3 m。干灰色,小枝绿色,有垢状毛。叶长椭圆形,长 12 cm,端渐尖,基部宽楔形,革质而有光泽。花单生于枝端,花萼 5,裂片线形;花冠高脚碟状;花冠白色,浓香。

(2)分布　产于长江流域,我国中部及中南部都有分布。

(3)习性　喜光也耐阴,在庇荫条件下叶色浓绿,但开花稍差;喜温暖湿润气候,耐热也稍耐寒(-3 ℃);喜肥沃、排水良好、酸性的轻黏土壤,也耐干旱瘠薄,但植株易衰老;抗二氧化硫能力较强。萌蘖力、萌芽力均强,耐修剪更新。

(4)繁殖　繁殖以扦插、压条为主。

栀子扦插易生根,南方暖地常于 3—10 月,北方则常于 5—6 月扦插,剪取健壮成熟枝条,插于砂床上,只要经常保持湿润,极易生根成活。水插法远胜于土插,成活率接近百分之百,于4—7 月进行,剪下插穗并仅保留顶端的两个叶片和顶芽,插在盛有清水的容器中,经常换水,以免切口腐烂,3 周后即开始生根。压条繁殖于 4 月气温已经升高、树液开始流动时进行,在成年树上选二三年生、健壮的枝条压条,约经 1 个月即生根。

(5)栽培　带土定植。栀子是叶肥花大的常绿灌木,主干宜少不宜多,其萌芽力强,适时整修是一项不可忽视的工作。栀子于 4 月孕蕾形成花芽,所以 4—5 月除剪去个别冗杂的枝叶外,一般应重在保蕾;6 月开花,应及时剪除残花,促使抽生新梢,新梢长至二三节时,进行第一次摘心,并适当抹去部分腋芽;8 月对二荐枝进行摘心,培养树冠,就能得到有优美树形的植株。栀

子在土壤 pH 5~6 的酸性土中生长良好,在北方呈中性或碱性的土壤中,应适期浇灌矾肥水或叶面喷洒硫酸亚铁溶液。

(6)园林用途   栀子叶色亮绿,四季常青,花大洁白,芳香馥郁,又有一定耐阴和抗有毒气体的能力,故为良好的绿化、美化、香化的材料,可成片丛植或配置于林苑、庭前、院隅、路旁,植作花篱也极适宜,作阳台绿化、盆花、切花或盆景都十分适宜,也可用于街道和厂矿绿化。

7.4.28   丁香(紫丁香、华北紫丁香) *Syringa oblata* 木犀科,丁香属

(1)形态   落叶灌木或小乔木。枝条光滑,叶对生,卵圆形至肾脏形,一般宽大于长,基部近心形。花序为混合圆锥花序,顶生或腋生,花紫堇色,花冠筒状上具 4 裂片,芳香,花期 4 月。

(2)品种   主要观赏变种有白丁香、紫萼丁香等。

(3)分布   原产我国东北、华北,现全国都有栽培。

(4)习性   为阳性喜光树种,耐寒、耐旱,怕高温和积水。喜在肥沃、湿润和排水良好的土壤上生长。萌蘖性较强。

(5)繁殖   可用播种、扦插、嫁接、压条和分株法繁殖。

播种繁殖应于夏秋季种子成熟时采收,晒干取出种子,可随采随播或贮藏至翌春播种,但后者生出的实生苗易变异退化。

嫁接的砧木可选用流苏、女贞、水蜡树及其他丁香,于春季 3 月下旬进行枝接,接穗于接前 2~3 周采集、贮藏,嫁接后封土。

压条繁殖常在 2 月或 5 月进行,以 2 月压条最好,至 4—5 月即可生根,9—10 月可与母株分离移栽。压条时枝条太粗可刻伤,枝条太细不需刻伤,压后 2~3 年即开花。扦插繁殖于春、秋季进行,夏季嫩枝扦插成活率可达 100%。

分株时于春季或秋季将植株挖起分开,春季随分随栽。秋季分株后可先行假植,翌春打泥浆后栽植并灌足水,当年可开花。

(6)栽植   在春秋或梅雨季节栽植,裸根苗应打泥浆,大苗应带土球。穴内先施基肥,以促进生长。成年植株只需每年修剪去枯枝、病虫枝及萌蘖枝,以保持树姿和利于通风透光。花后不欲结实时,及时剪去残花,以节省养料,使翌年开花更加繁茂。实践证明,凡是不剪掉残花的植株,第二年开花量大大减少,甚至不开花。对衰老的株丛,采用分次更新法,第一年疏剪 1/2 的老枝,另一半仍可观花,又可为枝条萌蘖提供养料,2 年后再把另一半老枝疏去,整个株丛完成更新。

(7)园林用途   丁香枝叶茂密,花美而香,是我国北方各省区园林中应用最普遍的花木之一。常丛植于建筑前,散植于园路两旁、草坪之中。与其他种类丁香配植成专类园,形成美丽、清雅、芳香、青枝绿叶、花开不绝的景区,效果极佳。

7.4.29   锦带花(五色海棠) *Weigela florida* 忍冬科,锦带花属

(1)形态   灌木,高达 3 m。枝条开展,小枝细弱,幼时具 2 裂柔毛。叶椭圆形或卵状椭圆

形,长5~10 cm,端锐尖,基部圆形至楔形,缘有锯齿,表面脉上有毛,背面尤密。花1~4朵成聚伞花序;萼片5裂,披针形,下半部连合;花冠漏斗状钟形,玫瑰红色,裂片5,花期4—5(6)月。

(2)变型

①白花锦带花 f. *alba*:花近白色。

②四季锦带花:生长期开花不断。

(3)分布　原产华北、东北及华东北部。

(4)习性　喜光,耐寒,对土壤要求不严,能耐瘠薄土壤,但以在深厚,湿润而腐殖质丰富的壤土中生长最好,怕水涝,对HCl抗性较强。萌芽力、萌蘖力强,生长迅速。

(5)繁殖　常用扦插、分株、压条法繁殖,为选育新品种可采用播种繁殖。休眠枝扦插在春季2—3月露地进行;半熟枝扦插于6—7月在荫棚地进行,成活率都很高。种子细小而不易采集,除为了选育新品种及大量育苗外,一般不常采用播种法,10月果熟后迅速采收、脱粒、取净后密藏,至翌春4月撒播。

(6)栽培　栽培容易,生长迅速,病虫害少,花开于1~2年生枝上,故在早春修剪时,只需剪去枯枝或老弱枝条,每隔2~3年行一次更新修剪,将3年以上老枝剪去,以促进新枝生长。花后如及时摘除残花序,可增进美观,并能促进枝条生长。早春发芽前施一次腐熟堆肥,则可年年开花茂盛。

(7)园林用途　锦带花枝叶繁茂,花色艳丽,花期长达两月之久,是华北地区春季主要花灌之一。适于庭园角隅、湖畔群植;也可在树丛、林缘作花篱、花丛配植;点缀于假山、坡地也甚适宜。

7.4.30　凤尾兰(菠萝花) *Yucca gloriosa* 百合科，丝兰属

(1)形态　灌木或小乔木。干短,有时分枝,高可达5 m。叶密集,螺旋排列于茎端,质坚硬,有白粉,剑形,长40~70 cm,顶端硬尖,边缘光滑,老叶有时具疏丝。圆锥花序高1 m多。花大而下垂,乳白色,常带红晕。蒴果干质,下垂,椭圆状卵形,不开裂。花期6—10月。

(2)分布　原产北美东部及东南部,现长江流域各地普遍栽植。

(3)习性　适应性强,耐水湿。

(4)繁殖　扦插或分株繁殖,将地上茎切成片状水养于浅盆中,可发育出芽来做桩景。

(5)园林用途　凤尾兰花大树美叶绿,是良好的庭园观赏树木,常植于花坛中央、建筑前、草坪中、路旁及作绿篱等栽植用。

7.5　藤本类

本类包括各种缠绕性、吸附性、攀缘性、勾搭性等茎枝细长难以自行直立的木本植物。本类树木在园林中有多方面的用途。可用于各种形式的棚架,供休息或装饰用,可用于建筑及设施的垂直绿化,可攀附灯杆、廊柱,亦可使之攀缘于施行过防腐措施的高大枯树上形成独赏树的效果,又可悬垂于屋顶、阳台,还可覆盖地面作地被植物用。在具体应用时,应根据绿化的要求,具

体考虑植物的习性及种类进行选择。

本类植物在养护管理上除水肥管理外,对棚架植物主要是如何诱引枝条使之能均匀分布。

7.5.1　叶子花(三角花、毛宝巾、九重葛) *Bougainvillea spectabilis* 紫茉莉科,叶子花属

(1)形态　常绿攀缘灌木。茎具刺,密布绒毛。叶互生,全缘,纸质,长卵圆形。花生于枝顶,位于 3 枚大而红的苞片内。

(2)分布　原产巴西,我国各地有引种。

(3)习性　性喜温暖湿润,喜光不耐阴,不耐寒,在排水良好的砂壤土上生长良好。

(4)繁殖　以扦插繁殖为主。扦插应在春季 1—3 月在温室内进行,6—8 月在苗圃内,用当年生或 1~2 年生枝条截成 15~20 cm 长、带 3~4 个芽的插条,用 $20×10^{-6}$ 的吲哚乙酸溶液处理 24 h,扦插需经常喷水保湿,在 21~27 ℃气温下,1 个月左右即可生根。压条也可取得少量大苗。

(5)栽植　南方地栽应在阳光充足,距建筑物 1 m 处挖穴,穴深 40 cm,宽 60 cm,施基肥后栽植,浇透水,适当遮阴,成活后立支柱,让其攀缘而上,栽植生长快,2 年即可满架。生长期追肥 2~3 次,追肥后及时浇水,三角花需水量多,如夏季供水不足,易引起落叶,花后需水量稍减。花后将密枝、枯枝及顶梢剪除,使多发壮枝开花。衰老植株可重剪更新。

长江流域及以北地区多盆栽,修成圆球形,冬季入温室越冬。

(6)园林用途　三角花枝叶繁茂,花大美丽,是优良的垂直绿化植物,广东一带常作坡地、棚架、绿廊、拱门、绿篱使用,效果很好。

7.5.2　北五味子 *Schizandra Chinensis* 木兰科,北五味子属

(1)形态　落叶藤本,长 8 m。叶互生呈倒卵形或椭圆形,边缘有细齿,雌雄异株或同株。花期 5—6 月,花乳白色或略带粉红色,呈穗状下垂,芳香;浆果球形鲜红色,8—9 月成熟。

(2)分布　分布于辽宁、吉林、河北、江西、江苏、四川等省。

(3)习性　喜温凉湿润的气候,喜光稍耐阴,耐寒性强,耐瘠薄,在深厚、疏松的土壤上生长良好。

(4)繁殖　用播种和压条法繁殖。播种繁殖于秋季采收成熟的浆果,浸水搓去果肉后,秋播或春播,春播的种子应催芽,用温水浸 2 d 后与湿沙层积,放在 20~30 ℃室温下,待种子有半数萌动时播种,播后覆土 1.5~2 cm,并覆盖,约半月后发芽,立即搭棚遮阴。苗期注意水肥。冬季幼苗怕冷,用树叶覆盖防寒或挖起假植。翌春移植,待主蔓长至 1~2 m 时出圃。

(5)栽植　春季裸根栽植,初期用绳将主蔓固定于支架上,任其向上攀缘,适当疏剪主蔓下部的侧枝,秋冬季调整枝条使分布均匀,将过密和部位不适宜的枝条疏去。每年休眠期施些混合肥料,保证满足生长和开花结果的营养需要,秋季则红果累累。

(6)园林用途　果实成串,鲜红而美丽,是优良的垂直绿化植物。

7.5.3　紫藤(藤萝) *Wistaria Sinensis* 豆科，紫藤属

(1)形态　大型木质藤本，枝粗壮具极强的攀缘能力。奇数羽状复叶互生，总状花序下垂，花蓝紫色、白色、芳香。花期4—5月，荚果9—10月成熟。

(2)分布　除东北地区外，各地均有栽培。

(3)习性　性喜光略耐阴，稍耐寒，对土壤适应力强，耐干旱，怕积水，耐修剪。

(4)繁殖　播种、扦插繁殖均可。播种繁殖于春季3—4月进行，因种皮厚发芽困难，播种前应用80~90 ℃热水浸种，边倒边搅，待水自然冷却后，捞出种子堆放24 h，待种子膨大后播种。床播或大田式播种均可，播后20 d左右发芽，喜旱，浇水量不宜过大，6—7月施肥，当年苗高30~40 cm，翌春移栽，培育3~4年出圃。

春季用硬枝扦插或根插均可，成活容易。嫁接繁殖主要用于培养大花、白花品种或培养一树多花。

(5)栽植　春季萌芽前裸根栽植，如成年大树桩应带土球或重剪后栽，均易成活。作棚架栽培时，定植后选1~2个主蔓缠于植株旁的支柱上，将基部萌蘖枝除去，使养料集中供给主蔓生长，主蔓上部应留少数侧枝，冬季对主、侧枝短截，使翌春抽出强壮的延长枝和大量侧枝，使尽快覆盖棚面。紫藤枝条顶端易干枯，庇阴处枝条易枯死，注意调整枝条数量与位置，不使枝条过多和重叠。

紫藤衰老时，可行更新修剪，冬季留3~4个粗壮、分布均匀的骨干枝，回缩修剪，其余疏剪，翌春可萌发出粗壮的新枝。

在草坪、池畔、厅堂门口两侧呈灌木状栽植的紫藤，不应接触其他物体，使直立生长，可修剪成单杆、双杆式。

紫藤应栽在光照充足处，否则难开花，每年于休眠期施肥，春季花多，花后适当疏枝，并及时除蘖。

(6)园林用途　紫藤枝叶茂密，庇阴效果强，春天先叶后花，穗大而美，有芳香，是优良的棚架、门廊、枯树及山面绿化材料。

7.5.4　爬山虎(爬墙虎、地锦) *Parthenocissus tricuspidata* 葡萄科，爬山虎属

(1)形态　落叶木质大藤本。茎长达30 m以上，茎卷须短而多，常分枝，枝端有吸盘。单叶，在短枝上对生，长枝上互生，宽卵形，常3裂，叶缘疏生锯齿，叶柄长8~20 cm，幼苗或下部枝上的叶较小，常分裂成3小叶。花小，常集生成聚伞花序，位于短枝上的两叶之间；花期6—7月。浆果，小球形，蓝色；果熟期9月。

(2)分布　广泛分布于我国东北及以南各地。国外见于日本和朝鲜。

(3)习性　常攀缘于北向墙壁及岩石上。耐阴，耐干旱瘠薄，适应性强。

(4)繁殖　用扦插、压条繁殖，也可用种子繁殖。扦插和压条繁殖生根容易，其繁殖技术与葡萄大致相似。通常选取秋冬季剪取的木化枝经沙藏处理后做插条，于翌年春季露地扦插。插

条可具 2～3 个芽或为单牙插穗。扦插前可适当剥去部分外皮,扦插后则注意勤浇水,温度过高时需适当遮阴。

压条繁殖春、夏、秋季均可进行,但以雨季为最好。一般易生根。

种子繁殖时多行春播,播前种子需经沙藏处理 3～4 个月,播后保持土壤湿润。种子发芽率一般为 88%～96%,发芽力可保持 1 年。

(5)栽培　爬山虎一般不必搭设棚架,只要将其主茎导向墙壁或其他支持物即可自行攀缘。定植初期需适当浇水及防护,避免意外损伤。成活后则不必费心管理。

(6)园林用途　爬山虎叶大而密,叶形美丽,可以大面积地在墙面上攀缘生长,是一种优良的墙面攀缘绿化和建筑物美化装饰植物,尤其适宜于高层建筑物。用它覆盖墙面,可以增强墙面的保温隔湿能力,并能大大减少噪声的干扰。

本属其他攀缘植物:东南爬山虎 *Parthenocissus austro-orientalis*,异叶爬山虎 *Parthenocissus heterophylla*,三叶爬山虎 *Parthenocissus Himalayana* 和粉叶爬山虎 *Parthenocissus Thomsonii* 等皆为落叶木质大藤本,其性状、习性和用途皆与爬山虎大致相同。这些种主要分布于我国江南各地,如湖北、四川、云南、贵州、广东、广西、浙江和福建等地,皆宜用于高大建筑物的攀缘绿化。

7.5.5　常春藤 *Hedera nepalensis* var. *sinensis* 五加科,常春藤属

(1)形态　常绿木质藤本。茎借气生根攀缘。叶互生、革质、长柄,营养枝上叶呈三角形或 3 裂,开花枝上叶卵状鞭形,全缘。花期 8—9 月,花绿白色、芳香,翌年 4—5 月果实成熟,黄色或红色。

(2)分布　原产我国,华东、华南、西南及甘肃、陕西等省均有栽培。

(3)习性　性喜温暖、湿润,极耐阴,不耐寒,要求深厚、湿润和肥沃的土壤。

(4)繁殖　播种、扦插、压条等繁殖均可。播种繁殖可秋播或春播,春播的种子要催芽处理,才能使发芽迅速整齐。

扦插繁殖易于成活,春季或雨季均可,6—7 月用嫩枝扦插,半月即可生根。若用已能结果的枝条扦插,成活的苗木往往失去攀缘特性,因此应用营养枝扦插。压条繁殖于雨季进行,将半木质化枝条适当刻伤,压入土中,易成活。

(5)栽植　在建筑物的阴面或半阴面栽植。春季带土球穴植,栽后对主蔓适当短截或摘心,使萌发大量侧枝,尽快爬满墙面。生长期对密生枝疏剪,保持均匀的覆盖度,并适当施肥和浇水,同时应控制枝条长度,不使翻越屋檐,以免穿入屋瓦,造成掀瓦漏雨。

(6)园林用途　在庭园中可用以攀缘假山、岩石,或在建筑阴面作垂直绿化材料。

7.5.6　凌霄 *Campsis grandiflora* 紫葳科,凌霄属

(1)形态　落叶性藤本,长 9 m,借气生根攀缘。羽状复叶对生,小叶 7～9,长卵形至卵状披针形,缘有粗齿,两面无毛。花冠唇状漏斗形,红色或橘红色,花萼绿色,5 裂至中部,有 5 条纵棱,顶生聚伞花序或圆锥花序。7—8 月开花,蒴果细长。

（2）分布　我国华北、华中、华南、华东和陕西等地。

（3）习性　喜光而稍耐阴,幼苗宜稍庇荫;喜温暖湿润,耐寒性较差,北京幼苗越冬需加保护;耐旱忌积水;喜微酸性、中性土壤。萌蘖力、萌芽力均强。

（4）繁殖栽培　播种、扦插、埋根、压条、分蘖繁殖均可。通常以扦插和埋根育苗。扦插用春季3月下旬至4月上旬的硬枝插或6—7月的软枝插,都易成活;埋根于落叶期进行,选根并截成长3~5 cm,用直埋法即可。

（5）园林用途　凌霄于枝虬曲多姿,夏季开红花,鲜艳夺目,花期甚长,为庭园中棚架、花门之良好绿化材料。它用以攀缘墙垣、枯树、石壁,点缀于假山间隙,繁花艳彩,更觉动人。经修剪、整枝等栽培措施,可成灌木状栽培观赏。管理粗放,适应性强,是理想的城市垂直绿化材料。

7.5.7　金银木(金银忍冬) *Lonicera maackii* 忍冬科,忍冬属

（1）形态　藻叶灌木,高达5 m。小枝髓黑褐色,后变中空,幼时具微毛。叶卵状椭圆形至卵状披针形,长5~8 cm,端渐尖,基宽楔形或圆形至卵状披针形,长5~8 cm,端渐尖,基宽楔形或圆形,全缘,两面疏生柔毛。花成对腋生,总花梗短于叶柄,苞片线形。相邻两花的萼筒分离。花冠唇形,花先白后黄,芳香,唇瓣长为花冠筒2~3倍。雄蕊5,与花柱均短于花冠。浆果红色,合生。花期5月,果9月成熟。

（2）分布　产东北、华北、华东、华中及西北东部、西南北部。朝鲜、日本、俄罗斯也有分布。

（3）习性　性强健,耐寒,耐旱,喜光,耐半阴,喜湿润肥沃及深厚的土壤。

（4）繁殖栽培　播种、扦插繁殖。管理粗放,病虫害少。

（5）园林用途　金银花植株轻,藤蔓缭绕,冬叶微红,花先白后黄,散发清香,是色香俱备的藤本植物。金银花可缠绕篱垣、花架、花廊等作垂直绿化材料或附在山石上,植于沟边、于山坡、用作地被,也富有自然情趣。花期长,花芳香,又值盛夏开放,是于庭园布置夏景的极好材料;植株体轻,因此它也是美化屋顶花园的好材料。

7.6　绿　篱

各种绿篱有不同的适用条件,但是总的要求是该种树木应有较强的萌芽更新能力和较强的耐阴能力,以生长较缓慢、叶片较小的树种为宜。

栽培养护要点为保持篱面完整且勿使下枝空秃,应注意修剪时期与树种生长发育的关系。

绿雕塑又称为造型树,在园林中产生具有特殊情趣的景物效果。从其成形的手法上可分为剪景与扎景两大类。

养护管理要点是适当控制水肥,避免大水大肥,注意保持体形完美。

7.6.1　针叶树类

1）侧柏（扁柏、香柏） *Platycladus orientalis*　**柏科,侧柏属**

（1）形态　常绿乔木。树皮薄红褐色,叶鳞片状,花期3~4月,果10—11月成熟。

（2）分布　我国南北各地均有分布,黄河流域为适生地。

（3）习性　耐干旱和湿润,耐严寒和暴热,喜光稍耐阴,对土壤要求不严,在酸性、中性、碱性土壤上均能生长,瘠地、山岩石道处也可生长。耐修剪。

（4）繁殖　播种繁殖。春播前将干藏的种子用30~40℃温水浸种12 h后催芽,每日淋清水一次,待种子有30%萌动时播种,半月发芽,先针叶后鳞叶。出土后适当控制床土湿度,以促苗木老熟,增加抗立枯病能力。苗高5~6 cm时间苗和定苗,生长期施肥和浇水,及时中耕除草,促进苗木旺盛生长,1年生苗高达20~25 cm,留床1年,北方小苗应埋土越冬,2年生苗达60~80 cm高,第3年春移植,在高40~50 cm处截干,促发侧枝,扩大冠丛,再培养1~2年,高达1.5~2 m时即可出圃。

（5）栽植　选择排水良好、无积水处栽植,低洼积水处极易烂根。春、秋季都可种植,北方寒冷地区以春季栽植为宜。2~3年生大苗应带土球,单行式或双行式栽植,株距40~50 cm,用沟植法或穴植法时均需拉绳子定位,保证绿篱通直。栽植后踏实并及时浇水,成活后加强肥水养护1年,翌春按统一高度将苗木顶梢截去1/3左右,侧壁剪平,促其大量萌发侧枝,充实篱体和填补空缺,以后逐年对绿篱顶面轻短截,使绿篱高度逐年上升,待达到规定高度后,每年通过修剪压低篱面,以维持在一定的高度内。侧柏内膛枝因光照不足,极易枯枝,为防止篱体出现空缺和秃裸,应每年修剪1~2次,刺激其不断的萌发新梢,一般为配合节日,在4月和9月的中旬进行。西北和东北一带气候寒冷,主长期短,1年修剪一次即可。用偷剪方法使1 cm以上的粗剪口掩盖于两侧枝叶之下。春季气候干燥的地区,如华北等地,应于春季萌发后及时浇水。侧柏易受红蜘蛛、侧柏毒蛾、双条天牛为害。病害主要有侧柏叶锈病等,需及时防治。

（6）园林用途　侧柏可植为绿篱,也可孤植或列植为园路的行道树。我国目前各地遗留有许多高大的千年古柏,十分壮观。

2）圆柏（桧柏、刺柏） *Sabina chinensis*　**柏科,圆柏属**

（1）形态　高大乔木。树冠尖塔形或圆锥形。树皮灰褐色,有浅纵条剥落或扭曲。具二型叶,老枝着鳞叶、互生,刺叶常3枚轮生,叶上表面微凹,有两条白色气孔线。雌雄异株,花期4月,球果次年成熟。

（2）分布　原产我国,各地均有栽培。

（3）习性　性喜光,极耐阴,对寒、热适应性强,对土壤适应性强,在酸性、中性和碱性土上均能生长。对氯气和氟化氢抗性较强,耐修剪,因枝条细软而易造型。

（4）繁殖　以播种繁殖为主,扦插、嫁接也可。种子有深休眠习性,秋季成熟的种子翌春播种发芽极少,故播前种子应层积催芽。秋季采回的种子,于12月至翌年1月用温水浸种1~2 h后,与湿沙层积催芽,每半月翻一次,并保持沙子的湿度,3~4个月后种子开始裂嘴即播种,播后20余天即可发芽。幼苗生长缓慢,为防止立枯病,幼苗期应减少灌水和施肥,待苗木近木质化时再加强肥水管理,当年生苗高可达 10 cm 以上,翌春移植。3 年生苗高达 60 cm 以上,可出圃作绿篱使用。

扦插繁殖用硬枝或嫩枝做插条,扦插后罩塑料棚,上面遮阴,经常喷水,1~2 个月可生根。有的地方用长 30 cm 的大枝带泥团扦插,成活后能快速成苗。优良品种也可用侧柏作砧木进行嫁接育苗。

(5)栽植　在向阳处或建筑物北侧均可栽植,春季带土球栽植时要求土球不散,否则成活困难,作绿篱栽时,可单行,株距 30~40 cm,成活后注意浇水,任其生长,翌春于一定高度定干,将顶梢截去。每年于春季或节日前修剪 1~2 次,即可保持篱体的紧密与整齐。

(6)园林用途　圆柏在庭园中用途极广。性耐修剪又有很强的耐阴性,故作绿篱用时比用侧柏优良。其枝条细软,还可绑扎成各种仿生造型和牌楼、亭台等。

7.6.2　常绿阔叶篱

1)冬青卫矛(大叶黄杨)Euonymus japonica　卫矛科,卫矛属

(1)形态　常绿灌木或小乔木。小枝绿色,稍四棱形。叶革质,倒卵形而有光泽,叶缘有钝齿。花绿白色,花期 5 月,果近球形,10 月成熟。

(2)分布　原产日本,我国各地均有栽培,以长江流域最多。

(3)习性　性喜光也耐阴,喜温暖、湿润气候,稍耐寒,对土壤要求不严,抗污染力强,耐修剪。

(4)繁殖　以扦插繁殖为主,播种、压条也可。春、夏、秋均可扦插,江南多于雨季用嫩枝扦插,及时遮阴、保湿,约 30 d 后生根,秋季苗高 40~50 cm,翌春移植,株行距为 30 cm×60 cm,并于 30 cm 处截梢,促发侧枝,侧枝长 30 cm 左右时,短截促发次级侧枝,使植株上下枝叶密布。2~3 年生即可出圃。

(5)栽植　春季裸根或带随根土栽植,栽后浇水,成活后适当施肥,每年对新枝至少修剪 2 次,分别在 4 月和 9 月,同时修去病、枯枝。大叶黄杨绿篱宜整成矩形或梯形,如上宽下窄,下部枝条易干枯,造成空秃而影响美观。

(6)园林用途　大叶黄杨除植为绿篱外,尚可孤植、丛植,并可修剪成球形,多层式等艺术造型。其新叶娇嫩翠绿,十分美观,是优良的庭园观赏植物。

2)女贞(冬青、蜡树)Ligustrum lucidum　木犀科,女贞属

(1)形态　常绿乔木或呈灌木状。叶革质,表面深绿色且有光泽,背面淡绿色,卵状披针形全缘。顶生大型圆锥花序,花白色,花期 6 月,核果 11—12 月成熟,蓝黑色。

(2)分布　原产我国及日本,华东、华南、西南等地均有栽培。

(3)习性　性喜光稍耐阴,喜温暖、湿润气候,不耐寒,不耐干旱贫瘠,在微酸、微碱性土上均能生长,抗污染能力强,耐修剪。

(4)繁殖　播种繁殖,秋季将果实采回后,水泡数日,搓去果肉,净种即播,如翌春播,需湿藏越冬。播后保持湿润,发芽后及时间苗、除草、灌溉和施肥,当年秋季苗高 40 cm 左右。留床越冬,翌春移植,将苗干留 1/3 苗高后短截,使冠形丰满,2~3 年后即可出圃。

（5）栽植　春季裸根或带随根土栽植,株距 30～40 cm,成活后按统一高度截顶,很快形成密集的篱带。每年于"五一""十一"前修剪 2 次。篱体衰老后,齐地面截干更新,重新养护修剪成年青的绿篱带。

（6）园林用途　女贞枝叶清秀,终年常绿,夏日满树白花,又适应城市气候环境,是长江流域常见的绿化树种。常植于庭院观赏或作园路树或修剪作绿篱用。

3）海桐（海桐花）*Pittosporum tobira*　海桐科,海桐属

（1）形态　常绿灌木或小乔木,高 2～6 m。树冠圆球形。叶革质,倒卵状椭圆形,长 5～12 cm,先端圆钝或微凹,基部楔形,边缘反卷,全缘,无毛,表面深绿而有光泽。顶生伞房花序,花白色或淡黄绿色,径约 1 cm,芳香。蒴果卵球形,长 1～1.5 cm,有棱角,熟时 3 瓣裂;种子鲜红色。花期 5 月,果 10 月成熟。

（2）分布　产我国江苏南部、浙江、福建、台湾、广东等地;朝鲜、日本亦有分布。长江流域及其以南各地庭园习见栽培。

（3）习性　喜光,略耐阴,喜温暖湿润气候及肥沃湿润土壤,耐寒性不强,华北地区不能露地越冬。对土壤要求不严,对黏土、沙土及轻盐碱土均能适应。萌芽力强,耐修剪。抗海潮风及二氧化硫等有毒气体能力较强。

（4）繁殖栽培　可用播种法繁殖,扦插也易成活。10—11 月采收开裂蒴果,因种子外有黏汁,要用草木灰拌搓脱粒,随即播种或洗净后阴干沙藏,至翌年 2—3 月播种。一般采用条播,行距约 20 cm,覆土厚约 1 cm,上盖草。春播约 2 个月后出苗,要及时揭草和搭棚遮阴。1 年生苗高约 15 cm,冬季要撒乱草防寒。2 年生苗高 30 cm 以上,要 4～5 年生方可出圃定植。移植一般在春季 3 月进行,也可在秋季 10 月前后进行,均需带土球移植。易以介壳虫为害,要注意及早防治。

（5）园林用途　海桐是南方城市及庭园常见的绿化观赏树种。通常用作房屋基础种植及绿篱材料,孤植、丛植于草坪边缘、林缘或对植于门旁、列植路边也很合适。因有抗海潮风及有毒气体能力,故又为海岸防潮林、防风林及厂矿区绿化树种,并宜作城市隔声和防火林带之下木。华北多行盆栽观赏,低温温室越冬。

4）六月雪（白马骨、满天星）*Serissa foetida*　茜草科,六月雪属

（1）形态　常绿或半常绿矮小灌木,高不及 1 m。丛生,分株繁多,嫩枝有微毛。单叶对生或簇生于短枝,长椭圆形,长 7～15 mm,端有小端尖,基部渐狭,全缘,两面叶脉、叶缘及叶上均有白色毛。花单生或数朵簇生,花冠白色或淡粉紫色。核果小,球形。花期 5—6 月。

（2）变种

①金边六月雪 var. *aureo-marginata.*

②重瓣六月雪 var. *pleniflora*:花重瓣,白色。

③荫木 var. *crassiramea*:较原种矮小,叶质厚,层层密集,花单瓣或带白色晕。

④重瓣荫木 var. *crasseramea* f. *plena* Makino et Netmot:枝叶似荫木,花重瓣。

（3）分布　产于我国东南部和中部各省区。

（4）习性　性喜阴湿,喜温暖气候,在向阳而干燥处栽培生长不良,喜肥。萌芽力、萌蘖力均强,耐修剪。

（5）繁殖　扦插、分株繁殖。

（6）园林用途　六月雪树形纤巧，枝叶扶疏，夏日盛花时宛如白雪满树，于庭园路边及步道两侧作花径配植，极为别致。它也是制作盆景的上好材料。

7.6.3　落叶篱

1）榆（白榆、家榆）*Ulmus pumila*　榆科，榆属

（1）形态　落叶乔木。在严寒、贫瘠条件下呈灌木状，叶椭圆状披针形，叶缘有不规则的重锯齿或单锯齿，叶脉近羽状。花期3—4月，翅果圆形且4—6月成熟。

（2）分布　于我国东北、华北、西北和华东一带。

（3）习性　性喜光、耐寒、耐旱、怕积水，在瘠薄地、轻盐碱地、石灰性土壤上均能生长。耐修剪。

（4）繁殖　播种繁殖。4月榆钱成熟时，敲落地面采收，清除杂质后阴干，随即播种，否则应密封贮藏。播前床上灌透水，待水渗下且土不粘手时播种，覆土厚 0.5～1 cm，稍镇压，播后10余天发芽出土，及时间苗，苗高 5～6 cm 时定苗。注意中耕除草、施肥、浇水，8月初停水肥，使苗木尽快木质化。当年苗高 1.5～2 m。如培育乔状大苗，应经常修去侧枝，翌春移植继续培育。作绿篱用的苗木，当苗高 50 cm 时，截梢促侧枝多发，翌春即可出圃。

（5）栽植　春、秋根栽植，并剪去过长的主根。成活后按规定高度截顶。严寒地区每年修剪一次，修剪前后应行追肥。榆树病虫害较多，有天幕毛虫、榆紫金花虫等，应及早防治。

（6）园林用途　榆树除植作绿篱外，还可用于行道树、防护树和四旁绿化。老根残桩是盆景的好材料。

2）小檗（日本小檗）*Berberis thunbergii*　小檗科，小檗属

（1）形态　落叶灌木，高 2～3 m。小枝通常红褐色，有沟槽；刺通常不分叉。叶倒卵形或匙形，长 0.5～2 cm，先端钝，基部急狭，全缘，表面暗绿色，背面灰绿色。花浅黄色，1～5 朵成簇生状伞形花序。浆果椭圆形，长约 1 cm，熟时亮红色。花期5月，果9月成熟。

（2）分布　原产日本及中国，各大城市均有栽培。

（3）习性　喜光，稍耐阴，耐寒，对土壤要求不严，而以在肥沃而排水良好之沙质壤土上生长最好。萌芽力强，耐修剪。

（4）繁殖　主要用播种繁殖，春播或秋播均可。扦插多用半成熟枝条于7—9月进行，采用踵状插成活率较高。此外，亦可用压条法繁殖。

（5）栽培　定植时应进行强度修剪，以促使其多发枝丛，生长旺盛。

（6）园林用途　本种树细密而有刺，春季开小黄花，入秋则叶色变红，果熟后亦红艳美丽，是良好的观果和刺篱材料。常见变型为紫叶小檗（f. *atropurpurea* Rehd.），平时叶深紫色，观赏价值更高。

3）迎春 *Jasminum nudiflorum*　木犀科，茉莉属

（1）形态　落叶灌木，高 0.4～5 m。枝细长呈拱形，绿色，有四棱。叶对生。花单生，先叶开放，花冠黄色，花期2—4月。

（2）分布　产于我国北部、西北、西南各地。

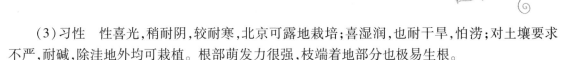

（3）习性　性喜光,稍耐阴,较耐寒,北京可露地栽培;喜湿润,也耐干旱,怕涝;对土壤要求不严,耐碱,除洼地外均可栽植。根部萌发力很强,枝端着地部分也极易生根。

（4）繁殖栽培　繁殖多用扦插、压条、分株法。只要注意浇水,很易成活。其枝端着地易生根,在雨水多的季节,最好能用棍棒挑动着地的枝条几次,不让它接触湿土生根而影响株丛整齐。为得到独干直立树形,可用竹竿扶持幼树,使其直立向上生长并摘去基部的芽,待长到所需高度时,摘去顶芽,使形成下垂之拱形树冠。

（5）园林用途　迎春植株铺散,枝条鲜绿,不论强光还是背阴处都能生长,冬季绿枝婆娑,早春黄花可爱。迎春可在各处园林和柳、山桃同植,早报春光,或栽植于路旁、山坡及窗下墙边或作花篱密植或作开花地被或植于岩石园内,观赏效果极好。将山野多年生老树桩移入盆中做成盆景或编织成各种形状,盆栽于室内观赏,也可用作切花插瓶。

7.6.4　花　篱

1）九里香(千里香)*Murraya exotica*　芸香科,九里香属

（1）形态　常绿灌木,高 3~4 m。奇数羽状复叶,小叶 3~7 枚,互生。伞房花序,白色、芳香,花期 7—11 月,果小,红色。

（2）分布　产于我国广东、广西、福建、台湾、云南、湖南等地。

（3）习性　性喜光,喜温暖湿润,不耐寒,要求肥沃、疏松和排水良好的土壤。耐修剪。

（4）繁殖　扦插、压条和播种繁殖。扦插繁殖在 6—7 月进行,用半木质化的春梢截成 15~20 cm 长的插条,下部叶片除去,扦插在沙床内,浇透水、遮阴,每天喷水 1~2 次,在 20 ℃气温下一个月左右即可生根。翌春移植培养。需少量大苗时,用高压或低压法繁殖。

（5）栽植　广东作绿篱使用,春季 2—3 月带土球栽于阳光充足处,随即浇水。九里香花期长,每年于冬季和生长期施肥,并适当增施磷钾肥,才能开花不断。可行自然式或整型式修剪,花后对枝梢短截,使春季抽出多量粗壮侧枝开花。

（6）园林用途　九里香开花密集,香气袭人,是南方花篱的优良材料,也可作建筑物的基础栽植或盆栽观赏。长江以北作温室盆栽。

2）雀舌黄杨(细叶黄杨)*Buxus bodinieri*　黄杨科,黄杨属

（1）形态　常绿小灌木,高通常不及 1 m。分枝多而密集。叶较狭长,倒披针形或倒卵状长椭圆形,长 2~4 cm,先端钝圆或微凹,革质,有光泽。花小,黄绿色,呈密集短穗状花序,其顶部生一雌花,其余为雄花。蒴果卵圆形。花期 4 月,果 7 月成熟。

（2）分布　产于华南。各地均有栽培。

（3）习性　喜光,亦耐阴,喜温暖湿润气候,常生于湿润而腐殖质丰富的溪谷岩间,耐寒性不强。浅根性,萌蘖力强;生长极慢。

（4）繁殖　以扦插为主,也可压条和播种。硬枝扦插在 3 月芽萌动以前进行,以基部带踵插效果较好。软枝扦插于 6 月中下旬至 9 月上旬进行均可,而以在梅雨季扦插成活率最高。

（5）园林用途　本种植株低矮,枝叶茂密,且耐修剪,是优良的矮绿篱材料,最适宜布置模纹图案及花坛边缘。若任其自然生长,则适宜点缀草地、山石或与落叶花木配植。也可盆栽或

制成盆景观赏。

3）木槿（朱槿、篱障花）Hibiscus Syriacus　锦葵科，木槿属

（1）形态　落叶灌木或小乔木。叶互生，顶3裂，裂片缺刻为圆形，叶背面的叶脉上有毛。花单生于叶腋，于6—7月开花，花大，有红、白、紫、堇等各色。品种有单瓣木槿、白花木槿和大花木槿。

（2）分布　产于我国、印度等地，全国均有栽培。

（3）习性　喜温暖、湿润气候，喜光，也稍耐寒，耐干旱贫瘠土壤，对二氧化硫、氯气等有害气体有较强的抗性，对灰尘、粉尘有一定的滞留能力。萌蘖力强，耐修剪。

（4）繁殖　用播种和扦插法繁殖，重瓣品种用扦插易于成活，插条属皮部生根型植物。春季发芽前用 10～15 cm 长的插条扦插，约 1 个月生根，扦插苗 1 年可长 100 cm 左右。单瓣品种除扦插外，还可播种，种子成熟后干藏，翌春播种。如培育大苗，将扦插苗或播种苗翌春移植，并于一定高度处截干，培养 3～4 根侧枝，使形成自然开心形树冠，作花木栽植。

（5）栽植　小苗春季裸根栽植，干旱时及时浇水，易成活。华北等地新植小苗冬季应堆土防寒。木槿花篱单行栽植，宜用自然式修剪，每年冬季对枝条重短截，则发侧枝多，侧篱体紧密，开花繁茂。因花期长而需要养料多，则需于花前花后各追肥一次。应保留下部侧枝及萌蘖枝，使形成从上至下、花团锦簇的篱障。植株衰老时，冬季在距地面 10 cm 处截干更新，翌春即萌发大量枝条代替老枝，重新形成密集的花篱。

（6）园林用途　木槿夏秋开花，花期长而花朵大，且有许多不同花色、花型的变种和品种，是优良的园林观花树种。常作绿篱及基础材料，也宜丛植于草坪、街道或建筑物前。

7.6.5　果　篱

1）火棘（火把果）Pyracantha fortuneana　蔷薇科，火棘属

（1）形态　常绿灌木。枝条铺散下垂，短侧枝稍部具枝刺。叶互生，倒卵状长圆形，先端微凹，革质。5月开花，白色，果球形，鲜红色，9月成熟。

（2）分布　产于西南、华东、华中地区及陕西等省。

（3）习性　喜光不耐寒，喜湿润空气，在肥沃、疏松、排水良好处生长好。

（4）繁殖　播种和扦插繁殖。种子秋季成熟，随采随播，也可沙藏越冬春播。扦插易成活，春季萌芽前和夏季新梢木质化后均可扦插。幼苗期适当遮阴，翌春移植培养，由于火棘须根少，移植时尽量少伤根，或带护心土或带土球移植。

（5）栽植　春季带土球栽植，成活后按整型式绿篱进行修剪，按一定高度将枝梢截去，很快能发出众多的侧枝，开花结果。由于火棘结果部位低，常隐藏于枝丛中，秋季对枝条短截使累累红果显露。每年坚持修剪和施 1～2 次肥，则花繁果茂。

（6）园林用途　火棘枝叶茂盛，初夏白花繁密，入秋果红如火，且留存枝头甚久，美丽可爱。在庭园中常作绿篱及基础种植材料，也可孤植、丛植于草地边缘或园路转角处。可修剪成圆头形树冠或修剪成云片式，宛若大型盆景。云片式造型时，先培养主干，然后选留高低有序、分布均称的侧枝 3～5 个，逐年进行平面修剪，使形成高低错落、大小不等的云片。

2) 小紫珠 *Calicarpa dichotomya*　马鞭草科, 紫珠属

（1）形态　多分枝直立灌木, 高 1 ~ 2 m。小枝纤细, 带紫红色, 略具星状毛。叶倒卵形或披针形, 长 3 ~ 7 cm, 顶端急尖, 基楔形, 边缘仅上半部疏生锯齿, 表面稍粗糙, 背面无毛。花萼杯状; 花冠紫红色。果实球形, 蓝紫色。花期 5—6 月, 果期 7—11 月。

（2）分布　产于中国东部及中南部, 华北可露地栽培。

（3）习性　性喜光, 喜肥沃湿润土壤。

（4）繁殖　扦插或播种繁殖。

（5）园林用途　小紫珠植株矮小, 入秋紫果累累, 色美而有光泽, 状如玛瑙, 为庭园中美丽的观果灌木, 植于草坪边缘、假山旁、常绿树前效果均佳, 用于基础栽植也极适宜。果枝常做切花。

7.7　地被植物

地被植物是指园林中栽植的低矮植物, 用来覆盖地面, 以形成立体的绿化景观, 并起到不见黄土的效果。地被植物高在 40 cm 左右, 低矮而贴近地面, 并易于蔓延且耐践踏。

7.7.1　铺地柏(爬地柏、矮桧、匍地柏、偃柏)*Sabina procumben* 柏科, 圆柏属

（1）形态　匍匐小灌木, 高达 75 cm。冠幅逾 2 m, 贴近地面伏生, 叶全为刺叶, 3 叶交叉轮生; 球果球形, 内含 2 ~ 3 个种子。

（2）分布　原产于日本, 我国各地园林中常见栽培, 亦为常见桩景材料之一。

（3）习性　阳性树, 能在干燥的沙地上生长良好, 喜石灰质的肥沃土壤, 忌低湿地点。

（4）繁殖　用扦插法易繁殖。

（5）园林用途　在园林中可配植于岩石园或草坪角隅, 又为缓土坡的良好地被植物, 各地亦经常盆栽观赏。日本庭园中在水面上的传统配植技法"流枝"即用本种造成。有银枝、金枝及多枝等变种。

7.7.2　平枝枸子(铺地蜈蚣) *Cotoneaster horizontalis* 蔷薇科, 枸子属

（1）形态　落叶或半常绿灌木, 高约 0.5 cm。枝条水平开展, 叶长 0.5 ~ 1.5 cm, 表面亮, 暗绿色。5—6 月开花, 花小, 果近球形, 鲜红色, 9—10 月成熟。

（2）分布　原产于我国, 陕西、四川、甘肃、湖南、湖北、贵州、云南等省有分布。

（3）习性　性喜光也稍耐阴, 喜湿润空气和半阴环境, 耐寒, 耐瘠薄的土壤。

（4）繁殖　播种、扦插和压条繁殖均可。种子随采随播, 也可贮藏至翌春播种。种子有双休眠习性, 既具有坚硬的种皮, 胚轴和子叶又需后熟过程, 故播前需进行低温层催芽, 但种子发

芽率不高。扦插繁殖春、夏均可进行,夏季用嫩枝扦插成活率很高。

(5)栽植　选择地势较高又耐阴的地点栽植,怕积水,雨季应注意排水,生长期追肥 1~2 次,一般不修剪,任其生长。

(6)园林用途　铺地蜈蚣枝叶稠密,浓而发亮,秋季红果硕硕,是优良的地被植物,也可植于假山、园路之侧或作盆景、盆栽材料。

7.8　观赏竹类

7.8.1　观赏竹类的栽培技术

竹类是园林绿化中常见的观赏植物,因其四季常青、枝叶茂密、姿态优美、树干形状多样、观赏价值高等优点,在园林绿化中占有重要的地位。竹类植物的内部构造与一般树木不同,竹类植物的茎只有不规则排列的散生维管束,没有一般植物的周缘形成层,其直径大小在笋期就已确定下来,以后就没有直径的增粗生长,不具备植物的基本特征,其生长发育规律与一般植物的生长规律不同,所以竹类植物有其特殊的栽培技术。

1)竹类植物的生物学特性

竹类植物是多年生常绿单子叶植物,属禾本科、竹亚科,有乔木、灌木、藤本,也有极少数秆形矮小,质地柔软而呈现草本状。竹类植物一个有性时代只开一次花,有的几年,有的几十年甚至几百年,因不同的竹种而异。竹子有地下茎,它既是营养贮藏输导器官,又是强大的分生繁殖器官。竹子的繁殖和生长是靠地下茎来完成的,在土壤中地下茎系统是很复杂的,竹子的生长是通过竹连鞭、鞭生笋(丛生竹无竹鞭,笋是由秆基上的芽萌发而成)、笋长竹、竹养鞭,循环往复,构成一个物质和能量流动的有机体。

(1)竹类地下茎类型　根据竹子地下茎分生繁殖特点和形态特征可把竹子分成 4 大类型(图 7.1)。

①单轴散生型:有真正的竹鞭,鞭细长而横走地下。竹鞭有节,节上生根,称为鞭根。每节着生一芽,交互排列,有的芽可以抽成新鞭,在土壤中蔓延生长,有的芽可以发育成笋,出土长成新竹,在地上稀疏散生,逐步发展成竹林。

②合轴丛生型:没有真正的竹鞭,秆基有大型芽直接萌发成笋,出土长成新竹,形成密集丛生的竹丛,秆基则堆集成群。

③合轴散生型:秆基上的芽在地下生长一段长度后出土成竹,在地上散生,实际上是秆柄在地下延伸,形成假鞭(即节上无芽、无根),如箭竹等。

④复轴混生型:有真正的竹鞭,兼有丛生和散生 2 种类型,且兼有单轴型和合轴型地下茎繁殖特点。即有在地下横向生长的竹鞭,竹鞭节上可发笋出土成稀疏的散生

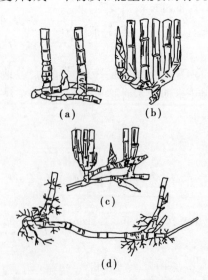

图 7.1　竹类地下茎类型图
(a)单轴散生型;(b)合轴丛生型;
(c)复轴混生型;(d)合轴散生型

竹,又可以从秆基上的芽眼萌发成笋,出土成丛生的新竹。

(2)竹子对环境条件的要求　竹类一般都喜欢温暖、湿润的气候和水肥充足、土层深厚疏松的土壤条件。

但不同竹种对温度、湿度和肥料的要求又有所不同。一般来说对水肥的要求丛生竹高于混生竹,混生竹又高于散生竹;对低湿的抗性相反,散生竹大于混生竹,混生竹又大于丛生竹。因而在自然条件下丛生竹多分布于南亚热带和热带江河两岸和溪流两旁,而散生竹分布于长江与黄河流域平原、丘陵、山坡和较高海拔的地方。

竹类喜光,也有一定耐阴性,一般生长密集,甚至可以在疏林下生长。

2)栽植技术

(1)散生竹栽植　散生竹具有横向生长的地下竹鞭,散生竹栽植成功的关键是保证母竹与竹鞭的密切联系,所带的竹鞭应具有旺盛的孕笋和发鞭能力,散生竹种类较多,在园林绿化中比较常用的有毛竹、刚竹、紫竹、罗汉竹等,其栽培方法大同小异,栽植方法一般采用母竹栽植。现以毛竹为例,简述其技术要点。

①栽植点选择。毛竹生长快,地下竹鞭发达,对土壤条件要求高,一般要求土层深厚肥沃、疏松湿润、排水良好并呈微酸性的沙质壤土、壤土,一般土层厚度应在80 cm以上,pH 5～7。而过于干旱、瘠薄的土壤,含盐量0.1%以上的盐渍土和pH 8以上的钙质土以及低洼土积水或地下水位过高的地方,都不宜栽植毛竹。

②母竹准备。

a.母竹选择。母竹选择能直接影响所移母竹栽植的成败。因为新造竹林的繁殖能力高低主要取决于母竹竹鞭抽鞭及发笋能力。母竹栽植的成活率,与母竹的年龄和发育状况等有密切关系。母竹应选择1～2年生,胸径3～6 cm、秆直、枝叶繁茂,叶色深绿,竹节正常(平均节间长18～20 cm),生长健壮,分枝较低(枝下节数4～12节),无病虫害的母竹。母竹年龄过大,所连竹鞭衰老,发笋能力差,成林也慢,而不满1年生的嫩竹则易折断。用1～2年生竹所连的竹鞭为壮龄鞭,鞭色金黄,芽肥大、多,组织充实,内含物丰富,恢复再生能力强,发笋、成竹量多。除母竹年龄外,也要考虑母竹粗细及树冠形状,竹秆过大或过小,均不宜栽植。过小虽宜挖掘、栽植简便,成活率高,但竹株内营养物质少,抽鞭发笋能力弱;过大则挖掘、搬运、栽植困难,易损伤芽,工作量大,而且蒸腾量大,失水多,栽后易被风吹动,影响栽植成活率。另外,选大龄竹,在竹林边缘或稀疏竹林中选择母竹都有利于提高栽植成活率。因为大年竹竹叶繁茂,光合作用产物多,养分充裕,抽鞭发笋能力强,当年可出笋。而选择竹林边缘或稀疏竹林上的竹子光合作用强,易挖掘也不易伤鞭根,且竹株发育好,多发新鞭、壮鞭、抗风、抗旱能力强,适应性强。

b.母竹挖掘、包装、运输。挖掘。这是决定栽植是否成功的关键。挖掘前应判断竹鞭的走向,一般说竹秆基部弯曲方向与竹鞭走向垂直,大多数竹子最下一盘轮枝方向与竹鞭走向大致平行。判断竹鞭走向后即可去掉母竹顶梢,一般留枝4～5盘,用锋利的刀将竹秆顶端切去,切口倾斜并用黄心土堵塞或薄膜包扎。细心挖掘母竹,先在母竹周围60～100 cm,用山锄轻轻挖开土层,找到竹鞭,再沿竹鞭两侧开沟,按来鞭(侧芽鞭向母竹)留20～30 cm长,去鞭(侧芽背向母竹)留40～50 cm长。要求鞭色鲜黄,含饱满鞭芽4个以上,截断竹鞭,要求切口光滑、不撕裂,有时切口可涂墨汁或用黄心土塞住或火烧(以减少水分蒸发和霉菌感染)。挖掘母竹时应多带鞭根、鞭芽、宿土。不摇动竹秆、不伤母竹,当天挖,当天栽,最迟不超过2 d栽植。

包装。短距离运输可不必包扎,但应注意不伤到鞭芽及"螺丝钉",防止宿土掉落。长距离运输应进行适当的包扎,包扎的方法是在鞭的近圆柱形的土柱上下各垫一根竹竿,用草绳一圈一圈地横向绕紧,边绕边捶,使绳土密接,并在鞭竹连接即"螺丝钉"着生外侧交叉捆几道,完成"土球"包扎。

运输。母竹挖出后应立即运输到目的地,抬运或挑运时,可用草绳或麻布包扎宿土,保证竹秆直立,切不可捎竹。长距离运输应用稻草或蒲包、麻袋等将竹鞭和宿土包住,再用草绳扎紧,运输途中要注意防止风吹日晒,对母竹经常喷水,以减少水分蒸发,并尽量缩短运输时间。运到目的地后,马上栽植或假植。

③母竹栽植。

a.栽植时期。就毛竹本身的特性而言,各个季节栽植均可成活。但毛竹适宜的栽植季节一般在休眠期进行,即每年11月至翌年3月,一般以1—2月的阴天、小雨天为好,因此时气温较低,湿度大,毛竹处于休眠状态,竹株大部分养分贮藏在地下部分,鞭根养分多、竹液流动小,笋芽活动微弱,此时栽植对母竹或竹苗损伤少,栽植成活率高。而在生长季节栽植,母竹造林的鞭根损伤会引起大量伤流,损失体内养分,且使微生物大量繁殖,使母竹和原有竹林受到病菌感染。同时生长季节(特别是4—9月)气温高,母竹水分丧失量大,栽后成活率较低,不宜大面积栽竹。

b.栽植技术。在已经整好地的栽植穴里,先把表土垫于穴底10~15 cm,拣尽石块、草根,解去捆扎母竹的稻草等,将母竹轻放穴中,顺应竹兜形状,使鞭根舒展,来鞭靠穴、去鞭留空,竹兜与底土密接,后分层填土踏实(不要太用力)。栽植毛竹要掌握"深挖穴、浅栽竹、土培厚"要领,因为栽植过深,底层的土温低,通气不良,不利于鞭根的生长和笋芽的发育,易腐烂,笋出土阻力大。但太浅则栽植不牢固,易被风吹倒,鞭根易露出土面,水分不易保证。一般填土厚度比原土痕深3~5 cm,最后培成馒头形,再盖稻草(图7.2)。

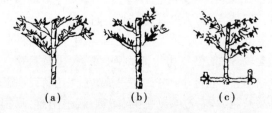

图7.2　毛竹移栽图
(a)毛竹母竹规格;(b)包扎;(c)栽植及支撑

④栽后管理。母竹栽植的管理与一般新栽树木相同,但要注意发现露根、露鞭或竹兜松动要及时培土填盖;松土除草不伤竹根、竹鞭和笋芽。最初2~3年,除病虫危害和过于瘦弱的笋子除去外,其余一律养竹。孕笋期间,即9月以后应停止松土除草。

小型散生竹种,如紫竹、刚竹、罗汉竹等对土壤的要求不甚严格,可以单株或2~3株一丛移栽。挖母竹时来鞭留20 cm,去鞭留30 cm,带10~15 kg的土球,留枝4~5盘去梢。植穴长宽各50~60 cm,深30~40 cm,将母竹植入穴内,完成移植工作。小型竹种若成片栽植,其密度可每亩30~50穴。

(2)丛生竹栽植　丛生竹分布范围主要集中在我国南方几个省份,其耐寒性比散生竹和混生竹差。目前在园林绿化中比较常见的丛生竹,如孝顺竹、佛肚竹、青皮竹、黄金间碧玉竹、条竹等,现以孝顺竹为例介绍其技术要点。

①栽植地选择。喜温暖湿润的气候条件,在南方的暖地竹种中,孝顺竹较耐寒,喜光,要求疏松湿润,水肥条件好,排水良好的酸性腐殖土及沙壤土,在黏重瘠薄的土壤中生长不良。

②母竹选择。选择生长健壮、大小适中、无病虫害、秆茎芽眼肥大、须根发达的1~2年生母竹,留枝2~3盘。

③挖掘与包装。挖掘时,要连兜带土3～5株成丛挖起,先在离母竹25～30 m处扒开土壤,由远至近,逐渐深挖掘,防止损伤秆基芽眼,尽量少伤或不伤竹根。在靠近老竹一侧,找出母竹秆柄与老竹秆基的连接点,用利器将其切断,将母竹带土挖起。切断母竹与老竹的连接点时,切忌使母竹兜破裂,否则易导致腐烂,不易成活。有时为了保证母竹,可连老竹一并挖起,即挖"母子竹"。母竹挖起后,保留1.5～2.0 cm长的竹秆,用利器从节间中部成马耳形截去竹梢,适当疏除过密枝和截短过长的枝,以便减少母竹蒸腾失水,便于搬运和栽植。运到目的地后应及时种植,否则应放在阴凉避风处浇水保湿,远距离运输应妥善包装,包装可用麻布把地下茎成丛包扎。

④栽植。由于孝顺竹地下茎节间短缩,向外延伸慢,栽植密度比散生竹要大,截前穴底先填细土,施腐熟的有机肥,与表土拌匀,轻轻将母竹放下,分层盖土压衬,使根系与土壤密接,浇定根水,覆土比母竹原着土略深2～3 cm。除母竹外,也可移兜栽植,即削去竹秆,只栽竹兜。

(3)混生竹的栽植 混生竹的种类很多,大都生长矮小,经济价值不大,但其中某些竹种,如方竹、菲白竹等则具有较高的观赏价值。混生竹即有横地走下茎(鞭),又有秆基芽眼,都能出笋长竹,其生长繁殖特性位于散生竹与丛生竹之间,移栽方法可二者兼而有之。

7.8.2 我国园林中常见的观赏竹类

1)地下茎单轴型、散生竹

(1)龟甲竹 *Ph. pubescens f. heterocycla* 刚竹属

龟甲竹又名龙鳞竹,是毛竹的一个栽培变种。竹秆粗5～8 cm,秆下部或中部下节间连续缩短呈不规则的肿胀,节环交错斜列,斜面凸龟甲状,面貌古怪,形态别致,观赏价值高。分布于各毛竹产区,长江流域各城市公园中均有栽植,北方的一些城市公园亦有引种。

(2)斑竹 *Ph. bambusoides f. tanakae* 刚竹属

斑竹又名湘妃竹。为桂竹的变型,其与桂竹的区别在于斑竹的绿秆上布有大小不等的紫褐斑块与小点,分枝也有紫褐斑点,故名斑竹。

分布长江流域各省,以湖南洞庭湖君山的斑竹最为著名。国内各大城市园林中多有栽植。

(3)金镶玉竹 *Ph. aureosulcata f. spectabilis* 刚竹属

为黄槽竹的变型。秆高6～8 m,径2～4 cm,竹秆金黄色,分枝一侧,节间纵沟槽绿色,叶绿色,有时带有黄色条纹。出笋时,笋壳淡黄色或淡紫色,疏生细小斑点与绿色细线条,是一种极为优美的观赏竹。分布江苏、北京及浙江的杭州等地。

栽植与养护:以上3竹均可采用移植绿化,从秋后至初春都可进行。选2～3年生分枝较低、生长良好、无病虫害的母竹,连兜挖掘,留来鞭去鞭各长20～30 cm,带土10～15 kg,留枝4～5盘,削去顶梢,就近栽植,无须包扎。远途运输,应连根带土包牢扎紧,以防失水干燥。

(4)紫竹(黑竹、乌竹) *Ph. nigra* 刚竹属

形态:秆高3～10 m,径2～4 cm,新秆有细毛茸,绿色,老秆则变为棕紫色以至紫黑色。箨鞘淡玫瑰紫色,背部密生,无斑点;箨耳镰形、紫色;箨舌长而隆起;箨叶三角状披针形,绿色至淡绿色。叶片2～3枚生于小枝顶端,叶鞘初被粗毛,叶片披针形,长4～10 cm,质地较薄。笋期4—5月。

分布:原产中国,分布于华北经长江流域以至西南等省区。

习性:紫竹耐寒性较强,耐-18 ℃低温,在北京紫竹院公园小气候条件下能露地栽植。

栽植与养护:紫竹移植竹鞭较易成活,母竹选2～3年的为好,以2—3月栽种最易成活。紫竹易发笋,过密应随时删除老竹。作为盆景用竹,须抑制其成长,使之秆节缩短,故当竹笋拔节长至10～12片笋箨时剥去基部2片,以后随生长状况陆续向上层层剥除,至分枝以下一节为度。

园林用途:紫竹秆紫黑,叶翠绿,颇具特色,常植于庭园观赏,与黄槽竹、金镶玉竹、斑竹等秆具色彩的竹种同栽于园中,增添色彩变化。

2)地下茎合轴型、丛生竹(含合轴散生竹)

(1)佛肚竹(佛竹、密节竹)*Bambusa ventricosa*　莉竹属

形态:乔木型或灌木型。高与粗因栽培条件不同而有变化。秆无毛,幼秆深绿色,稍被白粉,老时变榄黄色。秆有2种:正常秆高,节间长,圆筒形;畸形秆矮而粗,节间短,下部节间膨大呈瓶状。箨鞘毛,初时深绿色,老后变成橘红色;箨耳发达,圆形或倒卵形至镰刀形;箨舌极短;箨叶卵状披针形,于秆基部的直立,上部的稍外反,脱落性。每小枝具叶7～13枚,叶片卵状披针形至长圆状披针形,长12～21 cm,背面被柔毛。

分布:为中国广东特产,南方公园中有栽植或作盆栽观赏。

栽植与养护:用移植母竹或竹兜栽植,露地栽植应保持土壤湿润并注意排水防涝和松土培土,施以有机肥,以促进生长。佛肚竹盆栽时须用大盆,还需调制微酸性土壤。北方在无雨季节应经常喷水来提高空气湿度。夏季应注意适当庇阴,冬季入室越冬并加强光照,来年春天再移至室外。

(2)孝顺竹(凤凰竹)*Bambusa multiplex*　莉竹属

形态:秆高2～7 m,径1～3 cm,绿色,老时变黄色。箨鞘硬脆,厚纸质,无毛;箨耳缺或不明显;箨舌甚不显著;箨叶直立,三角形或长三角形。每小枝有叶5～9枚,排成2列状。叶鞘无毛;叶耳不显;叶舌截平。叶片线状披针形或披针形,长4～14 cm,质薄,表面深绿色,背面粉白色。笋期6—9月。

分布:原产中国、东南亚及日本;我国华南、西南直至长江流域各地都有分布。

习性:孝顺竹性喜温暖湿润气候及排水良好、湿润的土壤,是丛生竹类中分布最广、适应性最强的竹种之一,可以引种北移。

栽植与养护:种植最宜在3月间,选择生长健壮、大小适中、秆茎芽眼肥大、须根发达的1～2年生的母竹,挖掘时要连兜带土3～5株成丛挖起。母竹留枝2～3盘,其余截去,及时种植,否则应放在阴凉避风处浇水保湿。由于孝顺竹地下茎节间短缩,向外延伸慢,栽植密度应比散生竹要大。也可移植,即削去竹秆,只栽竹兜。

园林用途:本种植丛秀美,多栽培于庭园供观赏或种植宅旁作绿篱用,也常在湖边、河岸栽植。

(3)凤尾竹 *Bambusa multiplex* var. *nana*　莉竹属

形态:为孝顺竹变种,植株低矮,秆高仅1～2 m,径4～8 mm。叶片小,长仅2～7 cm,宽不逾8 mm,小叶线状披针形至披针形,且叶片数目甚多,排列成羽毛状。枝顶端弯曲。是著名观赏竹,常见于寺庙庭园间。

分布:长江流域以南各地,在较寒冷地区宜盆栽,冬季入室。

栽植与养护：多用分株法，栽培管理较粗放。

（4）花孝顺竹 *Bambusa multiplex* cv.　莉竹属

花孝顺竹又名小琴丝竹。为孝顺竹变种，其区别在于秆与枝金黄色，间有粗细不等的绿色纵条纹。初夏出笋不久，竹箨脱落，秆呈鲜黄色，在阳光照耀下呈鲜红色。为著名观赏竹。分布范围与孝顺竹同。

（5）挂绿竹 *Bambusa vulgaris* var. *striata*　莉竹属

挂绿竹又名黄金间碧玉竹。秆高 8～10 m，径 7～10 cm，节间长可达 45 cm，初绿色至黄色，具绿色纵条纹，箨环通常具棕褐色刺毛。箨鞘初黄色间有绿色纵条纹，密被棕褐色刺毛，先端凹陷。箨耳椭圆形，上举，具硬毛。箨舌短，先端齿状。箨片开展或反转，两面均被毛。笋期夏秋季。此竹秆色艳丽，是著名观赏竹。分布华南、西南各省区，浙江已引种栽培。

（6）大肚竹 *Bambusa vulgaris* Schrader cv.　莉竹属

为挂绿竹的变型，其区别在于竹纵矮化，秆部节间缩短膨胀。此竹为著名观赏竹。分布亚洲热带、亚热带等地区，欧洲、美洲。广东、广西、福建、台湾亦有分布，浙江南部也有栽培。北方各大城市园林中常作盆栽，冬寒时入室管理。

3）地下茎复轴型、混生竹（含地下茎单轴或复轴型）

（1）菲白竹 *Pleioblastus argenteo-striatus*　苦竹属

秆高 10～30 cm，小型竹。分枝稀，叶披针形，每小枝上着叶 5～8 枚，叶长 6～15 cm，宽 1～2 cm。绿叶上相嵌数条白色条纹，非常美观，特别是春末夏初发叶时呈黄白颜色，看起来更显艳丽。

（2）白条赤竹 *Pleioblastus glabra* f. *alba-striata*　苦竹属

白条赤竹又名白条椎谷。秆高 0.5～1.5 m，径 0.3～0.5 cm。叶片长 10～15 cm，宽 2～3.5 cm，每叶片具 3～7 条白色或浅黄色条纹。是赤竹属中最美丽的竹种。原产日本，南京林业大学竹类植物园有引种。

7.9　棕榈科观赏植物

7.9.1　棕榈(棕树) *Trachycarpus fortunei* 棕榈属

（1）形态　常绿乔木，高达 15 m。茎圆柱形，不分枝，具纤维网状叶鞘。叶簇生茎顶，掌状深裂至中部以下。裂片条形，多数，硬直，但先端常下垂，叶柄两侧具细齿。雌雄异株，圆锥状肉穗花序腋生，鲜黄色。核果肾形，黑褐色略被白粉。花期 4—5 月，果期 10—11 月。

（2）分布　产于我国秦岭、长江流域以南至华南沿海。以湖南、湖北、陕西、四川、贵州、云南等地栽培最多。

（3）习性　喜光，稍耐阴。喜温暖湿润的气候，较耐寒。喜肥沃、湿润、排水良好的土壤。浅根性，易被风吹倒。耐烟尘，抗二氧化硫等有毒气体。

（4）繁殖栽培　播种繁殖，于 10—11 月果实充分成熟时，以随采随播最好。也可采后置于通风处阴干，播前用 60～70 ℃ 温水浸一昼夜催芽。或行沙藏，至翌年 3—4 月播种，发芽率 80%～90%。播种苗 3 年后换床移栽，用于绿化的要 7 年以上。

起苗时多留须根,小苗可以裸根,大苗需带土球,栽植不宜过深,否则易引起烂心料。大苗移植时应剪除叶片 1/2～2/3,以减少水分蒸发,保证成活。

(5)园林用途　树干挺拔,叶姿优雅。适于对植、列植于庭前、路边、入口处,孤植、群植于林缘、草地边角、窗前。翠影婆娑,颇具南国风光特色。

7.9.2　筋头竹(棕竹) *Rhapis excelsa* 棕竹属

(1)形态　丛生灌木。茎高 2 m 左右,直径 2～3 cm。叶片掌状,5～10 深裂;裂片条状披针形,长达 30 cm,宽 2～5 cm,端阔,有不规则齿缺,边缘和主脉上有褐色小锐齿,横脉多而明显;叶柄长 8～30 cm,初被秕糠状毛,稍扁平。花单性异株。肉穗花序多分枝,长达 10～30 cm,浆果近圆形,花期 4—5 月。

(2)分布　产于中国东南部及西南部,广东较多;日本也有。

(3)习性　生长强壮,适应性强。喜温暖湿润的环境,耐阴,不耐寒。野生于林下、林缘、溪边等阴湿处。宜湿润而排水良好的微酸性土。

(4)繁殖栽培　由于很难收到种子,所以主要用分株繁殖。早春新枝抽生前将原株丛分成数丛后把水浇透后置于遮阴处,有利于恢复。

(5)园林用途　棕竹秀丽青翠,叶形优美,株丛饱满,亦可令其拔高,剥去叶鞘纤维,杆如细竹,为优良的富含热带风光的观赏植物。在植物造景时可作下木。常植于建筑的庭院及小天井中,栽于建筑角隅可缓和建筑生硬的线条。

7.9.3　鱼尾葵(长穗鱼尾葵、单干鱼尾葵) *Caryota ochlandra* 鱼尾葵属

(1)形态　高达 20 m,干单生,具环纹。叶二回羽状全裂,聚生干端,小叶鱼尾状半菱形,上边缘具不规则的缺刻。圆锥状肉穗花序,单性同株,花黄色。浆果淡红色。花期 7 月。

(2)分布　产亚洲热带,我国华南有分布。北方温室盆栽。

(3)习性　耐阴。喜温暖湿润的气候及酸性土壤。

(4)繁殖栽培　可播种、分株繁殖,以播种繁殖较多。由于实生幼苗生长缓慢,经 2～3 年培育的幼苗才能上盆。

(5)园林用途　树形优美,叶形奇特,花鲜黄色,果实如圆珠成串。常作行道树,可片植成林或在草坪上散植、丛植,在庭院、广场孤植。也可盆栽作室内装饰。

7.9.4　酒瓶椰子 *Hyophorbe lagenicaulis* 酒瓶椰子属

乔木,高 2～4 m。干平滑,酒瓶状,中部以下膨大,直径达 30 cm,近顶部渐狭成长颈状,叶聚生于干顶。裂片 30～50 对,线形,长 30～46 cm,宽 1.5～2.3 cm,先端渐尖,基部稍扩大,两列,整齐。雌雄同株,肉穗花序。花通常 6～8 朵聚生于弯曲的花序分枝上,果核椭圆形或倒卵

状椭圆。花期 7—8 月,果 1 年后成熟。

(1)分布　原产马斯卡林群岛,现各热带地区均有栽培。

(2)园林用途　树形奇特,是一种别具风格的观赏植物。

7.9.5　王棕(大王椰子)*Roystonea regia* 王棕属

(1)形态　乔木,高达 20 m。茎幼时基部明显膨大,老时中部膨大,叶聚生于干顶,羽状全裂,长 3~4 m,尾部常下弯或下垂;裂片线状披针形,长 60~90 cm,有时达 1 m,宽 2~3 cm,有时达 4 cm,顶端渐尖,短 2 裂。雌雄同株,肉穗花序分枝多而较短。种子 1 颗,卵形,一侧压扁。花期为秋末冬初。

(2)分布　原产古巴,现广植于各热带地区。云南、广西、福建和台湾有栽培。

(3)繁殖　播种繁殖。耐粗放管理。

(4)园林用途　树干挺拔高大,中部膨大呈纺锤形,作风景树或行道树,可孤植、丛植和片植,别有一派热带风光。

复习思考题

1.是非题(对的画√,错的画×)

(1)在移植散生型母竹时,判断竹鞭走向,可参照其最下一盘条所指方向,一般与竹鞭走向大致平行。　　　　　　　　　　　　　　　　　　　　　　　　　　　　(　　)

(2)紫藤的缠绕为逆时针方向,能自缠 30 cm 以下的柱状物,对其他植物有绞杀作用。

　　　　　　　　　　　　　　　　　　　　　　　　　　　　　　　　　　　(　　)

(3)栾树春季嫩叶红色,夏季黄花满树,秋季叶转黄,果实转黄与红色,是观叶、观花、观果的良好庭园树。　　　　　　　　　　　　　　　　　　　　　　　　　　(　　)

2.选择题(把正确答案的序号写在每题的横线上)

(1)藤本树种的攀援方式有好几种,如缠绕的、卷须的、吸盘的、气根的。下列藤本树种中,_____是集缠绕与气根一身的树种。

　　A.金银花　　　　　B.爬山虎　　　　　C.凌霄　　　　　D.紫藤

(2)梅花开花多而又不影响树形的枝条是_____。

　　A.生长枝　　　　　B.长花枝　　　　　C.中、短花枝　　　D.束花枝

(3)垂丝海棠多由分布于树冠_____的中、短枝开花。

　　A.上部　　　　　　B.下部　　　　　　C.中上部　　　　　D.中下部

(4)现代月季中,品种最丰富的属于_____类。

　　A.杂交香水月季　　B.丰花月季　　　　C.壮花月季　　　　D.微型月季

(5)丁香的修剪只要剪去细弱枝、过密枝、枯枝、病枝即可,它的修剪时间应在_____。

　　A.冬季　　　　　　B.冬初落叶后　　　C.春初萌芽前　　　D.春季花后

(6)龙柏是_____。

  A. 桧柏的变种   B. 桧柏属的一个变种

  C. 日本花柏的一个变种   D. 杂交种

3. 简答题

（1）简述牡丹的栽培要点。

（2）藤本树种有哪几种攀缘方式？举例说明。

附　录

附录1　综合实训（绿化工程技术员实际操作部分）

1) 初级绿化工程技术员

园林植物识别（考核项目及评分标准）

序号	测定项目	评分标准	满分	检测点					得分
				1	2	3	4	5	
1~120	列出常见园林植物(树木用枝条、冬态占1/3,草本用全株)120种,编号	识别80种为及格,80种以上每种1分,120种满分。时间45 min,超时扣分	100						
1		2		3		4		5	
⋮		⋮		⋮		⋮		⋮	
116		117		118		119		120	

2) 中级绿化工程技术员

花坛布置（考核项目及评分标准）

序号	测定项目	评分标准	满分	检测点					得分
				1	2	3	4	5	
1	放　样	根据图纸要求放样正确,规则式花坛用灰线、模纹花坛用铅丝,按比例定点放线	25						
2	种　植	栽植顺序正确,一般花坛由内而外,由上而下,不同花苗混栽则先宿根,后一二年生。模纹式花坛则先轮廓,后内部。植株根系舒展、深浅适当,压实土壤并耙平,栽后浇水	25						

续表

序号	测定项目	评分标准	满分	检测点					得分
				1	2	3	4	5	
3	效果	栽植间距适当,规则式花坛成三角形种植。间距以栽后基本不露土面为准,植株排列均匀、植株完整。整体上图案清晰,达到设计效果	30						
4	文明操作与安全	不浪费材料,工完清场,严格执行安全操作规范	10						
5	工效	4 h完成20 cm² 左右花坛1个	10						

注:本项目考核时,考生按花坛规格配备1~2名级别低于考生的辅助工。

大、中型树木移植(胸径15 cm以上,带土球;考核项目及评分标准)

序号	测定项目	评分标准	满分	检测点					得分
				1	2	3	4	5	
1	移植前修剪	不损坏原来树型,修剪强度适应树种特性及符合移植季节要求,不伤及留芽	10						
2	扎梢、攀扎	扎梢顺序正确,动作熟练。攀扎"防风绳"正确,无风倒隐患	10						
3	挖掘、包扎	土球规格符合标准(注1)包扎用"网格式",腰箍总宽度为土球厚度的1/2左右,网络间距约10 cm,包扎牢固、整齐、美观	20						
4	起吊、装运、卸车	吊车、卡车吨位适当,吊装用绳牢固,结绳的支点、力点正确,有足够安全系数,有充分保护树皮、树枝的措施,装车稳妥,卸车落点正确	20						
5	种植	种植穴的形状、直径、深度符合树种要求,填土、夯土动作正确,植后筑"灌水堰",浇水,然后再覆土	20						
6	文明操作	工完清场,不损伤土球及树皮、树枝,严格执行安全操作规范	10						
7	工效	中型树1株/4~6 h,大型树(25 cm以上)1株/6~8 h	10						

注:1.土球规格计算法。土球直径:大型树约为树木地径的2π倍,中型树用[(地径-4)×5+45]cm计算。土球厚度为直径的2/3,土球底径为直径的1/3。

2.本项目考核时,考生可配备1~2名级别低于考生的人员作辅助工。

乔灌木修剪（考核项目及评分标准）

序号	测定项目	评分标准	满分	检测点					得分
				1	2	3	4	5	
1	树姿	树形美观,通风透光,树冠圆整,分枝均衡。乔木类主干高度要符合绿地要求,灌木类主枝数量及分布要与树种特性相适应	25						
2	疏枝、留枝、截枝	要根据树种特性及树势确定修剪量,乔木类主要疏去徒长枝、交叉枝、并生枝及其他病、虫、枯枝;灌木类要以枝叶繁茂,分布匀称为度;花灌木要促进短枝及花芽的形成	30						
3	剪口	剪口要靠节,在剪口芽反侧呈45°倾斜,剪口平整;粗大截口要用分段截枝法,涂抹防腐剂	15						
4	修剪程序	一般情况下,遵循"先上后下、先内后外、去弱留强、去老留新"的原则	10						
5	文明操作与安全	修剪无遗漏、无枯枝烂头,工完场清。严格执行安全操作规程	10						
6	工效	按树木种类及规格的不同分别制订,超时扣分	10						

3）高级绿化工程技术员

绿化工程（考核项目及评分标准）

序号	测定项目	评分标准	满分	检测点					得分
				1	2	3	4	5	
1	土壤准备放样（注1）	土方工程结束后,种植处的深翻,平整均按规程进行,设计图与现场平面标高核对,需变更者,通过设计单位变更,全部确定后定点放样,放样正确	15						
2	植物栽植	植物的规格,质量经过验收后栽植,栽植程序、方法正确	20						
3	工程预决算	工程用料,完工日期符合预算,并及时结算	15						
4	工程质量验收（注2）	植物栽植符合设计要求,成活率、保存率均达到或超过规程要求	30						

续表

序号	测定项目	评分标准	满分	检测点					得分
				1	2	3	4	5	
5	文明施工及安全	工地整洁,管理科学,工完清场。严格执行安全操作规范	10						
6	工　效	对照施工合同计分	10						

注:1.土壤准备,定点放样,栽植植物及植物成活率等均参照有关的园林植物栽植技术规程执行。

　　2.该项成绩在18分(60%)以下者,整个项目即作不及格处理。

观赏花木造型(考核项目及评分标准)

序号	测定项目	评分标准	满分	检测点					得分
				1	2	3	4	5	
1	形　式	观赏花木造型要以保证其开花良好为前提,根据树势确定其造型形式,可参照盆景中的直干、斜干、曲干、临小、一本多干等式样,切忌矫揉造作,出现不伦不类现象	30						
2	造型措施	有修剪,弯曲,蟠扎,悬吊等措施,应根据树体状况、生长特性而定;同时加以摘心、短截、剥芽等辅助措施	20						
3	意　境	造型要富于变化,有动态感同时不失自然美,能表达一定程度的意境	30						
4	文明施工及安全	以不损伤树体为主,同时注意养护过程中的安全	10						
5	工　效	以造型难易程度而定	10						

特大型树木移植(胸径25 cm以上,包括珍稀树种,软包装;考核项目及评分标准)

序号	测定项目	评分标准	满分	检测点					得分
				1	2	3	4	5	
1	切根,修剪,扎冠,攀"防风绳",定位	移植前1~2年进行切根,萌芽前、夏季生长后及落叶前为宜,位置要交错,范围比挖掘范围小10 cm。抽稀强截,多留萌生枝,落叶树修剪3/5以上,常绿树1/3以上。由上至下,由内至外收扎树冠。树干主枝用草绳,草片包扎。攀好"防风绳",其中一根必须在主风位,做好移植的定位标记	20						

续表

序号	测定项目	评分标准	满分	检测点					得分
				1	2	3	4	5	
2	挖掘,包扎,起吊,装运	土球直径为地径的2倍,包扎用"网络式",腰箍总宽度为土球厚度的1/3,腰箍下约10 cm以45°收底。第一层绳索和必须嵌入土球,然后再重复包扎第二层。吊车,卡车吨位有足够的安全系数,吊装用绳牢固,起吊绳与土球接触处填以木板,结绳正确,起吊时树梢倾斜角小于45°。装车时土球位于车头部位,装车稳妥	30						
3	种植,支撑,固定,攀"防风绳",定位	树木吊入树穴,定位标记到位,拉好"防风绳",去掉包扎材料,填土夯实,填至2/5时浇水,水渗下后再加土夯,加土高出根颈15 cm,再作围堰。用三角撑支撑,于树高2/3处结扎,三角撑中一根需在主风位,发现树穴内土有下沉,需升高扎缚部位	30						
4	文明操作与安全	地完场清,严格执行安全操作规范	10						
5	工 效	1株/8 h,有特殊情况的酌情加时	10						

注:本项目考核时,考生配备3名以上级别低于考生的人员作辅助工,并要有富有特大移植经验的技术人员或技师现场监考,安全第一,保证质量。

附录2 绿化工程技术员职业技能岗位标准

附录2

附录3 绿化工程技术员技能鉴定与规范

附录3

附录4 北京市园林绿化养护管理标准

附录4

附录5　全国三城市园林植物养护管理工作月历

代表城市 月份	北　京	南　京	哈尔滨
1月 （小寒、大寒）	平均气温-4.7 ℃ 平均降水量2.6 mm ①进行冬季修剪，将枯枝、病虫枝、伤残枝及与架空线发生冲突的枝条修去。但对有伤流和易枯梢的树种，暂时不剪，推迟至发芽前为宜。 ②检查巡视防寒设施的完好程度，发现破损立即补修。 ③在树木根部堆集不含杂质的雪。 ④积肥。 ⑤防治病虫害，在树根下挖越冬虫蛹、虫茧，剪除树上虫包。	平均气温1.97 ℃ 平均降水量31.8 mm ①冬植抗寒性强的树木，如遇冰冻天气立即停止，对喜温树种如樟树、石楠等可先挖穴。 ②深施基肥，大量积肥和沤制堆肥。 ③冬季修剪整形，剪除病虫枝、伤残枝及不需要的枝条。挖掘死树和冬耕。 ④做好防寒工作，遇有大雪，对常绿树、古树名木、竹类要组织打雪。 ⑤防治越冬害虫。 ⑥经常检查巡视防寒措施的完好程度。	平均气温-19.4 ℃ 平均降水量3.7 mm ①积肥和沤制堆肥（贮备草炭或泥炭）。 ②对园林树木进行巡视，管护，检查防寒设施情况。
2月 （立春、雨水）	平均气温-1.9 ℃ 平均降水量7.7 mm ①继续进行树木冬剪，月底结束。 ②堆雪。 ③检查巡视防寒设施的情况。 ④积肥和沤制堆肥。 ⑤防治病虫害。 ⑥进行春季绿化的准备工作。	平均气温3.8 ℃ 平均降水量53 mm ①继续进行一般树木的栽植。本月上旬开始竹类的移植。 ②继续进行冬季整形修剪。 ③继续进行冬施基肥和冬耕，并做好积肥工作。 ④继续做好防寒工作。 ⑤继续除治越冬害虫。	平均气温-15.4 ℃ 平均降水量4.9 mm ①进行松类冻坨移植。 ②冬季修剪进行树冠更新，如柳树、糖槭。 ③继续积肥。 ④检修机具。
3月 （惊蛰、春分）	平均气温4.8 ℃ 平均降水量9.1 mm 树木结束休眠，开始发芽展叶 ①春季植树，做到随挖、随运、随栽、随养护。 ②进行春灌，补充土壤中水分，缓和春旱现象。 ③对树木进行施肥。 ④撤除防寒设施，扒开埋土，根据树木耐寒能力，分批进行。 ⑤防治病虫害。	平均气温8.3 ℃ 平均降水量73.6 mm ①"3·12"是植树节，做好宣传和植树工作，挖、运、栽、管即时完成，提高植树成活率。 ②对原有树木、果树、花灌木浇水和施肥。 ③清除树下杂物，废土及树上的铅丝、铁钉等。 ④撤除防寒设施及堆土。	平均气温-4.8 ℃ 平均降水量11.3 mm ①做好春季植树的准备工作。 ②继续进行冬季树木的修剪。 ③继续积肥。 ④防治病虫害。

代表城市 月份	北 京	南 京	哈尔滨
4月 （清明、谷雨）	平均气温13.7 ℃ 平均降水量22.4 mm ①进行春季植树，在树木发芽前完成植树工程任务。 ②对园林树木，特别是春花植物进行灌水施肥。 ③修剪冬季及早春易干梢的树木。 ④防治病虫害。 ⑤维护看管花灌木，防止人为破坏。	平均气温14.7 ℃ 平均降水量98.3 mm ①本月上旬完成落叶树栽植工作，樟树、石楠、法青等以本月发芽时栽植最适宜。 ②新植树木立支撑柱。 ③对各类树木进行除草、松土、灌水抗旱。 ④修剪常绿树绿篱，做好树木的剥芽、除蘖工作。 ⑤防治病虫害，对易感染病害的雪松、月季、海棠等每10天喷一次波尔多液。	平均气温6 ℃ 平均降水量23.6 mm ①土壤解冻至40～50 cm时，进行春季植树，做到"挖、运、栽、浇、管"五及时。 ②撤除防寒设施。 ③进行春灌和施肥，保证树木的萌发生长。 ④为迎接"五一"，于4月下旬进行树木涂白。 ⑤对新植树木设置护树架。
5月 （立夏、小满）	平均气温-1.9 ℃ 平均降水量7.7 mm ①树木抽枝长叶，需大量水分，适时灌水。 ②对春花植物进行花后修剪、更新。对新植树木抹芽和除蘖。 ③进行中耕除草和及时追肥。 ④防治病虫害。	平均气温20 ℃ 平均降水量97.3 mm ①对春季开花的灌木如紫荆、丁香、连翘、金钟花等进行花后修剪及更新，追施氮肥，中耕除草。 ②新植树木夯实，填土，剥芽去蘖。 ③灌水抗旱。 ④及时采收成熟的枇杷、十大功劳、结香、接骨木的种子。 ⑤防治病虫害，做好预测预报工作。	平均气温-14.3 ℃ 平均降水量37.5 mm ①对新植树木或树冠更新的树木及时抹芽和扣蘖。 ②灌水抗旱和进行追肥。 ③5月初对树木进行洗冠除尘。 ④中耕除草。 ⑤防治病虫害。
6月 （芒种、夏至）	平均气温4.8 ℃ 平均降水量9.1 mm ①给树木灌水与施肥，保证肥水供应。 ②雨季即将来临，疏剪树冠和修剪去与架空线路有矛盾的枝条，特别是对行道树。 ③中耕除草。 ④防治病虫害。 ⑤做好雨季排水的准备工作。	平均气温8.3 ℃ 平均降水量73.6 mm ①加强行道树的修剪，解决树木与架空线路及建筑物之间的矛盾。 ②做好防台、防暴风雨的工作，及时处理危险树木。 ③做好抗旱、排涝工作，确保树木花草的成活率和保存率。 ④抓紧晴天进行中耕除草和大量追肥，保证树木迅速生长。花灌木花后的修剪、整形，剪除残花。 ⑤雷雨季节可对部分树木进行补植或移植。 ⑥采收杨梅、腊梅、郁李、梅等种子。 ⑦防治病虫害，如袋蛾、刺蛾幼虫和介壳虫的若虫。	平均气温-4.8 ℃ 平均降水量11.3 mm ①修剪树木，将病虫枝、枯枝、内膛过密枝进行疏剪。 ②对园林树木进行灌溉与施肥。 ③松土除草。 ④防治病虫害。 ⑤铺设草坪，栽植五色草。

续表

代表城市 月份	北　京	南　京	哈尔滨
7 月 （小暑、大暑）	平均气温 26.1 ℃ 平均降水量 196.6 mm ①排除积水防涝。 ②中耕除草及追肥，后期增施磷、钾肥，保证树木能安全越冬。 ③移植常绿树种，最好入伏后降过一场透雨后进行。 ④修剪树木，插稀树冠达到防风目的。 ⑤防治病虫害。 ⑥及时扶正吹倒吹斜的树木。	平均气温 28.1 ℃ 平均降水量 181.7 mm ①本月暴风雨多，暴风雨过后及时处理倒伏树木，凹穴填土夯实。排除积水。 ②行道树修剪、剥芽、葡萄修剪副梢。 ③新栽树木的抗旱、果树施肥及除草松土。 ④防治病虫害，清晨和夜间捕捉天牛，杀死袋蛾、刺蛾。	平均气温 22.8 ℃ 平均降水量 160.7 mm 雨季来临，气温最高。 ①对一些树木进行造型修剪，如榆树。 ②中耕除草。 ③防治病虫害。特别是杨树的腐烂病。 ④调查春季栽植树木的成活率。
8 月 （立秋、处暑）	平均气温 24.8 ℃ 平均降水量 243.5 mm ①继续移植常绿树。 ②树木修剪和对绿篱的整形修剪。 ③继续进行中耕除草。 ④排除积水，做好防涝工作，巡查救险。 ⑤防治病虫害。 ⑥挖掘枯死树木。 ⑦加强行道树的管护，及时剪除与架空线路有矛盾的枝条。	平均气温 27.9 ℃ 平均降水量 121.7 mm ①继续做好抗旱排涝工作，旱时灌水，涝时及时排除积水，确保树木旺盛生长。 ②继续做好防台及防汛工作，及时解决树木与电线吹倒树木，及时扶正栽好。 ③进行夏季修剪，对徒长枝、过密枝及时修去，增加通风透光度。4 月份未修剪的绿篱、树球本月中下旬修剪。 ④挖掉死树，对花灌木及树木进行中耕除草。 ⑤继续做好病虫害的防治工作。	平均气温 21.1 ℃ 平均降水量 91.7 mm ①加强雨季的排水，防止水涝。 ②对树木进行整形修剪及绿篱的修剪。 ③调查春植树木的保存率。 ④挖掘枯死树木。 ⑤防治病虫害。 ⑥加强树木的后期管理，及时中耕除草，保证树木正常生长。
9 月 （白露、秋分）	平均气温 19.9 ℃ 平均降水量 63.9 mm ①迎国庆，全面整理园容与绿地，挖掘死树，剪除干枯枝、病虫枝。做到青枝绿叶。 ②绿篱的整形修剪工作结束。 ③中耕除草和施肥，对一些生长较弱，枝条不够充实的树木，应追施一些磷、钾肥。 ④防治病虫害。	平均气温 22.9 ℃ 平均降水量 101.3 mm ①准备迎国庆，加强中耕除草、整形、修剪工作。 ②绿篱的整形修剪工作结束。 ③整理园容和绿地。 ④防治病虫害，特别是蛀干害虫，如天牛、木蠹蛾、刺蛾。 ⑤继续抓好防台、防暴工作，行道树与庭园树木，如有被吹倒、吹斜及时扶正。	平均气温 13.4 ℃ 平均降水量 66.2 mm ①为迎接国庆，整理园容和绿地，对主干道上的行道树进行涂白。 ②修剪树木，修去枯干枝、病虫枝。 ③中耕除草。 ④防治病虫害。 ⑤做好秋季植树的准备工作。

续表

代表城市 月份	北　京	南　京	哈尔滨
10月 (寒霜、霜降)	平均气温 12.8 ℃ 平均降水量 21.1 mm 气温下降,树木开始相对休眠 ①耐寒力较强的乡土树种于秋季栽植。 ②收集落叶积肥。 ③本月下旬开始灌冻水。 ④防治病虫害。	平均气温 16.9 ℃ 平均降水量 44 mm ①对新植树木全面检查确定全年植树成活率。 ②樟树、松柏类等常绿树木带土球出圃供绿化栽植。 ③采收树木种子。 ④防治病虫害。	平均气温 5.6 ℃ 平均降水量 27.6 mm ①本月中下旬开始秋季植树。 ②对近 1～2 年栽植的树木进行灌冻水。 ③收集杂草、落叶积肥,沤制堆肥。 ④对园林树木做好防寒的准备工作。
11月 (立冬、小雪)	平均气温 3.8 ℃ 平均降水量 7.9 mm ①秋季植树。 ②继续灌冻水,上冻之前灌完。 ③对不耐寒的树木做好防寒工作,时间不宜过早。 ④给园林树木深翻施基肥。	平均气温 10.7 ℃ 平均降水量 53.1 mm ①进行秋季植树,大多数常绿树及少数落叶树,掌握好挖、运、栽三个环节,保证栽植成功。 ②进行冬季修剪,修去病虫枝、徒长枝、过密枝,结合修剪储备插条。 ③冬翻土地,施肥,改良土壤。 ④做好防寒工作,对抗寒性差或引植的新品种要进行防寒,如卷干、涂白、搭暖棚、设风障等。 ⑤柑橘类施冬肥。 ⑥大量收集落叶杂草积肥和沤制堆肥。 ⑦防治病虫害,消灭越冬虫包、虫茧和幼虫。	平均气温 -5.7 ℃ 平均降水量 6.8 mm ①封冻之前,结束树木栽植工作。 ②灌冻水。 ③防寒,对不耐寒树种及引进的珍贵树种缠草绳（卷干）防寒。 ④做即冻坨移植的准备工作,在土壤封冻前挖好坑,并准备好暖土。
12月 (大雪、冬至)	平均气温 2.8 ℃ 平均降水量 1.6 mm ①防寒。 ②冬季树木整形修剪。 ③消灭越冬害虫。 ④继续积肥。 ⑤加强机具维修和养护。 ⑥进行全年工作总结。	平均气温 4.6 ℃ 平均降水量 30.2 mm ①除雨、雪、冰冻天气外,大部分落叶树可挖掘栽植。 ②继续积肥与沤制肥料。 ③对园林树木、果树等冬季施肥应深施、施足。 ④冬季树木的整形修剪。 ⑤深翻和平整土地,使土壤熟化。 ⑥继续做好防寒工作。 ⑦加强机具的维修和养护工作。 ⑧防除越冬害虫。 ⑨做好全年的工作总结,找出经验与问题,以便翌年推广或改正。	平均气温 -15.6 ℃ 平均降水量 5.8 mm ①冻坨移植树木。 ②砍伐枯死树木。 ③继续积肥和沤制肥料。

主要参考文献

[1] 陈发棣,房伟民.城市园林绿化花木生产与管理[M].北京:中国林业出版社,2003.

[2] 房伟民,陈发棣.园林绿化观赏苗木繁育与栽培[M].北京:金盾出版社,2003.

[3] 罗锢.花卉生产技术[M].北京:高等教育出版社,2005.

[4] 卢学义.园林树种育苗技术[M].吉林:辽宁科学技术出版社,2001.

[5] 谭文澄,戴策刚.观赏植物组织培养技术[M].北京:中国农业科技出版社,1998.

[6] 张耀钢.观赏苗木育苗关键技术[M].南京:江苏科学技术出版社,2003.

[7] 魏岩.园林植物栽培与养护[M].北京:中国科学技术出版社,2003.

[8] 毛龙生.观赏树木栽培大全[M].北京:中国农业出版社,2001.

[9] 陈耀华,秦魁杰.园林苗圃与花圃[M].北京:中国林业出版社,2001.

[10] 程金水.园林植物遗传育种学[M].北京:中国农业出版社,2000.

[11] 俞玖.园林苗圃学[M].北京:中国林业出版社,1988.

[12] 李光晨,范双喜.园艺植物栽培学[M].北京:中国农业大学出版社,2000.

[13] 傅玉兰.花卉学[M].北京:中国农业出版社,2001.

[14] 《森林生态学》编写组.森林生态学[M].北京:中国林业出版社,1990.

[15] 罗锢.园林植物栽培养护[M].沈阳:白山出版社,2003.

[16] 赵世伟.园林工程景观设计——植物配置与栽植应用大全[M].北京:中国农业出版社,2002.

[17] 陈有民.园林树木学[M].2版.北京:中国林业出版社,2013.

[18] 中华人民共和国建设部.职业技能岗位标准/职业技能岗位鉴定规范/职业技能岗位鉴定试题库.绿化工[M].北京:中国建筑工业出版社,2000.

[19] 赵世伟.园林工程景观设计[M].北京:中国农业科技出版社,2000.

[20] 张小红.园林绿化植物种苗繁育与养护[M].北京:化学工业出版社,2015.

[21] 牛焕琼.观赏植物苗木繁殖技术[M].北京:中国林业出版社,2013.

[22] 刘洪景.园林绿化养护工程施工与管理[M].武汉:华中科技大学出版社,2015.

[23] 李春娇,田建林,张柏,等.园林植物种植设计施工手册[M].北京:中国林业出版社,2013.

[24] 郑志新.观赏灌木苗木繁育与养护[M].北京:化学工业出版社,2015.

[25] 吕玉奎,等.200种常用园林植物整形修剪技术[M].北京:化学工业出版社,2016.

[26] 丁朝华.园林树木移植技术[M].武汉:华中科技大学出版社,2013.